普通高等院校大学数学“十三五”规划教材

MATLAB 高等数学实验

（第 2 版）

章栋恩　马玉兰
徐美萍　李　双　编著

電子工業出版社
Publishing House of Electronics Industry
北京 · BEIJING

内 容 简 介

本书是高等数学的实验教材，全书共分1个准备实验和23个数学实验，其中微积分部分涉及一元函数微分学、积分学、无穷级数、常微分方程；线性代数部分包含向量、矩阵、行列式、线性方程组、矩阵特征值与特征向量及二次型；概率统计部分有统计数据概括、统计推断、回归分析、方差分析；综合实验是投入产出模型、线性规划、非线性规划、层次分析法、灰色预测模型的实际应用。通过本教材的学习，学生能较熟练地使用MATLAB软件解决实际应用和计算问题，并学会运用所学知识建立数学模型、解决一些综合性问题的方法。

本书可作为高等学校信息与计算科学专业及其他各专业的数学实验课教材，也可作为一般工程技术人员、经济管理人员学习MATLAB软件的入门书籍。

图书在版编目（CIP）数据

MATLAB高等数学实验 / 章栋恩等编著. —2版. —北京：电子工业出版社，2015.8
ISBN 978-7-121-26010-0

I. ①M… II. ①章… III. ①Matlab软件－应用－高等数学－高等教育－教材 IV. ①O13

中国版本图书馆CIP数据核字(2015)第097269号

策划编辑：窦 昊
责任编辑：窦 昊
印　　刷：北京捷迅佳彩印刷有限公司
装　　订：北京捷迅佳彩印刷有限公司
出版发行：电子工业出版社
　　　　　北京市海淀区万寿路173信箱　邮编　100036
开　　本：787×980　1/16　印张：17.5　字数：392千字
版　　次：2008年11月第1版
　　　　　2015年8月第2版
印　　次：2024年8月第14次印刷
定　　价：36.00元

凡所购买电子工业出版社图书有缺损问题，请向购买书店调换。若书店售缺，请与本社发行部联系，联系及邮购电话：(010)88254888。

质量投诉请发邮件至zlts@phei.com.cn，盗版侵权举报请发邮件至dbqq@phei.com.cn。

服务热线：(010)88258888。

第二版前言

本书自 2008 年第一版出版以来，作为大学一、二年级相关专业基础课的配套教材受到普遍欢迎。本教材的理论推导要求低，而对解决数学模型问题力争简单、易懂、易操作，因此在数学建模竞赛的赛前培训和竞赛过程中起到了基础性作用。第二版保持第一版的基本特色，修订了 MATLAB 命令的版本（尽量采用 2013b 版本），增加了实验二十三：灰色预测模型。

对本教材第一版，北京工商大学与兄弟院校的几位老师曾提出过一些颇有见地的修改意见；电子工业出版社也一直关注和支持我们修订此书。编者借本书再版之机，在此一并向他们表示衷心的感谢！

本书的不足之处，诚恳地希望读者批评指正！

编　者

2015 年 3 月于北京

第一版前言

20世纪90年代以来，大学数学教学改革的最主要成果是数学实验课和数学建模课的创建、开设和不断完善。其主要背景是计算机技术的飞速发展。

中科院院士、北京大学姜伯驹教授曾经指出："应当试验组织数学实验课程，在教师的指导下，探索某些理论的或应用的课题。学生的新鲜想法借助数学软件可以迅速实现，在失败与成功中得到真知。这种方式变被动的灌输为主动的参与，有利于培养学生的独立工作能力和创新精神"。实践证明，数学实验课是学生把数学理论知识应用于实践的一种教学模式。数学实验课教学能够把数学直观、形象思维与逻辑思维结合起来，能把抽象的数学公式、定理通过实验得到验证和应用，从而激发学生的学习兴趣。

本教材是为国内一般院校开设数学实验课而编写的。本书内容分为五个部分，其中微积分部分涉及一元函数微分学、积分学、无穷级数、常微分方程；线性代数部分包含向量、矩阵、行列式、线性方程组、矩阵特征值与特征向量及二次型；概率统计部分有统计数据概括、统计推断、回归分析、方差分析；综合实验是投入产出模型、线性规划、非线性规划、层次分析法的实际应用。

通过本教材的学习，学生能够深入理解高等数学、线性代数和概率统计课程中的基本概念和基本理论，较熟练地使用MATLAB软件，培养学生运用所学知识建立数学模型，并使用计算机解决实际问题的能力。

由于各专业对数学的要求不同及安排的数学实验课的学时数不等，所以书中各部分内容之间相互独立，综合实验部分的各个实验之间也是相对独立的，教师可根据学生情况和学时数选取全部或部分实验进行教学。

教材中使用的数学软件MATLAB以6.0及以上的版本为准，书中程序均在个人计算机上调试通过。

参加本书编写的有章栋恩、马玉兰、徐美萍和李双。其中准备实验部分由章栋恩编写，微积分部分由马玉兰、徐美萍编写，线性代数部分由徐美萍编写，概率统计部分由李双编写，综合实验部分由章栋恩编写。

本书由北京市自然科学基金资助项目（批准号：1052007）和北京市教委骨干教师基金项目（批准号：PXM2007-014213-044566；批准号：19004811009）资助。

编　者

2008年1月

目　　录

第一篇　准备实验

第二篇　微积分实验

第三篇　线性代数实验

第四篇　概率统计实验

第五篇　综 合 实 验

第一篇 准备实验

MATLAB 软件操作

0.1 MATLAB 软件的启动

启动 MATLAB 以后，就进入 MATLAB 的桌面。图 0.1 为 MATLAB R2013b 的默认桌面。第一行为菜单行，第二行为工具栏。下面是三个最常用窗口：右边最大的是指令窗口（Command Window），左上方前台为工作空间（Workspace），后台为当前目录（Current Directory），左下方为指令历史（Command History），左下角还有一个开始（Start）按钮，用于快速启动演示（Demo）、帮助（Help）和桌面工具等。

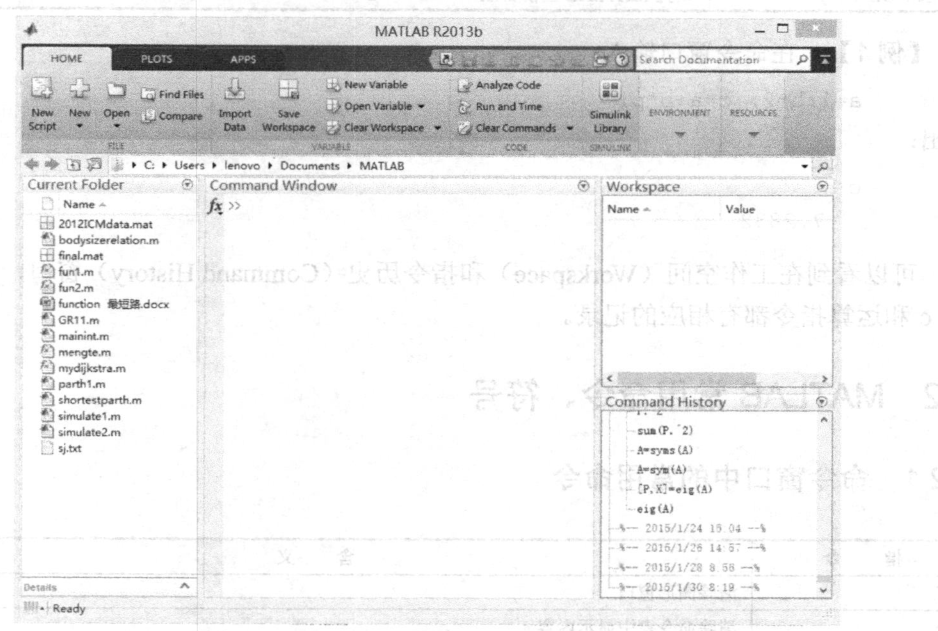

图 0.1　MATLAB R2013b 的默认桌面

0.1.1 窗口

窗　　口	功　　能
指令窗口（Command Window）	MATLAB 进行操作的主要窗口，窗口中的 >> 为指令输入的提示符，其后输入指令，按回车（Enter）键就执行运算，并输出运算结果
工作空间（Workspace）	列出内存中 MATLAB 工作空间的所有变量的变量名（Name）、值（Value）、尺寸（Size）、字节数（Byte）和类型（Class）
当前目录（Current Directory）	用鼠标单击可以切换到前台。看到该窗口列出当前目录的程序文件（.m）和数据文件（ .mat）
指令历史（Command History）	窗口列出在指令窗口执行过的 MATLAB 指令行的记录

0.1.2 菜单和工具栏

菜单和工具栏类似于 Word 软件。

菜单/工具栏	使 用 说 明
File: New: M-file	新建 M 文件
File: Import data	导入数据文件（Mat 文件）
File: Save workspace as	将工作空间所有变量和数据保存为数据 Mat 文件
File: Set path	设置 MATLAB 文件搜索路径
File: Preference	设置 MATLAB 选项，如数据显示格式，字体等
Desktop：Desktop Layout	窗口布局选择，一般使用默认（Default）
Current Directory	设置 MATLAB 当前目录

【例 1】 在命令窗口输入：

```
a=1;b=2; c=a+b*pi
```

输出：

```
c =
   7.2832
```

可以看到在工作空间（Workspace）和指令历史（Command History）窗口，对变量 a，b，c 和运算指令都有相应的记录。

0.2 MATLAB 常用命令、符号

0.2.1 命令窗口中的常用命令

指　　令	含　　义
clf	清除图形窗口
clc	清除命令窗中显示内容
clear	清除 MATLAB 工作内存中的变量

（续表）

指　　令	含　　义
who	列出 MATLAB 工作内存中驻留的变量名清单
whos	列出 MATLAB 工作内存中驻留的变量名清单以及属性
help	帮助命令
edit	打开 M 文件编辑器
↑(↓)	向前（后）调出已输入过的指令
format	定义输出格式（默认值），等效于 format short
format short	输出用中小数点后面 4 位有效数字
format long	输出用 15 位数字表示
format short e	输出用 5 位科学计数法表示
format long e	输出用 15 位科学计数法表示
format rat	输出用近似的有理数表示
format compact	显示变量之间不加空行（紧凑格式）
format loose	显示变量之间加空行
demo	浏览 MATLAB 软件基本功能
funtool	打开函数简单操作的可视化交互界面，显示三个可操作图形窗口（详见图 0.2）
Taylortool	打开可视化函数图形器，观察不同次的泰勒多项式逼近函数的状态（详见实验九）

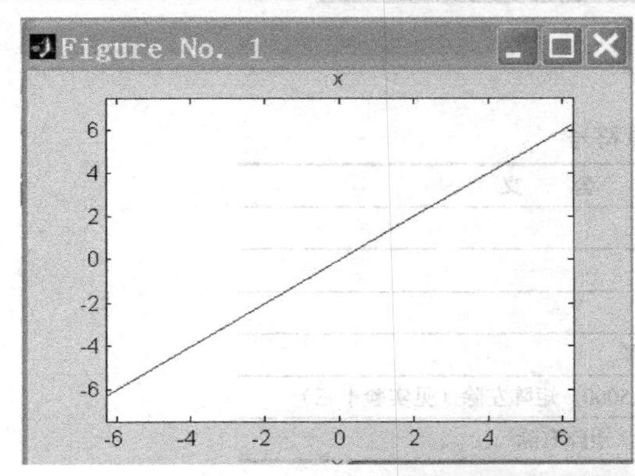

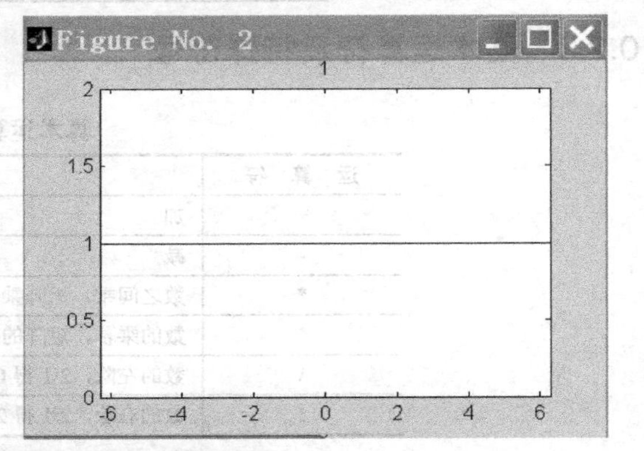

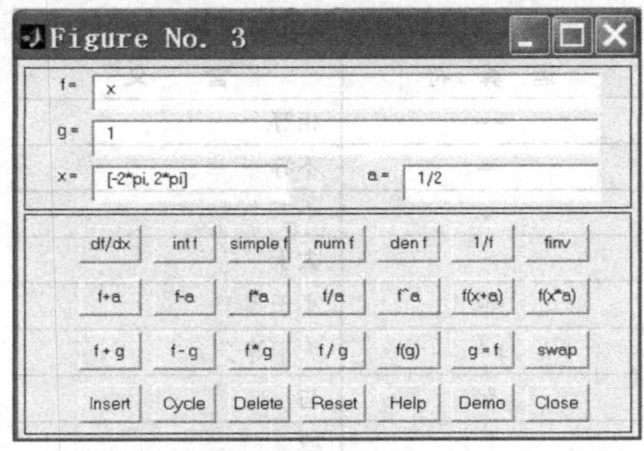

图 0.2　函数可视化交互界面

0.2.2 变量命名规则

变量名的第一个字符必须是英文字母，最多包含 31 个字符（包括英文字母、数字和下画线），变量中不得包含空格和标点符号，不得含有加减号。变量名和函数名区别字母的大小写。如 matrix 和 Matrix 表示两个不同的变量。要防止它与系统的预定义变量名（如 I，j，pi，eps 等）、函数名（如 who，length 等）、保留字（如 for，if，while，end 等）冲突。

变量赋值用 = （等于号）。

有一些变量永久驻留在工作内存中，不能再重新赋值。这些变量见下表。

变　量	含　义
ans	计算结果的默认变量名
pi	圆周率
inf 或 Inf	无穷大
eps	机器零阈值
Flops	浮点运算次数
NaN 或 nan	不是数（Not a Number）

0.2.3 基本运算符及特殊符号

算术运算符号

运　算　符	含　义
+	加
-	减
*	数之间乘，矩阵乘
^	数的乘幂，矩阵的幂
\	数的左除，2\1 得 0.5000，矩阵左除（见实验十三）
/	数的右除，2/1 得 2，矩阵右除

关系运算与逻辑运算

运　算　符	含　义
==	相等
~=	不等
<	小于
>	大于
<=	小于等于
>=	大于等于
&	与
|	或
~	非

0.2.4 命令行中的特殊符号

名　称	符　号	含　义
等号	=	赋值
空格		输入量与输入量之间的分隔符； 数组元素分隔符
逗号	,	输入量与输入量之间的分隔符； 数组元素分隔符
句点	.	数值运算中的小数点； 结构域的存取
分号	;	不显示计算结果命令的结尾标志； 数组行与行之间的分隔符
冒号	:	生成一维数值数组； 单下标索引时，表示全部元素构成的长列； 多下标索引时，表示所在维上的全部元素
注释号	%	在它后面的文字、命令等不被执行，用于注释
单引号对	' '	字符串标记符
单撇号	'	矩阵转置
方括号	[ ]	输入数组标记符
圆括号	( )	用于紧随函数名后； 用于运算式中的结合与次序
续行号	…	用于长表达式的续行

0.2.5 基本初等函数的表示

函数类别	函数名称
三角函数	sin(x)　cos(x)　tan(x)　cot(x)　sec(x)　csc(x)
反三角函数	asin(x)　acos(x)　atan(x)　acot(x)　asec(x)　acsc(x)
双曲函数	sinh(x)　cosh(x)　tanh(x)　coth(x)　sech(x)　csch(x)
反双曲函数	asinh(x)　acosh(x)　atanh(x)
x 的平方根	sqrt(x)
以 e 为底的 x 指数	exp(x)
以 e 为底的 x 的对数	log(x)
以 10 为底的 x 的对数	log10(x)

0.2.6 几个特殊的函数

函数名	含　义
round(x)	四舍五入函数，取最接近 x 的整数
floor(x)	取整函数，取不超过 x 的最大整数
ceil(x)	取整函数，取不小于 x 的最小整数
Fix(x)	取 x 的整数部分
abs(x)	取 x 的绝对值（模）

（续表）

函 数 名	含 义
real(z)	取复数 z 的实部
imag(z)	取复数 z 的虚部
angle(z)	取复数 z 的辐角
conj(z)	取复数 z 的共轭
mod(m,n)	输出 m 除以 n 的余数

【例 2】 输入：

```
x=1.2; y=exp(x)*sin(x)^2 ,z=fix(y)
```

执行后输出：

```
y =
   2.8842
z =
   2
```

0.3 数组及其运算

0.3.1 数组的输入与分析

最常用的数组是双精度数值数组。一维数组是向量，二维数组是矩阵。一维数组可以视为二维数组的特例。

输入、分析各种数组的技巧可以从下面的例子中学习。例如

1. 输入：

```
clear; a=[1,2,3;4,5,6;7,8,9]     %输入 3 行 3 列矩阵 a，逗号可以用空格代替
```

输出：

```
a =
     1     2     3
     4     5     6
     7     8     9
```

2. 输入：

```
b=0:3:10                          %构造一维等差数组，初值：增量：终值
```

输出：

```
b =
   0     3     6     9
```

3．输入：

```
b=0:5                                   %增量 1 可以省略
```

输出：

```
b =
     0     1     2     3     4     5
```

4．输入：

```
b=10:-3:0                               %输入递减等差数列
```

输出：

```
b =
    10     7     4     1
```

5．输入：

```
b=linspace(0,10,4)          %将区间[0,10]等分为 4-1=3 份
```

输出：

```
b =
        0    3.3333    6.6667   10.0000
```

6．输入：

```
length(b)                               %查询一维数组 b 的长度（元素的个数）
```

输出：

```
ans =
     4
```

7．输入：

```
size(a)                                 %查询二维数组 a 的尺寸，a 是 3 行 3 列的矩阵
```

输出：

```
ans =
     3     3
```

8．输入：

```
b(3)                                    %查询、提取 b 的第 3 个元素
```

输出：

```
ans =
    6.6667
```

9．输入：

```
a(3,2)                                  %查询、提取 a 的第 3 行，第 2 列的元素
```

输出：

```
ans =
     8
```

10．输入：

```
a(:)                    %将 a 的所有元素按单下标顺序排列为列向量，注意排列方式
                         是先第 1 列，再第 2 列……，与通常的认为相反
```

输出：

```
ans =
     1
     4
     7
     2
     5
     8
     3
     6
     9
```

11．输入

```
a(4)                    %查询、提取将 a 的所有元素按单下标顺序排列后的第 4 个元素，
```

输出：

```
ans =
     2
```

数组的部分元素可以按其编址提取和拼接。例如输入

```
b([1,end])              %提取 b 的首和尾元素
c=a([1 3],[2 3])        %提取 a 的第 1，3 行，第 2，3 列
d=a(2,1:3)              %提取 a 的第 2 行的 1 至 3 列
d1=a(2,:)               %提取 a 的整个第 2 行
e=[a;d1]                %数组 a 与数组 d 拼接
e(3,4)=15               %修改 e 的 3 行 4 列元素的值为 15,e 的其余元素不变
```

请输入以上命令，自己观察输出结果，体会命令的功能。

0.3.2 数组的运算

运算符号	功能
+	数组加，A+B 为 A,B 两个数组对应元素相加
-	数组减，A-B 为 A,B 两个数组对应元素相减
.*	数组乘，A.*B 为 A,B 两个数组对应元素相乘
.^	数组的幂，A.^2 为数组 A 的每个元素平方；A.^B 为 A,B 两个数组对应元素作乘幂
.\	数组左除，A.\2 为数组 A 的每个元素去除 2，A.\B 意义类似
./	数组右除，A./2 为数组 A 的每个元素除以 2，A./B 意义类似

注意数组运算与矩阵运算在符号上和结果上的区别。

另外，MATLAB 已经有定义的数学函数具有对数组运算的功能。例如，输入：

```
x=1:5, sin(x)
x =
      1     2     3     4     5
```

输出：

```
ans =
    0.8415    0.9093    0.1411   -0.7568   -0.9589
```

0.4 MATLAB 文件与编程

0.4.1 数据文件的存储和调用

在清除变量或退出 MATLAB 时，变量不复存在。为了保存变量的值，可以把它们存储在数据文件中。例如，输入：

```
Clear; A=2,B=1,C=A-B
```

执行以后在 File 菜单选 Save Workspace As 存入数据文件，取文件名（如 ABC.mat）。则在以后的操作中可以调用这个数据文件。只要在 File 菜单中单击 Open 等操作，则可以打开这个文件。在工具栏中单击相应的打开文件的图标（），也同样能找到要打开的文件。

0.4.2 M 文件

在进行复杂运算时，在指令窗口（Command Window）调试程序或修改指令是不方便的。因此，需要从指令窗口工具栏的按钮或菜单 File: New: M-File 可进入 MATLAB 的程序编辑器窗口，以编写自己的 M 文件。

M 文件分为两类：M 脚本文件和 M 函数文件。

将多条 MATLAB 语句写在编辑器中，以扩展名为 m 的文件保存在某一目录中，就得到一个脚本文件。例如，在 M 文件编辑器中输入（见图 0.3）：

```
clear;
n=1:50;
m=sum(n)                  %sum 是求和命令
```

单击工具栏中的保存按钮，保存以后选择 Debug：run 按钮（运行），则在指令窗口输出：

```
m =
    1275
```

> **注**　文件名与变量名的命名规则相同，M 文件一般用小写字母。尽管 MATLAB 区分变量名的大小写，但不区分文件名的大小写。也要注意不与其他变量名及文件名冲突。

M 脚本文件没有参数传递功能，而 M 函数文件具有参数传递功能。因此 M 函数文件用得更广泛。M 函数文件的格式有严格规定。M 函数文件必须以 function 开头，详细格式为

```
function      输出变量=函数名称（输入变量）
语句;
```

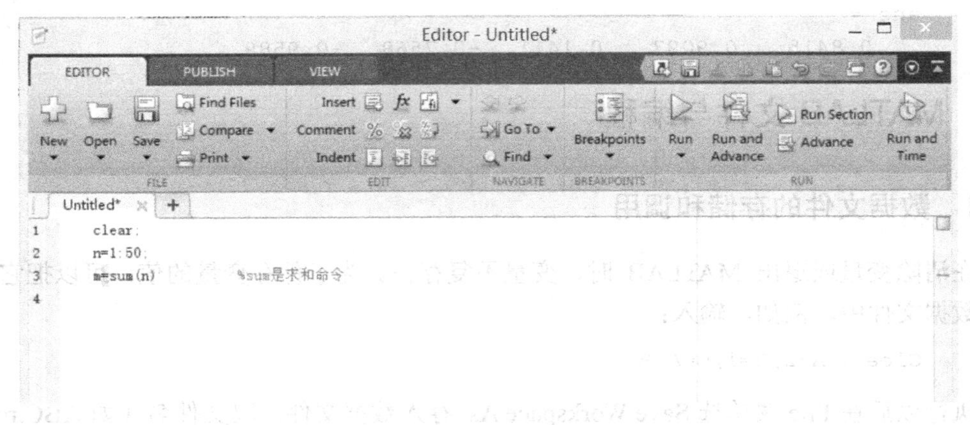

图 0.3　M 文件编辑器

例如，单击指令窗口工具栏的□按钮，进入 MATLAB 的程序编辑器窗口后，输入：

```
%M 函数 eg_1fun.m
function y=eg_1fun(c,t)
y=c(1)*exp(c(2)*t);       %函数 eg_1fun 有两个参数 c 与 t，参数 c 是二维的，
                           参数 t 是一维的
```

在保存以后（保存为 eg_1fun.m），在指令窗口输入：

```
Clear;
eg_1fun([1,2],3)            %M 函数可以传递参数
```

执行后得到：

```
ans =
    403.4288
```

又输入：

```
syms h u v                  %令 h,u,v 为符号变量
eg_1fun([u,v],h)            %M 函数可以传递参数
```

执行后得到：

```
ans =
u*exp(v*h)
```

因为M函数必须给输入参数赋值，所以编写M函数必须在编辑器窗口，而执行M函数要在指令窗口，并给输入参数赋值。M函数不能像M脚本文件那样在编辑器窗口通过Debug：run菜单执行。M函数可以被其他M函数文件或M脚本文件调用。为了以后调用时的方便，文件名最好与函数名同名。

0.4.3 inline函数和匿名函数

比较简单的函数可以不用写成外部M函数文件，而是用更简捷的inline函数或匿名函数方式（MATLAB 7.0有此功能）。inline函数的使用格式为

```
fun=inline('expr',arg1,arg2,…) %fun为函数名,expr为表达式,arg1为变量1,…
```

匿名函数的使用格式为

```
fun=@(arg1,arg2,…)expr,    %fun，expr，arg1意义同上，MATLAB7.0的新功能
```

先举inline函数的例子。从MATLAB指令窗口输入：

```
fname=inline('sum(1./(1:m).^2)','m')
  %定义inline函数fname,从表达式看,是求1/1^2+1/2^2+1/3^2+…+1/m^2的函数,m是变量。
```

执行后得：

```
fname =
     Inline function:
     fname(m) = sum(1./(1:m).^2)
```

输入：

```
fname(100)
```

执行后得：

```
ans =
    1.6350
```

再看匿名函数的例子。在指令窗口输入：

```
fname=@(m)sum(1./(1:m).^2)
```

执行后得到：

```
fname
   = @(m)sum(1./(1:m).^2)
```

输入：

```
feval(fname,100)
```

输出：

```
ans =
    1.6350
```

注 (1) 注释。在编写程序时，为了增加可读性，常常使用注释语句。注释语句用%开头，使本行后面的字符不参与运算，只起说明作用。M 文件开头一般应有一段注释，说明文件的功能和使用方法。这部分注释在使用 help 时可以看到。

(2) 全程变量与局部变量。M 函数中的所有变量为局部变量，不进入工作空间（Workspace），M 脚本文件中所有变量在执行后进入工作空间，即为全程变量。

0.4.4 循环语句、分支语句与简单编程

(1) 循环语句 for

语　法	使用说明
for　循环变量=数组 　　指令组； end	对于循环变量依次取数组中的值，循环执行指令组直到循环变量遍历数组。数组常采用的形式是"初值：增量：终值"

(2) 循环语句 while

语　法	使用说明
while　条件式 　　指令组； end	当条件式满足，循环执行指令组直到条件式不满足。使用 while 语句要注意避免出现死循环

(3) 分支语句 if

语　法	使用说明
if　条件式 1 　　指令组 1； elseif　条件式 2 　　指令组 2； …… ； else， 　　指令组 k； end	如果条件式 1 满足，则执行指令组 1，且结束该语句；否则检查条件式 2，若满足执行指令组 2，且结束该语句；……；若所有条件式都不满足，则执行指令组 k，并结束该语句。 最常用的格式是 if 条件式， 　指令组； end

注意语句中标点符号的使用。

【例 3】 计算$s=\sum_{n=1}^{100}\frac{1}{n^2}$。

在指令窗口输入：

```
clear;s=0;
for n=1:100
s=s+1/n^2;
end
s
```

执行后得到：

```
s=
  1.6350
```

也可以利用 while 循环语句。输入：

```
clear;s=0;n=1;
while n<=100
  s=s+1/n^2;
  n=n+1;
 end
s
```

输出结果相同。

> **注** 在使用循环语句时，如果不小心陷入了死循环，可以使用快捷键 Ctrl+C 强行中断。

0.4.5 其他

语 句	含 义
pause	表示中断语句，使程序暂停执行，直到击键盘
break	中断语句，用在循环句内表示跳出循环
input	用在交互式执行程序中提示键盘输入
disp	用于屏幕显示

0.5 符号运算初步

0.5.1 字符串的定义方法

MATLAB 用单引号对来定义字符串。例如，在指令窗口输入：

```
A='Olympics'
```

输出：

```
A=
  Olympics
```

0.5.2 命令 syms 定义符号变量与符号表达式

在 MATLAB 指令窗口，输入的数值变量必须提前赋值，否则提示出错。只有符号变量可以在没有提前赋值的情况下合法地出现在表达式中。但是符号变量必须预先定义。

命令

```
syms x y w p
```

表示将 x，y，w 和 p 定义为符号变量。继续输入：

```
z=sin(x)+cos(y)
```

执行以后 z 就表示符号表达式 z=sin(x)+cos(y)。

0.5.3 命令 sym 将数值表达式转换为符号表达式

命令 sym 的格式是

```
sym('数值表达式')
```

例如，输入：

```
ss=sym('2008+sqrt(2)')
```

输出：

```
ss=
   2008+sqrt(2)
```

它是一个数值符号表达式，而不是数值表达式。

0.5.4 命令 eval 可以计算符号表达式的值

继续前面的输入，ss=sym('2008+sqrt(2)')是一个符号表达式，如果要得到 ss 的近似值，则需要计算它的值。输入：

```
eval(ss)
```

输出：

```
ans =
  2.0094e+003
```

由于 ss=sym('2008+sqrt(2)')实际上是一个符号常数，所以也可以用 vpa 命令计算。

【例 4】　计算定积分 $\int_1^4 \frac{3\sin(x^2)}{x}\mathrm{d}x$

这个积分的原函数不是初等函数，使用没有解析解。输入：

```
syms x
g=int(3*sin(x^2)/x,1,4)          %命令 int 是符号积分命令
```

输出：

```
g =
3/2*sinint(16)-3/2*sinint(1)
```

输出中有特殊函数 sinint(a)表示积分 int(sin(a*x)/x,0,1)，为了得到近似解，输入：

```
eval(g)
```

执行后得：

```
ans =
    1.0278
```

也可以输入：

```
vpa(g,6)                  %数字 6 表示有效数字位数
```

得到：

```
ans=
    1.02783
```

0.6　MATLAB 作图初步

0.6.1　二维曲线的绘制

这里只列出常用作图命令格式，更多内容与例子见实验一与实验六等。

命 令 格 式	含　义
plot(x,y, 's')	作出以数据($x(i)$，$y(i)$)为结点的折线图，其中 x，y 为同长度的向量。当向量 y 省略时，y 就是向量 x 的下标所组成的向量。其中 s 是参数，用来指定绘制曲线的线型，颜色，数据点的形状等
plot(x1,y1, 's1', x2, y2, 's2', …)	同时作出多条折线，分别由向量对($x1,y1$)，($x2,y2$)，…构成
fplot('fun',[a,b], 's')	作出符号表达式表示的函数 fun 在[a,b]上的图形
ezplot('fun',[a,b],'s')	是与 plot 命令对应的符号表达式作图命令

当区间[a,b]默认时，默认的绘制区间是[-2π, 2π]。ezplot 还可以用于隐函数作图，二维参数方程确定的曲线作图（见实验一）。

0.6.2 三维曲线绘制

命令格式	含　义
plot3(x,y,z, 's')	绘制空间曲线，其中x，y，z是同长度的向量。s是参数，意义类似于plot中的参数
plot3(x1,y1,z1's1',2,y2,z2 's2', …)	同时绘制多条绘制空间曲线
ezplot3('x1','y1','z1',[a,b],'s1')	是与plot3对应的符号表达式作图命令

0.6.3 三维网面图与曲面图

命令格式	含　义
meshgrid	生成X-Y平面上的网格数据
[x,y]=meshgrid(xa,ya)	当xa，ya分别为m维和n维和向量，得到x和y均为n行m列矩阵：x的各列相同，y的各行相同
z=f(x,y)	计算网格数据（格点矩阵）上的函数值。z是与x，y同阶的矩阵
mesh(x,y,z)	分别以x，y，z对应的元素为横、纵、竖坐标,绘制网面图.是最基本的曲面图形指令。可以增加参数项，以改变网线的颜色、线型等
ezmesh('f(x,y)')	对符号表达式$f(x, y)$表示的曲面作网面图
ezmesh('x(s,t)','y(s,t)','z(s,t)')	对由符号参数方程表示的曲面作网面图
surf(x,y,z)	分别以x，y，z对应的元素为横、纵、竖坐标,绘制曲面图
ezsurf('f(x,y)')	对符号表达式$f(x, y)$表示的曲面作曲面图
ezsurf('x(s,t)','y(s,t)','z(s,t)')	对由符号参数方程表示的曲面作曲面图
contour(x,y,z)	绘制等值线图，用法与mesh类似
ezcontour	绘制等值线图，用法参照ezsurf等

0.6.4 图形的说明和定制

命令格式	含　义
title('字符串')	标记图形标题的命令
xlabel,ylabel,zlabel	标记坐标轴的命令，用法类似于title命令
text(x,y, '字符串')	在二维图形指定位置(x, y)处加文本字符串
text(x,y,z, '字符串')	在三维图形指定位置(x, y, z)处加文本字符串
grid on/of	显示/不显示格栅
box on/of	使用/不使用坐标框
hold on/of	保留/释放现有图形
axis of/on	不显示/显示坐标轴
axis([a,b,c,d])	定制2维坐标轴范围$a<x<b$，$c<y<d$
axis([a,b,c,d,e,f])	定制3维坐标轴范围$a<x<b$，$c<y<d$，$e<z<f$
subplot(m,n,k)	将图形窗口分为$m \times n$个子图，并指向第k幅图

详细格式可参照实验六，或使用帮助菜单。

【例 5】 作由参数方程

$$\begin{cases} x = \mathrm{e}^{-0.1t}\cos(t), \\ y = \mathrm{e}^{-0.1t}\sin(t), \quad 0 < t < 20 \\ z = \sqrt{t}, \end{cases}$$

表示的空间曲线。

在编辑器窗口编写 M 脚本文件，保存并执行后得到图 0.4。

```
clear;close;
t=0:0.1:20;
r=exp(-0.1*t);
x=r.*cos(t);y=r.*sin(t);z=sqrt(t);
subplot(1,2,1)
plot3(x,y,z);
title('螺旋线');
text(x(end),y(end),z(end),'end')
xlabel('X轴');ylabel('Y轴');zlabel('Z轴');
subplot(1,2,2);
plot3(x,y,z);
grid on
```

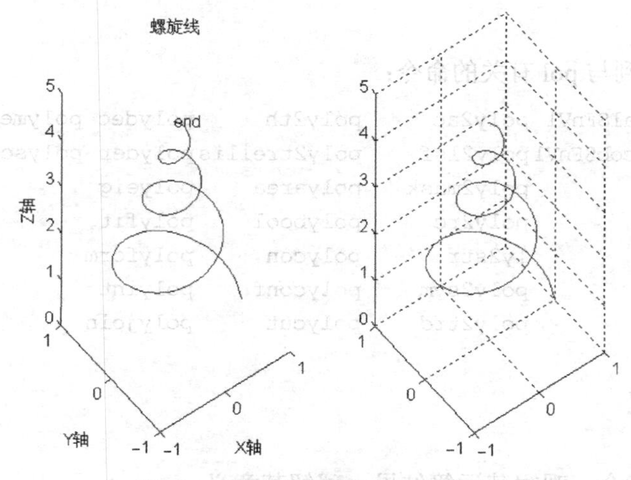

图 0.4　参数方程表示的空间曲线

0.7　MATLAB 帮助系统

充分利用在线帮助是边学边用 MATLAB 的最有效方法。常用命令有 help，lookfor 等。

命　　令	功　　能
help	显示 MATLAB 及其工具箱的主题目录（目录很多）
help 子目录名	显示子目录中所有 MATLAB 系统指令及函数
help 指令或函数	显示该指令或函数的说明部分
lookfor 关键字	显示与该关键字有关的指令和函数
type M 文件主名	显示该 M 文件程序代码
which M 文件主名	显示该 M 文件的 MATLAB 的路径
doc 指令或函数	打开该指令或函数的帮助窗口（HTML 文件形式）
demo	演示 MATLAB 功能

例子列述如下。

```
help mesh           %显示M函数mesh的用法说明（其M文件的注释部分）
which mesh          %显示M函数mesh所在的目录
type  mesh          %显示函数mesh的M文件代码
doc  mesh           %打开函数mesh的帮助窗口（HTML文件形式）
lookfor surface     %显示MATLAB搜索路径中凡是第一行注释含有surface的M函数或指令
```

当不能确切地知道函数名的拼法时，还可以用在指令窗口输入模糊函数名加双击 Tab 键来寻找。

例如，要寻找与多项式有关的命令，只知道模糊名 pol，在指令窗口输入：

```
pol
```

再双击 Tab 键就得到与 pol 有关的命令：

```
PolynomEvalSFnV1  poly2ac    poly2th        polydec  polymerge   polyvalm
PolynomJacobSFnV1 poly2lsf   poly2trellis   polyder  polyscale   polyxpoly
pol2cart          poly2mask  polyarea       polyeig              polysplit
polar             poly2rc    polybool       polyfit              polystab
polcmap           ly2str     polycon        polyform             polytool
polsim            poly2sym   polyconf       polyint              polyval
poly              poly2tfd   polycut        polyjoin             polyval_mex
```

0.8 实验作业

1. 执行下列指令，观察其运算结果，理解其意义，

(1) [1 2; 3 4]+10-2i

(2) [1 2; 3 4].*[0.1 0.2; 0.3 0.4]

(3) [1 2; 3 4].\[20 10; 9 2]

(4) [1 2; 3 4].^2

(5) exp([1 2; 3 4])

(6) log([1 2; 3 4])

(7) prod([1 2; 3 4])

(8) [a b]=min([10 20; 30 40])

(9) abs([1 2; 3 4]-pi)

(10) linspace(3,4,5)

(11) A=[1 2; 3 4]; A(:,2)

2. 假设某购房者向银行贷款的金额为 P_0，银行的月利率为 a，贷款期限为 n 月，每月还款金额为 R_f，则计算公式为

$$R_f = \frac{a(1+a)^n}{(1+a)^n - 1} P_0 = \frac{aP_0}{1-(1+a)^{-n}}$$

(1) 某购房者向银行贷款的金额 $P_0 = 100$ 万元，银行的月利率 $a = 0.465\%$，贷款期限为 10 年时，在指令窗口编写计算式，求每月还款金额为 R_f。

(2) 把 R_f 作为 P_0，a 和 n 的函数，编写一个 M 函数并保存。

3. (1) 编写一个 M 函数，对于任意输入的向量 x，可以计算下列分段函数值构成的列向量。

$$f(x) = \begin{cases} 3+2x, & x \leqslant -1 \\ 1, & -1 < x \leqslant 1, \\ x^2, & x > 1 \end{cases}$$

(2) 对(1)中的分段函数在区间[−3, 3]上作图。

4. 分别用 for 和 while 循环语句编写程序，求 $\sum_{n=1}^{10^5} \frac{\sqrt{3}}{2^n}$。

第二篇　微积分实验

实验一　一元函数的图形

实验目的

通过图形加深对函数性质的认识与理解，通过函数图形的变化趋势理解函数的极限；掌握用 MATLAB 作平面曲线的方法与技巧。

1.1　学习 MATLAB 命令

1.1.1　在平面直角坐标系中作一元函数图形的命令

命令 plot 的基本使用形式是：

```
x=a:t:b;
y=f(x);
plot(x,y,'s')
```

其中 $f(x)$ 要代入具体的函数，也可以将前面已经定义的函数 $f(x)$ 代入。a 和 b 分别表示自变量 x 的最小值和最大值，即说明作图时自变量的范围，必须输入具体的数值。t 表示取点间隔（增量），因此这里的 x, y 是向量。s 是可选参数，用来指定绘制曲线的线型、颜色、数据点形状等（见表 1.1）。

线型、颜色和数据点可以同时选用，也可以只选一部分，不选则用 MATLAB 设定的默认值。例如，输入：

```
x=-1:0.1:1;
y=x.^2;
plot(x,y,'r')
```

然后按下 Enter 键，则作出函数 $y=x^2$ 在区间 $-1\leqslant x\leqslant 1$ 上的图形（见图 1.1）。

表 1.1　图形元素参数的设定

参数	颜　色	参　数	标　记			参　数	线　型
b	蓝（默认）	.	无标记（默认）			–	实线
g	绿	o	点	∨	上三角形	:	虚线
r	红	x	圈	∧	下三角形	-.	点画线
c	青	+	叉	<	左三角形	--	画线
m	品红	*	十字	>	右三角形		
y	黄	s	星	p	五角形		
k	黑	d	方块	h	六角形		
			菱形				

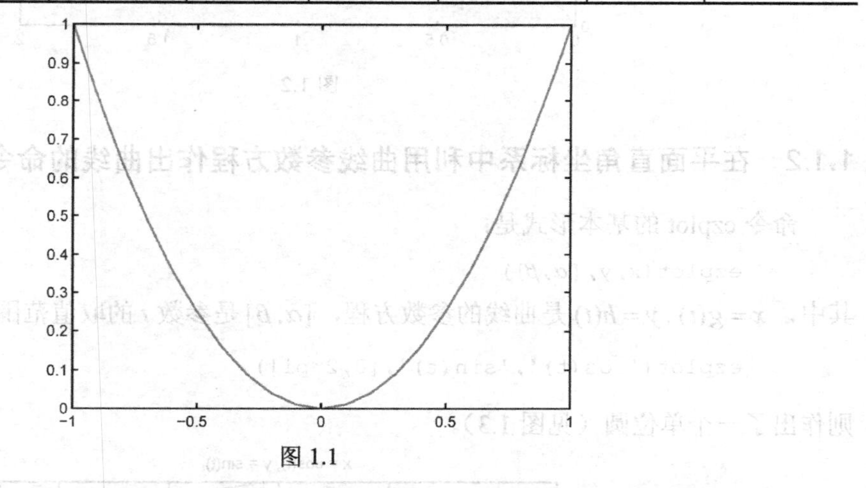

图 1.1

也可用对符号函数作图的 ezplot 指令绘制如图 1.1 所示图形，它的使用格式为：

```
ezplot('f(x) ',[a,b])
```

即可绘制函数在区间$[a,b]$上的图形。当省略区间时，默认区间是$[-2\pi,2\pi]$。

> **注**　plot 命令也可以在同一个坐标系内作出几个函数的图形，只要用基本的形式 `plot(X1,Y1,'s1',X2,Y2,'s2'、…)`就可绘制出以向量 Xi 和 Yi 的元素分别为横、纵坐标的曲线。例如，输入：
>
> ```
> x=0:0.1:2;
> y1=x.^2;
> y2=sqrt(x);
> plot(x,y1,':',x,y2,'-')
> ```
>
> 这样，就在同一坐标系内作出了函数 $y=x^2$ 和 $y=\sqrt{x}$ 在区间[0,2]上的图形（见图 1.2）。

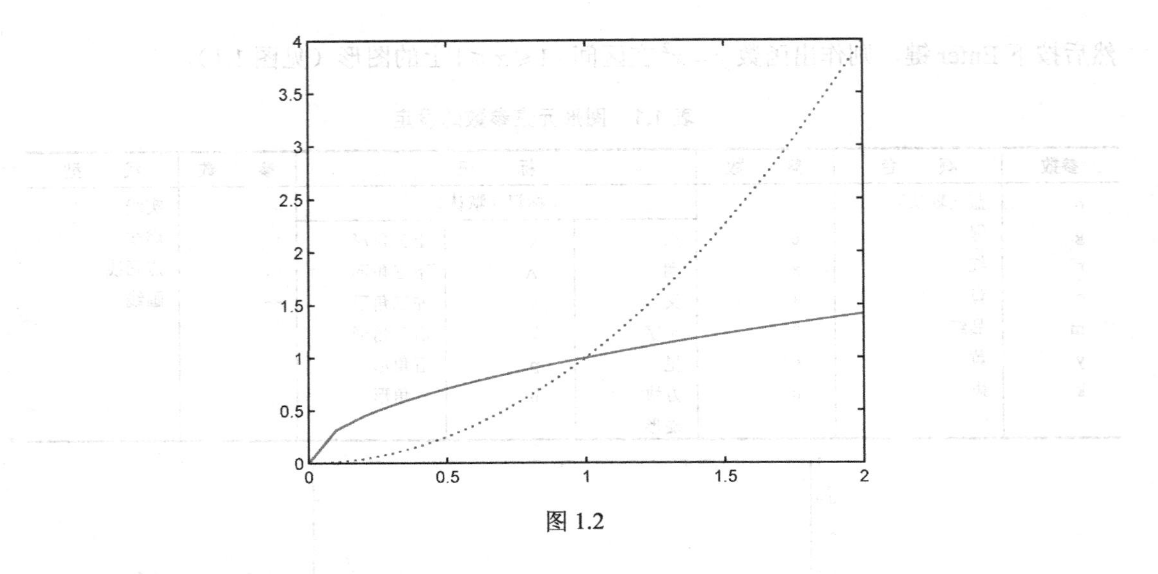

图 1.2

1.1.2 在平面直角坐标系中利用曲线参数方程作出曲线的命令

命令 ezplot 的基本形式是：

```
ezplot(x,y,[α,β])
```

其中，$x = g(t), y = h(t)$ 是曲线的参数方程，$[\alpha,\beta]$ 是参数 t 的取值范围。例如，输入：

```
ezplot('cos(t)','sin(t)',[0,2*pi])
```

则作出了一个单位圆（见图 1.3）。

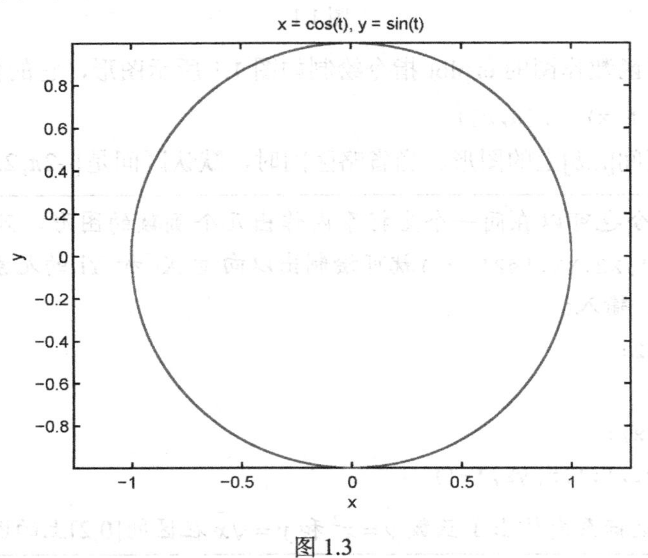

图 1.3

1.1.3 极坐标方程作图命令

如果想利用曲线的极坐标方程作图，可使用 polar 命令。其基本形式是：

```
polar(theta,rho)
```

例如，曲线的极坐标方程为 $\rho = 3\cos 3\theta$，要作出它的图形，输入：

```
theta=0:0.1:2*pi;
rho=3*cos(3*theta);
polar(theta,rho)
```

便得到了一条三叶玫瑰线（见图 1.4）。

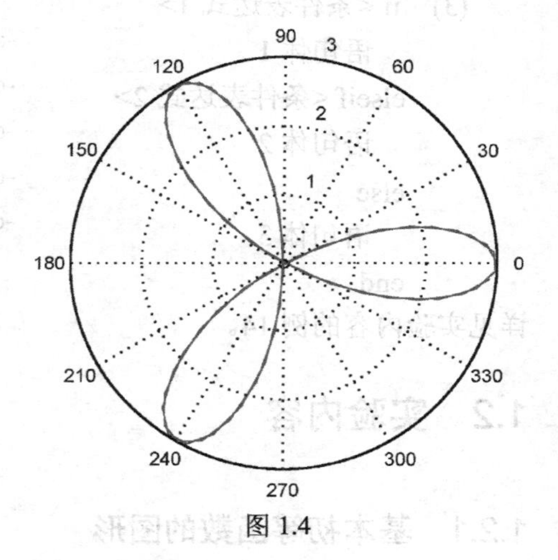

图 1.4

ezpolar 是简易极坐标作图命令。也可以把上面的输入改为：

```
ezpolar('3*cos(3*t)')
```

同样得到图 1.4。

1.1.4 隐函数作图命令

命令 ezplot 的格式是：

```
ezplot(f(x,y),[xmin,xmax,ymin,ymax])
```

该命令执行后绘制出由方程 $f(x,y)=0$ 所确定的隐函数在区域：

$$x\min \leqslant x \leqslant x\max, \quad y\min \leqslant y \leqslant y\max$$

内的图形。命令中的第二项[xmin, xmax, ymin, ymax]给出了变量 x 与 y 的范围。当省略第二项时，默认变量 x 与 y 的范围都是 $[-2\pi, 2\pi]$。

例如，方程 $(x^2+y^2)^2 = x^2 - y^2$ 确定了 y 是 x 的隐函数。为了作出它的图形，输入：

```
ezplot('(x^2+y^2)^2-x^2+y^2',[-1,1,-0.5,0.5])
```

输出图形是一条双扭线（见图 1.5）。

1.1.5 分段函数作图

分段函数的定义用到条件语句，而条件语句根据具体条件分支的方式不同，可有多种不同形式的 if 语句块。这里仅给出较为简单的三种条件语句块：

(1) if <条件表达式>

语句体

end

(2) if <条件表达式>
  语句体 1
else
  语句体 2
end

(3) if <条件表达式 1>
  语句体 1
elseif <条件表达式 2>
  语句体 2
else
  语句体 3
end

详见实验内容的例 14。

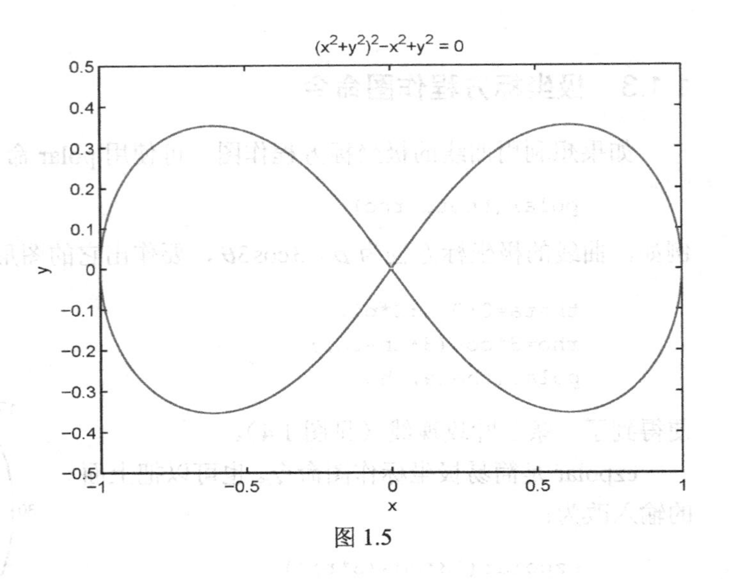

图 1.5

1.2 实验内容

1.2.1 基本初等函数的图形

【例 1】 作出指数函数 $y=\mathrm{e}^x$ 和对数函数 $y=\ln x$ 的图形，观察其单调性和变化趋势。

输入：

```
ezplot('exp(x)',[-2,2])
```

可观察到指数函数 $y=\mathrm{e}^x$ 的图形（见图 1.6）。观察其单调性和变化趋势。

输入：

```
ezplot('log(x)',[0,5])
```

观察自然对数函数 $y=\ln x$ 的图形（见图1.7）。观察其单调性和变化趋势。注意：自然对数用log(x)表示，以10为底的对数用log10(x)表示，类似地有log2(x)。

【例 2】 作出函数 $y=\sin x$ 和 $y=\csc x$ 的图形并观察其周期性和变化趋势。

输入命令：

```
ezplot('sin(x)',[-2* pi,2* pi])
ezplot('csc(x)',[-2* pi,2* pi])
```

分别观察 $y=\sin x$ 和 $y=\csc x$ 的图形，它们都是周期为 2π 的函数。

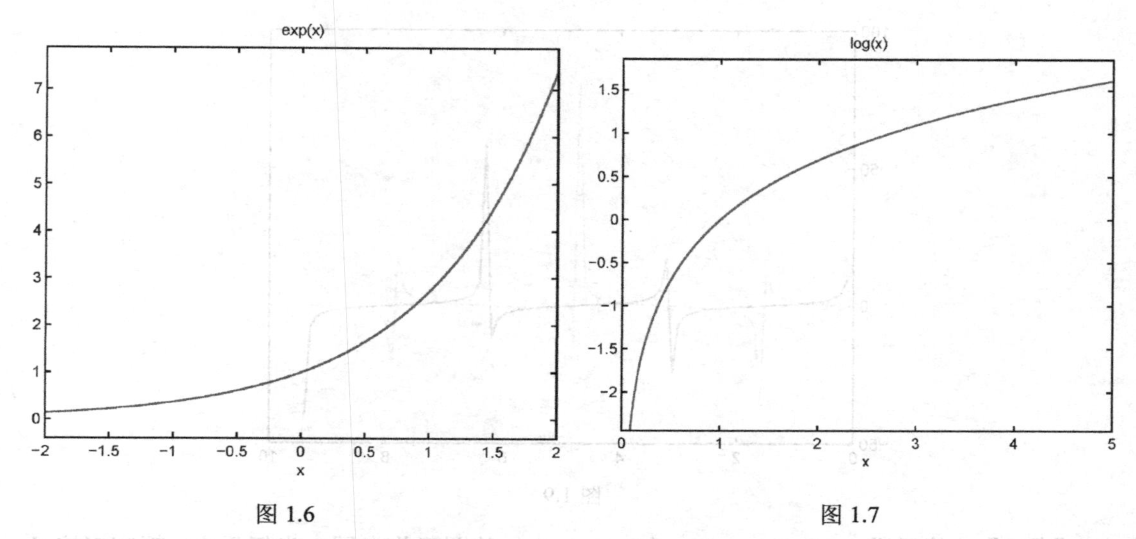

图 1.6　　　　图 1.7

为了比较，可以把它们的图形放在一个坐标系中。输入：

```
x=0:0.1:4*pi;
y1=sin(x);
y2=csc(x);
plot(x,y1,'r*',x,y2,'k-')
```

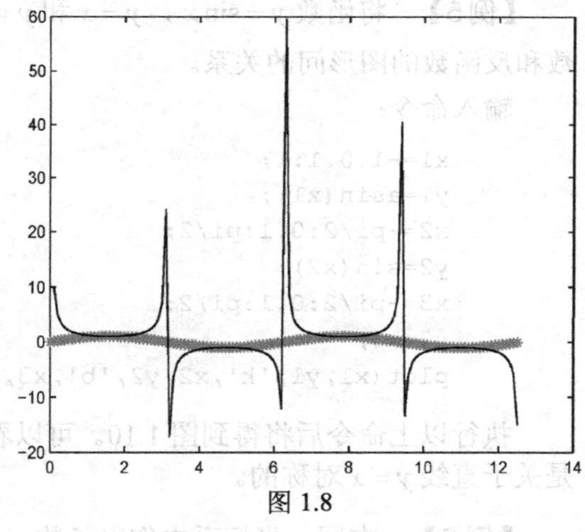

图 1.8

得到图 1.8，从中可以观察周期性和变化趋势。

【例 3】　作出函数 $y=\cos x$ 和 $y=\sec x$ 的图形并观察其周期性和变化趋势。

输入命令：

```
ezplot('cos(x)',[-2* pi,2* pi])
ezplot('sec(x)',[-2* pi,2* pi])
```

则可以观察 $y=\cos x$ 和 $y=\sec x$ 的周期性和变化趋势（输出图形略）。

【例 4】　作出函数 $y=\tan x$ 和 $y=\cot x$ 的图形并观察其周期性和变化趋势。

输入命令：

```
x=0:0.1:3*pi;
y1=tan(x);
y2=cot(x);
plot(x,y1,'r',x,y2,'k')
```

则可以观察 $y=\tan x$ 和 $y=\cot x$ 的周期性和变化趋势（见图 1.9）。

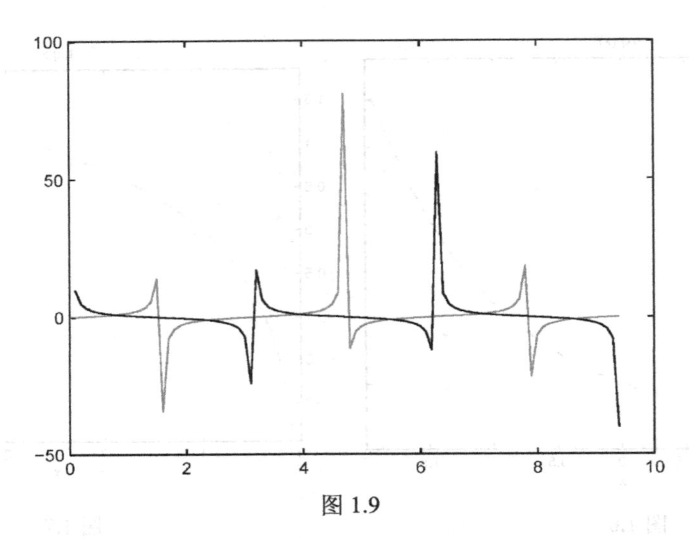

图 1.9

【例 5】 将函数 $y=\sin x$，$y=x$ 和 $y=\arcsin x$ 的图形作在同一坐标系内，观察直接函数和反函数的图形间的关系。

输入命令：

```
x1=-1:0.1:1;
y1=asin(x1);
x2=-pi/2:0.1:pi/2;
y2=sin(x2);
x3=-pi/2:0.1:pi/2;
y3=x3;
plot(x1,y1,'k',x2,y2,'b',x3,y3,'r')
```

执行以上命令后将得到图 1.10。可以看到函数和它的反函数在同一个坐标系中的图形是关于直线 $y=x$ 对称的。

【例 6】 在同一坐标系内作出函数 $y=\cos x$，$y=\arccos x$ 和 $y=x$ 的图形，观察直接函数和反函数的图形之间的关系。

输入命令：

```
x1=-1:0.1:1;
y1=acos(x1);
x2=0:0.1:pi;
y2=cos(x2);
x3=-1:0.1:pi;
y3=x3;
plot(x1,y1,'b',x2,y2,'k',x3,y3,'r')
```

执行后得到输出图形 1.11。

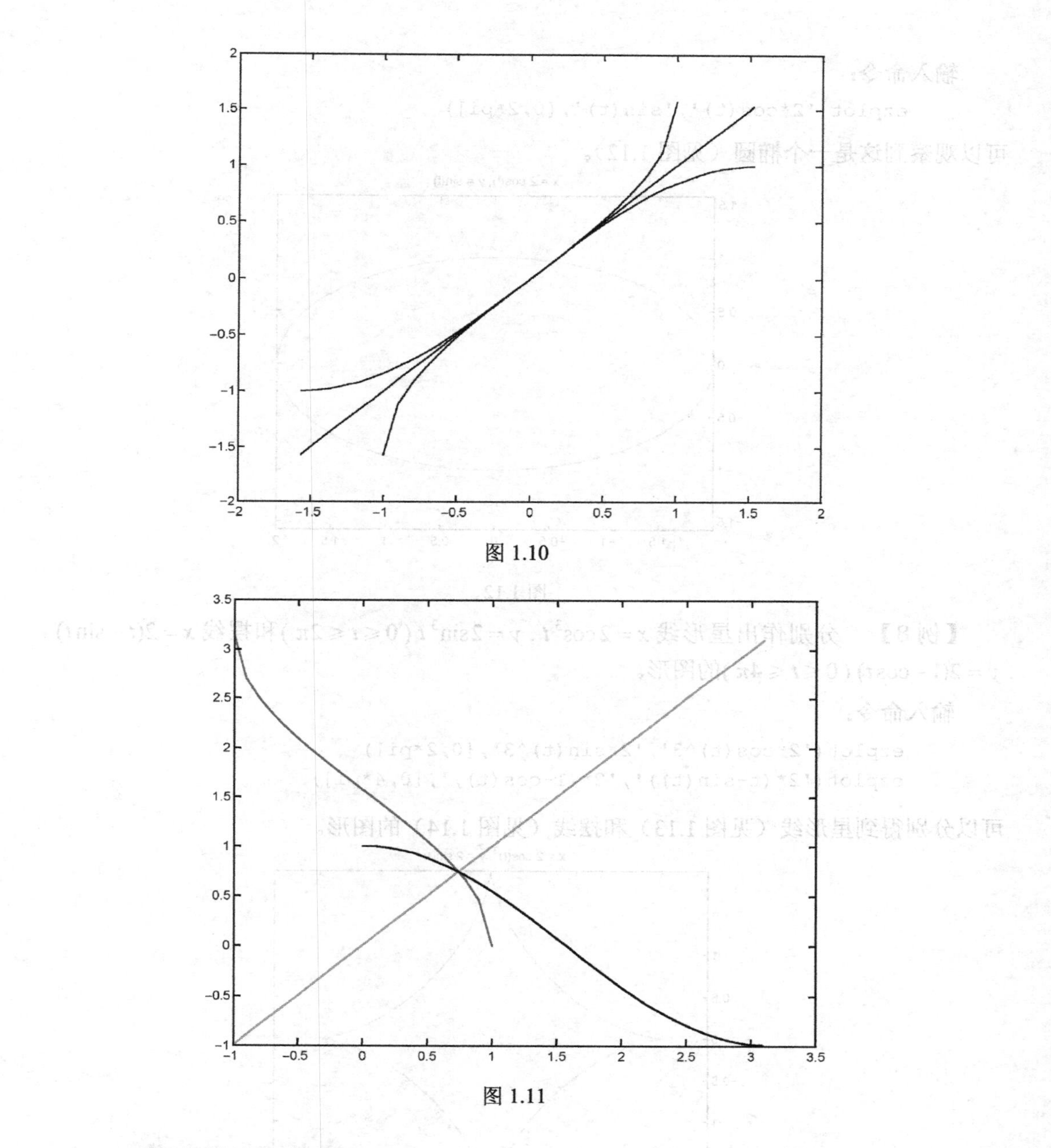

图 1.10

图 1.11

1.2.2 二维参数方程作图

用命令 ezplot 就可以完成二维参数方程的作图。

【例 7】 作出以参数方程 $x = 2\cos t, y = \sin t$ ($0 \leqslant t \leqslant 2\pi$)所表示的曲线的图形。

输入命令：

```
ezplot('2*cos(t)','sin(t)',[0,2*pi])
```

可以观察到这是一个椭圆（见图 1.12）。

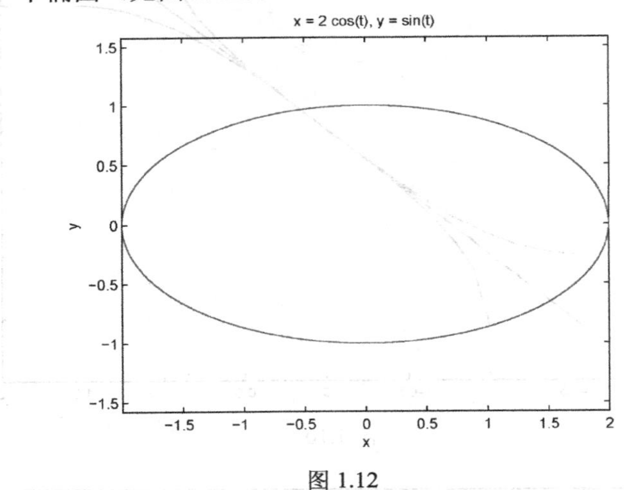

图 1.12

【例 8】 分别作出星形线 $x=2\cos^3 t$，$y=2\sin^3 t$（$0\leqslant t\leqslant 2\pi$）和摆线 $x=2(t-\sin t)$，$y=2(1-\cos t)$（$0\leqslant t\leqslant 4\pi$）的图形。

输入命令：

```
ezplot('2*cos(t)^3','2*sin(t)^3',[0,2*pi])
ezplot('2*(t-sin(t))','2*(1-cos(t))',[0,4*pi])
```

可以分别得到星形线（见图 1.13）和摆线（见图 1.14）的图形。

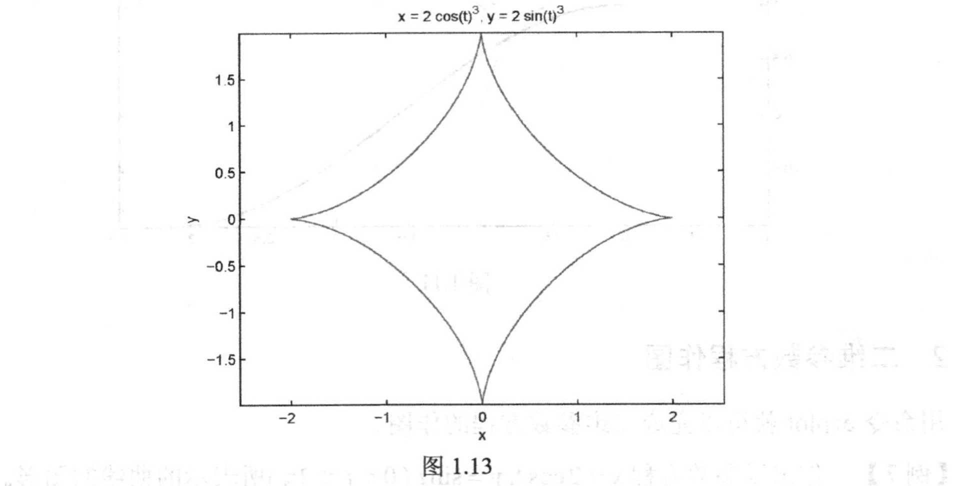

图 1.13

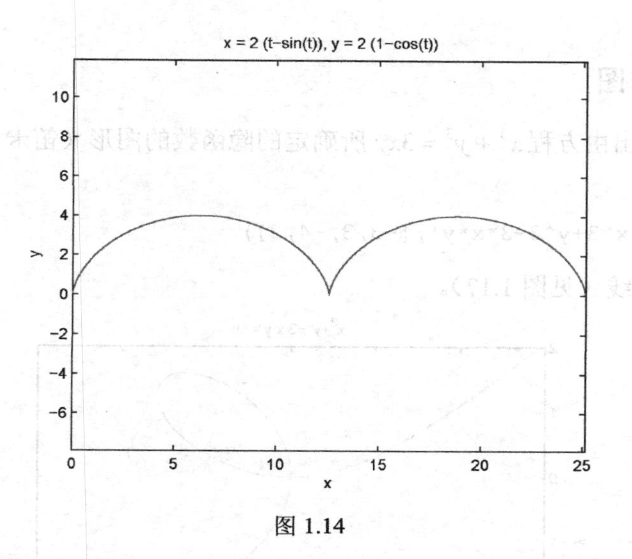

图 1.14

1.2.3 用极坐标命令作图

【例 9】 作出极坐标方程 $\rho = 2(1-\cos\theta)$ 的曲线的图形。

输入命令：

```
theta=0:0.1:2*pi;
rho=2*(1-cos(theta));
polar(theta,rho)
```

可以观察到一条心形线（见图 1.15）。

【例 10】 作出极坐标方程 $r = \mathrm{e}^{\theta/10}$ 的曲线（对数螺线）的图形。

输入命令：

```
theta=0:0.1:8*pi;
rho=exp(0.1*theta);
polar(theta,rho)
```

输出为对数螺线（见图 1.16）。

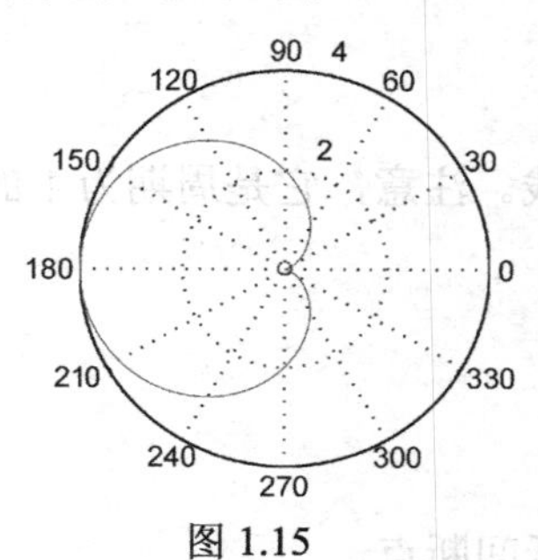

图 1.15

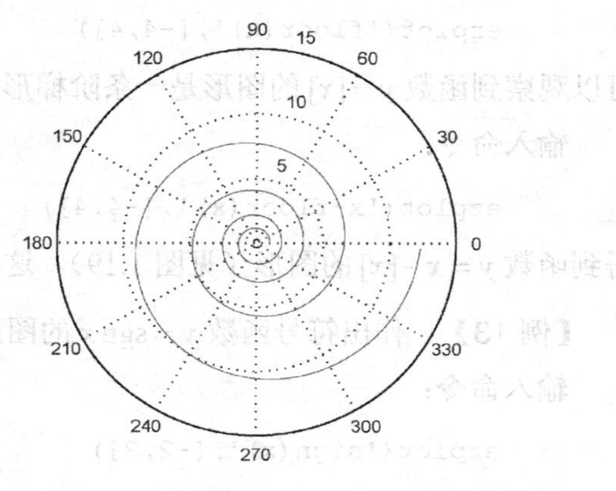

图 1.16

1.2.4 隐函数作图

【例 11】 作出由方程 $x^3+y^3=3xy$ 所确定的隐函数的图形（笛卡儿叶形线）。

输入命令：

```
ezplot('x^3+y^3-3*x*y',[-3,3,-4,2])
```

输出为笛卡儿叶形线（见图 1.17）。

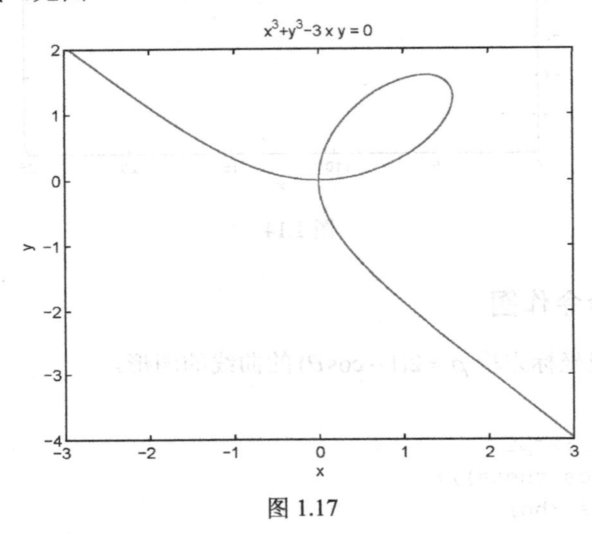

图 1.17

1.2.5 分段函数的作图

【例 12】 分别作出函数 $y=[x]$ 和函数 $y=x-[x]$ 的图形。

输入命令：

```
ezplot('floor(x)',[-4,4])
```

可以观察到函数 $y=[x]$ 的图形是一条阶梯形曲线（见图 1.18）。

输入命令：

```
ezplot('x-floor(x)',[-4,4])
```

得到函数 $y=x-[x]$ 的图形（见图 1.19）。这是锯齿形曲线。注意，它是周期为 1 的函数。

【例 13】 作出符号函数 $y=\operatorname{sgn} x$ 的图形。

输入命令：

```
ezplot('sign(x)',[-2,2])
```

就得到符号函数的图形（见图 1.20）。点 $x=0$ 是它的跳跃间断点。

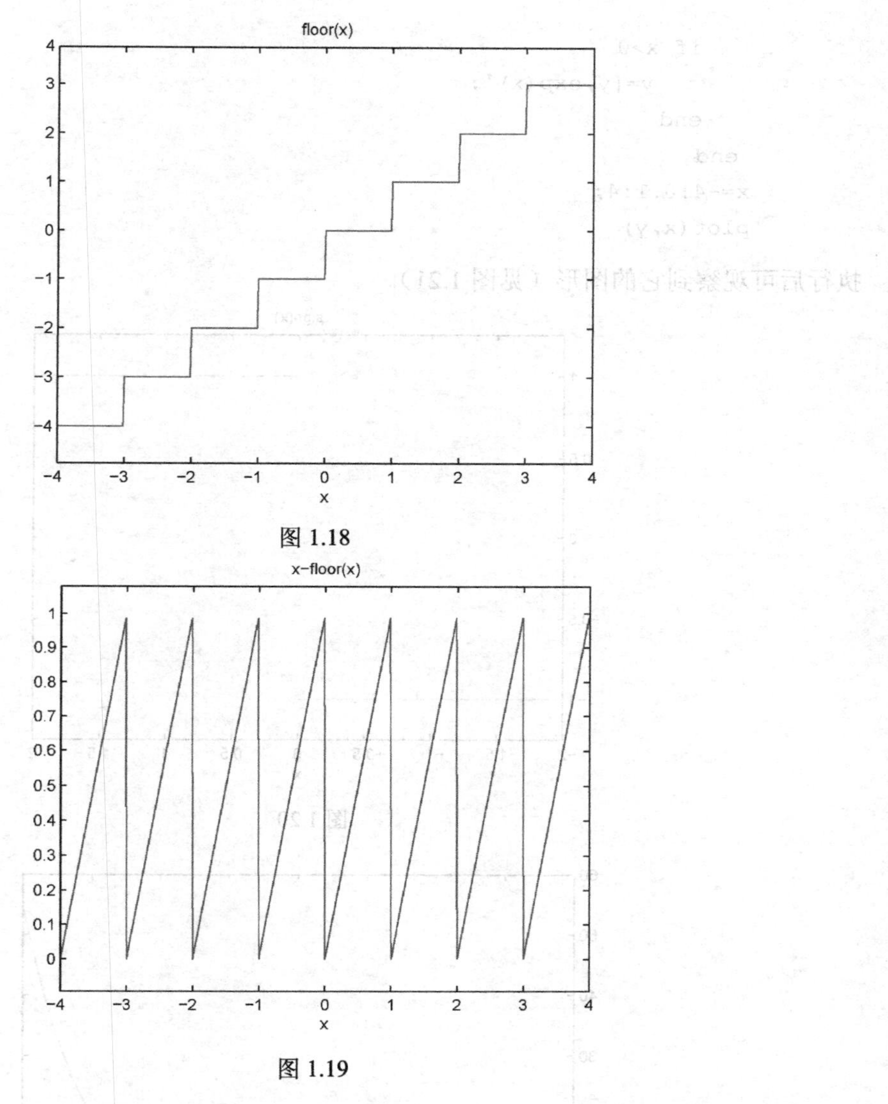

图 1.18

图 1.19

【例 14】 作出分段函数$h(x)=\begin{cases}\cos x, & x\leqslant 0\\ \mathrm{e}^{x}, & x>0\end{cases}$的图形。

输入命令：

```
y=[ ];
for x=-4:0.1:4
    if x<=0
        y=[y,cos(x)];
        end
```

```
    if x>0
       y=[y,exp(x)];
    end
 end
x=-4:0.1:4;
plot(x,y)
```

执行后可观察到它的图形（见图 1.21）。

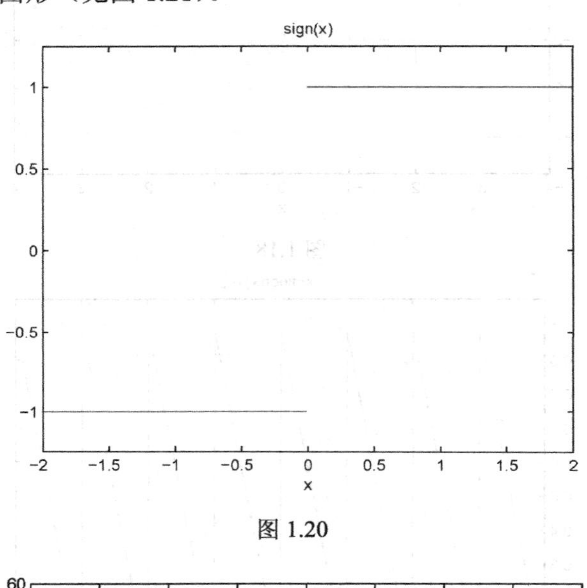

图 1.20

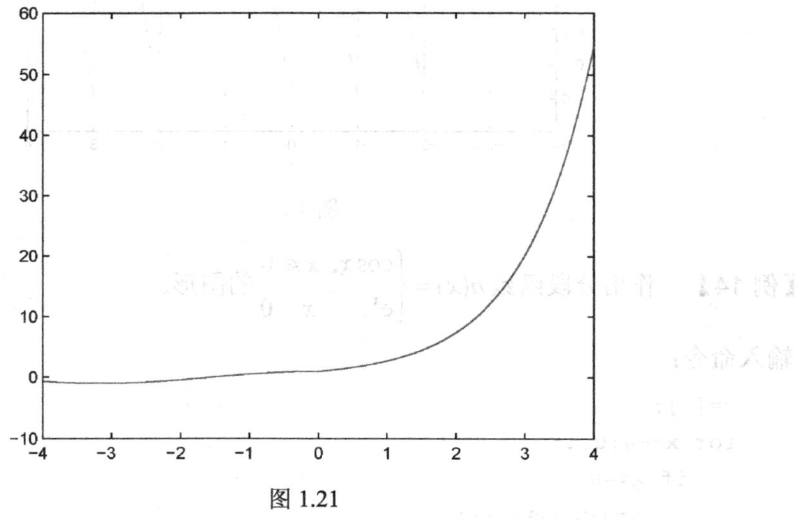

图 1.21

1.3 实验作业

1. 把正切函数 $\tan x$ 和反正切函数 $\arctan x$ 的图形及其水平渐近线 $y=-\pi/2$，$y=\pi/2$ 和直线 $y=x$ 用不同的线形画在同一个坐标系内。
2. 把双曲正弦函数 $\sinh x$ 和函数 $e^x/2$，$-e^{-x}/2$ 用不同的线形画在同一个坐标系内。
3. 把双曲余弦函数 $\cosh x$ 和函数 $e^x/2$，$e^{-x}/2$ 用不同的线形画在同一个坐标系内。
4. 作出双曲正切函数 $\tanh x$ 的图形。
5. 分别作出反双曲正弦 $\operatorname{arsinh} x$、反双曲余弦 $\operatorname{arcosh} x$ 和反双曲正切 $\operatorname{artanh} x$ 的图形。
6. 输入命令：

```
x=0:0.1:2*pi;
y1=sin(x);
y2=sin(2*x);
y3=sin(3*x);
plot(x,y1,'k*',x,y2,'r:',x,y3,'b-')
```

理解选项的含义。

7. 为观察复合函数的情况，分别输入以下命令：

```
ezplot('sin(cos(sin(x)))',[-pi,pi])和 ezplot('sqrt(1+x^2)',[-6,6])和
x=-5:0.1:5;
y1=exp(x);
y2=atan(x);
y3=exp(atan(x));
plot(x,y1,'b*',x,y2,'r-',x,y3,'k:')
```

8. 为观察函数的叠加，输入以下命令：

```
x=-5:0.1:5;
y1=x;
y2=2*sin(x);
y3=x+2*sin(x);
plot(x,y1,'k:',x,y2,'b-',x,y3,'r*')
```

9. 用极坐标命令，作出五叶玫瑰线 $\rho=4\sin 5\theta$ 的图形。
10. 用隐函数命令作出椭圆 $x^2+y^2=xy+3$ 的图形和双曲线 $x^2+y^2=3xy+3$ 的图形。
11. 选择以下命令的一部分输入，欣赏和研究极坐标作图命令输出的图形。

```
theta=0:0.1:2*pi;
polar(theta,cos(theta/2))
polar(theta,cos(theta/4))
```

```
polar(theta,(theta).^(-3/2))
polar(theta,(theta).*cos(theta))
polar(theta,2*cos(3*theta))
polar(theta,3*sin(2*theta))
polar(theta,4*sin(4*theta))
polar(theta,1-2*sin(5*theta))
polar(theta,1-2*sin(theta))
polar(theta,4-3*cos(theta))
polar(theta，sin(3*theta)+sin(2*theta).^2)
polar(theta,cos(2*theta)+(cos(4*theta)).^2)
```

12． 在区间[−4,4]上作分段函数：

$$w(x)=\begin{cases}-x, & x<0\\ x^2, & x\geqslant 0\end{cases}$$

的图形。

实验二　极限与连续

实验目的

通过计算与作图，加深对数列极限及函数极限概念的理解。掌握用 MATLAB 计算极限的方法。深入理解函数的连续与间断。

2.1　学习 MATLAB 命令

2.1.1　求和命令与求积命令

sum(x)：如果 x 是向量，则返回 x 的元素之和；如果 x 是矩阵，则返回矩阵各列之和。

prod(x)：如果 x 是向量，则返回 x 的元素之积；如果 x 是矩阵，则返回矩阵各列之积。

例如，求 $\frac{1}{1}+\frac{1}{2}+\frac{1}{3}+\cdots+\frac{1}{100}$ 的近似值。输入：

```
sum(1./(1:100))
```

执行后得到：

```
ans=
    5.1874
```

再例如，求 $100!$ 的近似值。输入：

```
prod(1:100)
```

执行后得到：

```
ans=
    9.3326e+157
```

2.1.2　求极限命令

命令 limit 用于计算数列或者函数的极限。其基本形式是：

$$\operatorname{limit}(f(x), x, a)$$

其中，$f(x)$是数列或者函数的表达式，a 是自变量 x 的变化趋势。如果自变量 x 趋向于无穷，则用 inf 代替 a。

对于单侧极限，通过命令 limit 的选项'right'和'left'表示自变量的变化方向。

- 求右极限 $x \to a+0$ 时，用 limit($f(x)$, x, a, 'right')。
- 求左极限 $x \to a-0$ 时，用 limit($f(x)$, x, a, 'left')。
- 求 $x \to +\infty$ 时，用 limit($f(x)$, x, +inf)。
- 求 $x \to -\infty$ 时，用 limit($f(x)$, x, −inf)。

2.2 实验内容

2.2.1 数列极限的概念

通过计算与作图，加深对极限概念的理解。

【例 1】 考虑极限 $\lim\limits_{n\to\infty}\dfrac{2n^3+1}{5n^3+1}$。

输入：

```
syms n
limit((2*n^3+1)/(5*n^3+1),n,inf)
```

输出极限为：

```
ans=
   2/5
```

2.2.2 函数的单侧极限

【例 2】 考虑函数 $y = \arctan x$。输入：

```
ezplot('atan(x)',[-50,50])
```

输出为图 2.1。

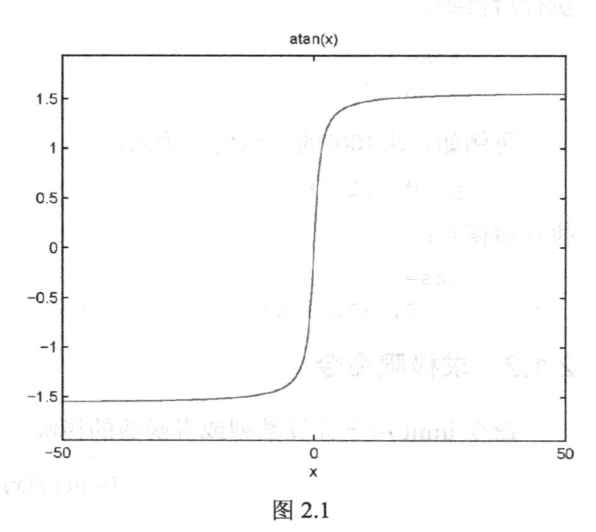

图 2.1

观察当 $x \to \infty$ 时，函数值的变化趋势。

输入：

```
syms x
limit(atan(x),x,+inf)
limit(atan(x),x,-inf)
```

输出分别为：

```
ans=
   1/2*pi
```

```
ans=
   -1/2*pi
```

考虑函数 $y=\arctan\frac{1}{x}$ 在 $x=0$ 的左右极限。分别输入：

```
syms x
limit(atan(1/x),x,0,'right')
limit(atan(1/x),x,0,'left')
```

输出分别为 1/2*pi 和–1/2*pi。

2.2.3 两个重要极限

【例 3】 考虑第一个重要极限。输入：

```
ezplot('sin(x)/x',[-pi,pi])
```

输出为图 2.2。

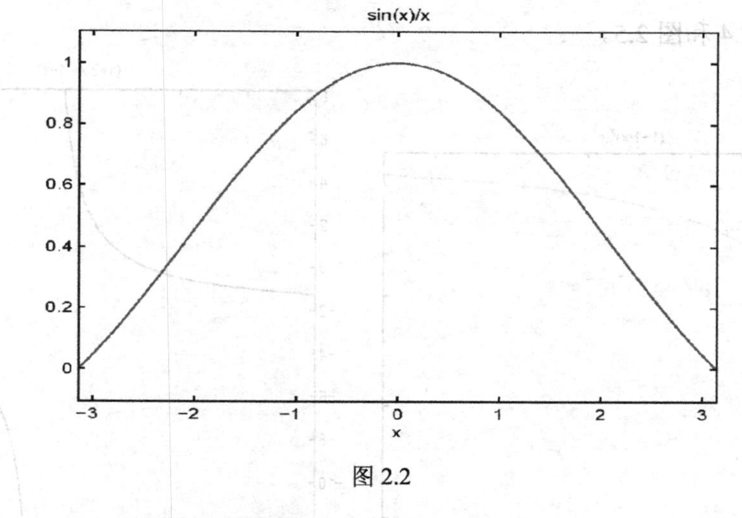

图 2.2

观察图 2.2 中当 $x\to 0$ 时，函数值的变化趋势。输入：

```
syms x
limit(sin(x)/x,x,0)
```

输出为 1，结论与图形一致。

【例 4】 考虑第二个重要极限。输入：

```
syms n
limit((1+1/n)^n,n,inf)
```

输出为：

```
ans=
   exp(1)
```

再输入：

```
ezplot('(1+1/x)^x',[1,100])
```

输出为图 2.3。

观察图 2.3 中函数的单调性，理解函数极限 $\lim\limits_{x\to+\infty}\left(1+\dfrac{1}{x}\right)^x=\mathrm{e}$。

2.2.4　无穷大

【例 5】　考虑无穷大。分别输入：

```
ezplot('(1+2*x)/(1-x)',[-3,4])
ezplot('x^3-x',[-10,10])
```

输出分别为图 2.4 和图 2.5。

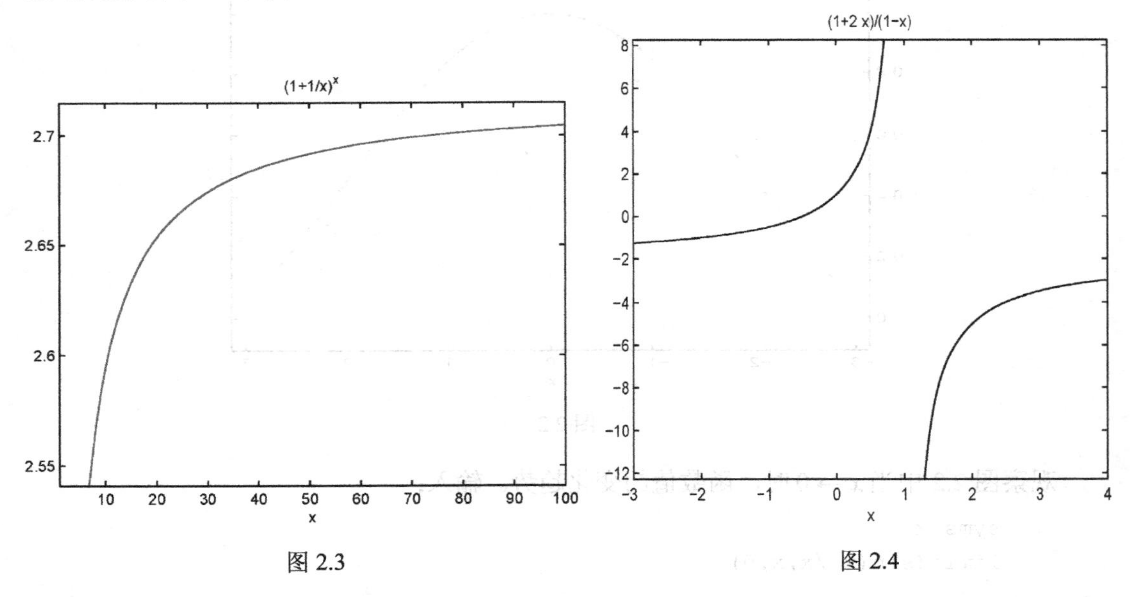

图 2.3　　　　图 2.4

观察图 2.4 中 $x\to1$ 时函数的绝对值无限增大的变化趋势和图 2.5 中 $x\to\infty$ 时函数的绝对值在无限增大。输入：

```
syms x
limit((1+2*x)/(1-x),x,1,'right')
limit((1+2*x)/(1-x),x,1,'left')
```

输出右极限、左极限分别为：

```
ans=-Inf
ans=Inf
```

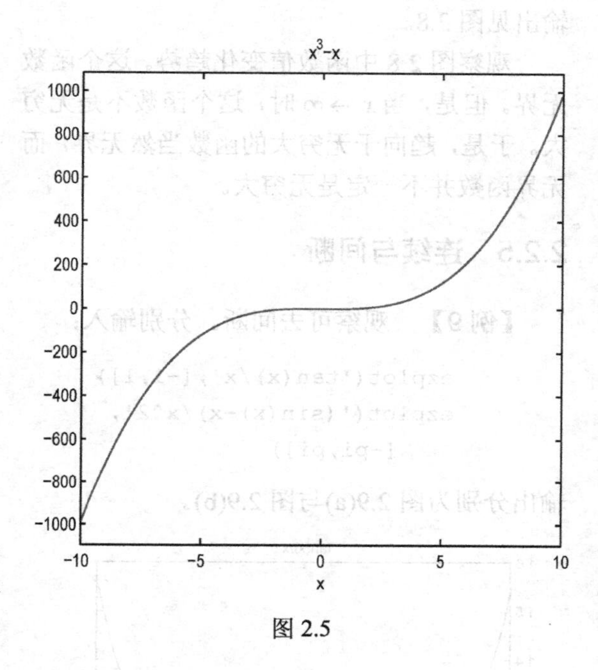

图 2.5

【例 6】 考虑单侧无穷大。分别输入：

```
ezplot('exp(x^(-1))',[-2,2])
syms x
limit(exp(1/x),x,0,'left')
limit(exp(1/x),x,0,'right')
```

输出为图 2.6 及左极限 0，右极限∞。

【例 7】 输入：

```
ezplot('x+4*sin(x)',[0,20*pi])
```

输出为图 2.7。观察函数值的变化趋势。当 $x\to\infty$ 时，这个函数是无穷大。但是，它并不是单调增加的。于是，无穷大并不要求函数单调。

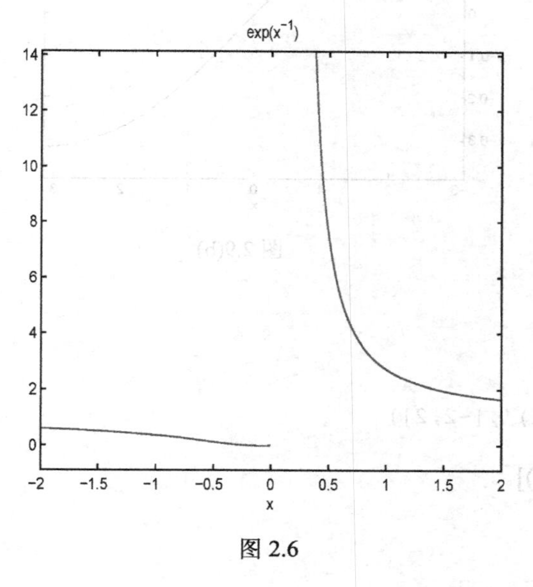

图 2.6

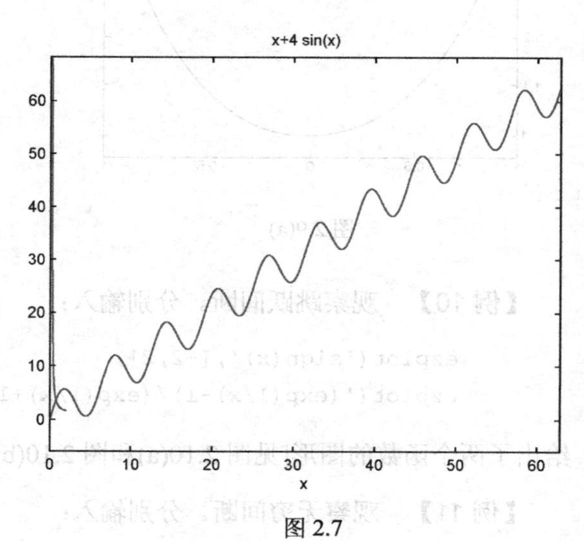

图 2.7

【例 8】 输入：

```
ezplot('x*sin(x)',[0,20*pi])
```

输出见图 2.8。

观察图 2.8 中函数值变化趋势。这个函数无界。但是，当 $x \to \infty$ 时，这个函数不是无穷大。于是，趋向于无穷大的函数当然无界，而无界函数并不一定是无穷大。

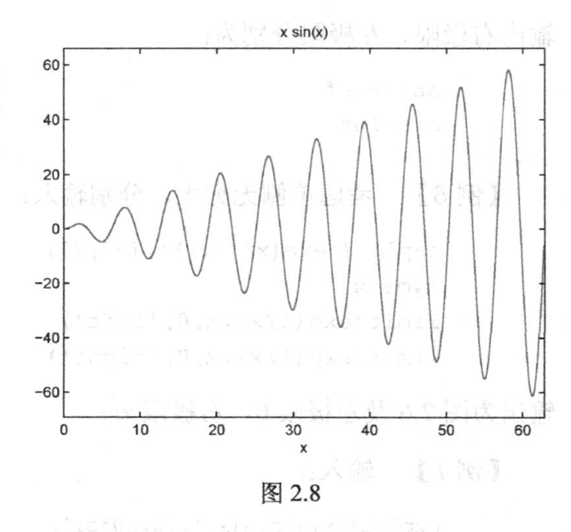

图 2.8

2.2.5 连续与间断

【例 9】 观察可去间断。分别输入：

```
ezplot('tan(x)/x',[-1,1])
ezplot('(sin(x)-x)/x^2',
    [-pi,pi])
```

输出分别为图 2.9(a)与图 2.9(b)。

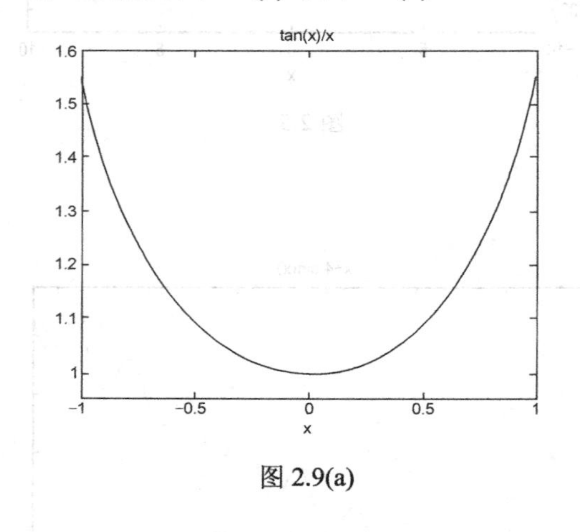

图 2.9(a)

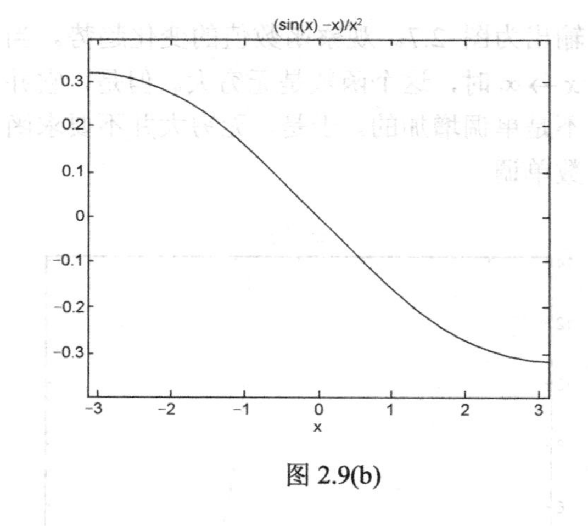

图 2.9(b)

【例 10】 观察跳跃间断。分别输入：

```
ezplot('sign(x)',[-2,2])
ezplot('(exp(1/x)-1)/(exp(1/x)+1)',[-2,2])
```

给出了两个函数的图形[见图 2.10(a)和图 2.10(b)]。

【例 11】 观察无穷间断。分别输入：

```
ezplot('tan(x)',[-2*pi,2*pi])
ezplot('(1-x^2)^(-1)',[-3,3])
```

这里只给出了第二个图形（见图 2.11）。

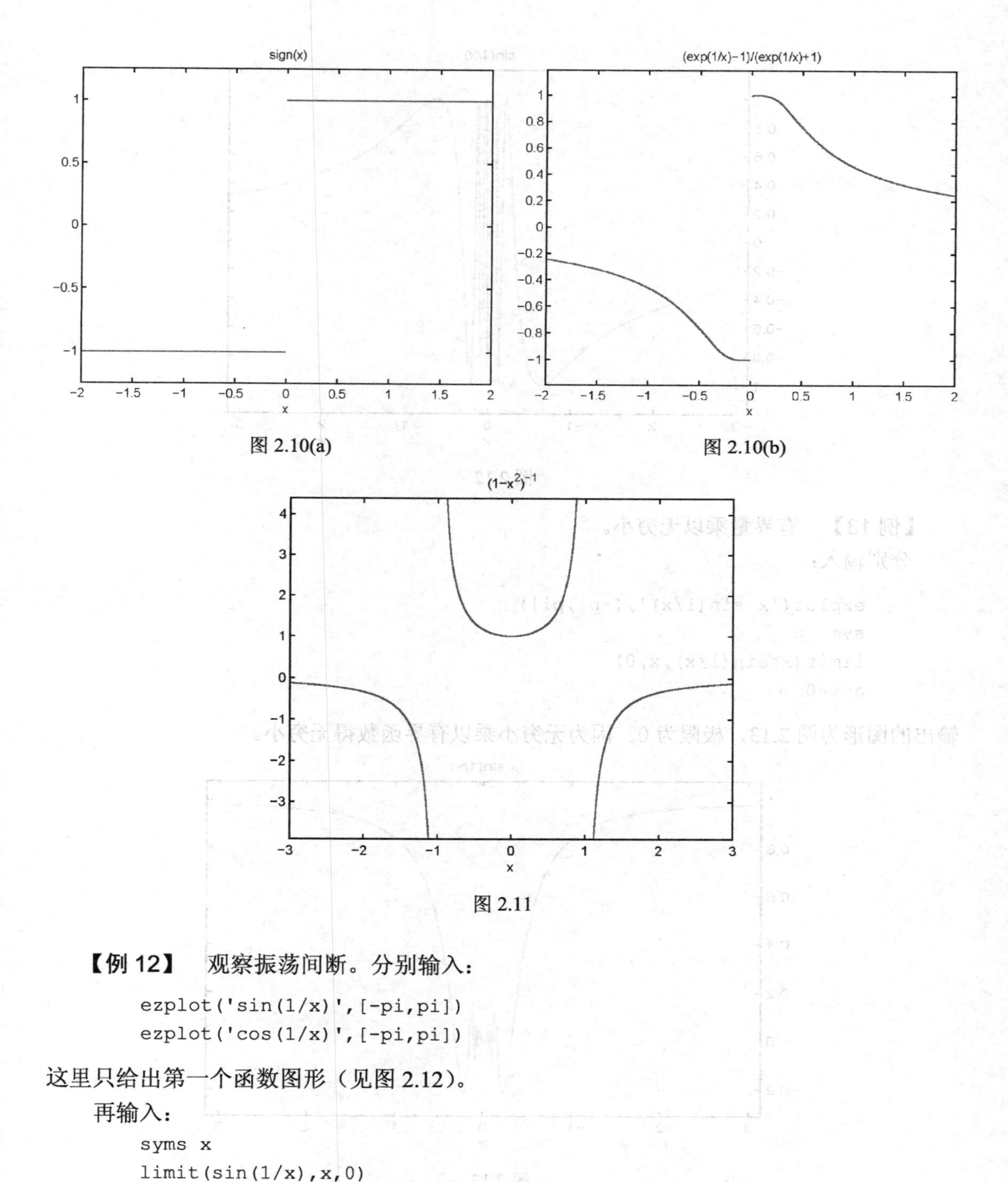

图 2.10(a)

图 2.10(b)

图 2.11

【例 12】 观察振荡间断。分别输入：

```
ezplot('sin(1/x)',[-pi,pi])
ezplot('cos(1/x)',[-pi,pi])
```

这里只给出第一个函数图形（见图 2.12）。

再输入：

```
syms x
limit(sin(1/x),x,0)
```

MATLAB 的输出为 ans = −1 .. 1。思考一下，这是什么意思？

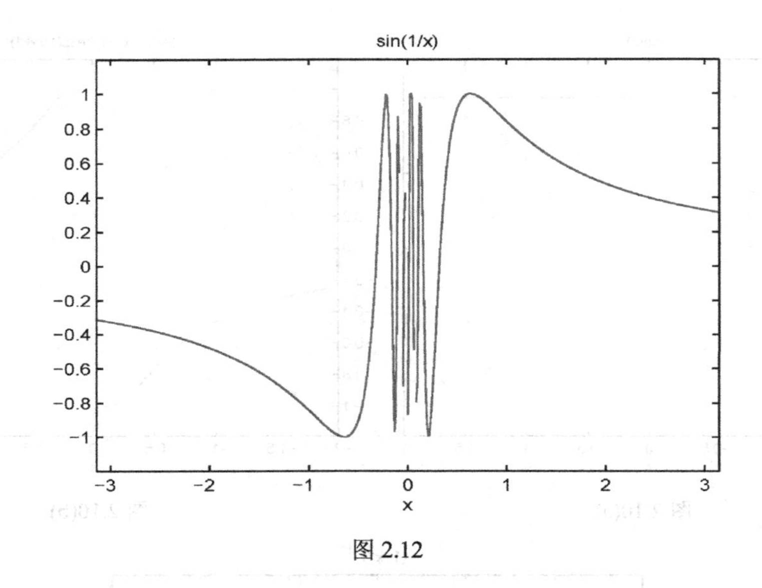

图 2.12

【例 13】　有界量乘以无穷小。

分别输入：

```
ezplot('x*sin(1/x)',[-pi,pi])
syms x
limit(x*sin(1/x),x,0)
ans=0
```

输出的图形为图 2.13，极限为 0。因为无穷小乘以有界函数得无穷小。

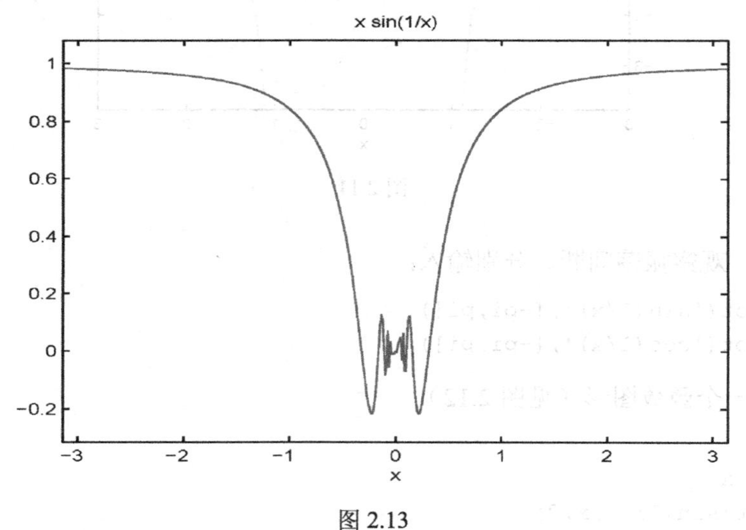

图 2.13

2.3 实验作业

1． 数列极限。

设数列 $x_n = \frac{1}{1^3} + \frac{1}{2^3} + \cdots + \frac{1}{n^3}$，计算这个数列的前 30 项的近似值。

2． 计算极限。

(1) $\lim\limits_{x \to 0}\left(x\sin\frac{1}{x} + \frac{1}{x}\sin x\right)$　　(2) $\lim\limits_{x \to +\infty}\frac{x^2}{e^x}$　　(3) $\lim\limits_{x \to 0}\frac{\text{tg}x - \sin x}{x^3}$

(4) $\lim\limits_{x \to +0} x^x$　　(5) $\lim\limits_{x \to +0}\frac{\ln \text{ctg}x}{\ln x}$　　(6) $\lim\limits_{x \to +0} x^2 \ln x$

(7) $\lim\limits_{x \to 0}\frac{\sin x - x\cos x}{x^2 \sin x}$　　(8) $\lim\limits_{x \to 0}\left(\frac{\sin x}{x}\right)^{\frac{1}{1-\cos x}}$　　(9) $\lim\limits_{x \to 0}\frac{e^x - e^{-x} - 2x}{x - \sin x}$

3． 讨论极限 $\lim\limits_{n \to \infty}\cos^n x$。

观察 $\cos^n x$ 的图形，判断 $\cos^n x$ 在 n 趋于无穷时的极限，并对具体的 x 值，用 limit 命令验证。

实验三　导　　数

实验目的

深入理解导数与微分的概念，导数的几何意义。掌握用 MATLAB 求导数与高阶导数的方法。深入理解和掌握求隐函数的导数及由参数方程定义的函数的导数的方法。

3.1　学习 MATLAB 命令

求导数命令是 diff，常用格式为：

```
syms x
diff('f(x)',x)
```

diff (f, x)给出 f 关于 x 的导数，而将表达式 f 中的其他字母看作常量。因此，如果表达式是多元函数，则给出的是偏导数。

diff('$f(x)$', x, n)给出f关于x的n阶导数或者偏导数。

3.2　实验内容

3.2.1　导数概念与导数的几何意义

【例 1】　用定义求 $g(x)=x^3-3x^2+x+1$ 的导数。

输入：

```
syms x
diff('x^3-3*x^2+x+1',x)
```

执行以后得到导函数：

```
ans=3*x^2-6*x+1
```

再输入：

```
x=-1:0.1:3;
```

```
y1=x.^3-3*x.^2+x+1;
y2=3*x.^2-6*x+1;
plot(x,y1,'b',x,y2,'r:')
```

执行后便得到函数 $y1=g(x)=x^3-3x^2+x+1$ 和它的导数 $y2=g'(x)=3x^2-6x+1$ 的图形[见图 3.1，图中虚线是曲线 $g'(x)$]。

【例 2】 作函数 $f(x)=2x^3+3x^2-12x+7$ 的图形和在 $x=-1$ 处的切线。

输入：

```
syms x
hanshu=2*x^3+3*x^2-12*x+7;
daoshu=diff('2*x^3+3*x^2-12*x+7',x);
x=-1;
hanshuzhi=eval(hanshu)
daoshuzhi=eval(daoshu)
```

执行后得到函数 $f(x)$ 在 $x=-1$ 处的函数值和导数值：

```
hanshuzhi=20
daoshuzhi=-12
```

再执行：

```
x=-4:0.1:3;
y=2*x.^3+3*x.^2-12*x+7;
y1=20-12*(x+1);
plot(x,y,'b',x,y1,'r')
```

在同一个坐标系内作出了 $f(x)$ 的图形和它在 $x=-1$ 处的切线（见图 3.2，其中直线为切线）。

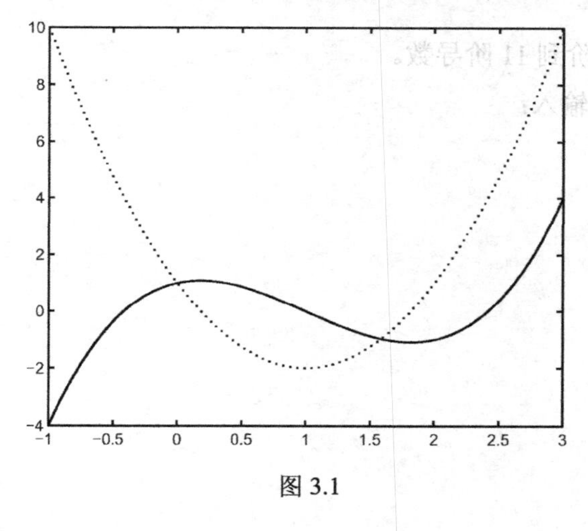

图 3.1

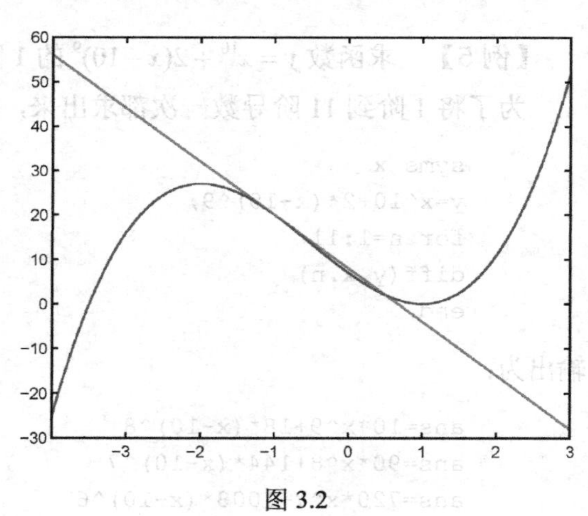

图 3.2

3.2.2 求函数的高阶导数及函数在某点的导数值

【例 3】 求函数 $y=x^n$ 的一阶导数和二阶导数。

输入：

```
syms x
diff('x^n',x,1)
diff('x^n',x,2)
```

执行后得 $y=x^n$ 的一阶导数和二阶导数分别为：

```
ans=x^n*n/x
ans=x^n*n^2/x^2-x^n*n/x^2
```

【例 4】 求函数 $f(x)=\sin ax\cos bx$ 的一阶导数，并求 $f'\left(\dfrac{1}{a+b}\right)$。

输入：

```
syms x a b
daoshu=diff('sin(a*x)*cos(b*x)',x)
x=1/(a+b);
daoshuzhi=eval(daoshu)
```

执行后分别得函数 $f(x)=\sin ax\cos bx$ 的一阶导数及 $f'\left(\dfrac{1}{a+b}\right)$ 的值：

```
daoshu=cos(a*x)*a*cos(b*x)-sin(a*x)*sin(b*x)*b
daoshuzhi=
cos(a/(a+b))*a*cos(b/(a+b))-sin(a/(a+b))*sin(b/(a+b))*b
```

【例 5】 求函数 $y=x^{10}+2(x-10)^9$ 的 1 阶到 11 阶导数。

为了将 1 阶到 11 阶导数一次都求出来，输入：

```
syms x
y=x^10+2*(x-10)^9;
for n=1:11
diff(y,x,n)
end
```

输出为：

```
ans=10*x^9+18*(x-10)^8
ans=90*x^8+144*(x-10)^7
ans=720*x^7+1008*(x-10)^6
ans=5040*x^6+6048*(x-10)^5
```

```
ans=30240*x^5+30240*(x-10)^4
ans=151200*x^4+120960*(x-10)^3
ans=604800*x^3+362880*(x-10)^2
ans=1814400*x^2+725760*x-7257600
ans=3628800*x+725760
ans=3628800
ans=0
```

3.2.3 求隐函数的导数，由参数方程定义的函数的导数

【例 6】 求由方程 $2x^2-2xy+y^2+x+2y+1=0$ 确定的隐函数的导数。

输入：

```
syms x y
z=2*x^2-2*x*y+y^2+x+2*y+1;
daoshu=-diff(z,x)/diff(z,y)
```

执行后得到：

```
daoshu=(-4*x+2*y-1)/(-2*x+2*y+2)
```

【例 7】 求由参数方程 $x=\mathrm{e}^t\cos t$，$y=\mathrm{e}^t\sin t$ 确定的函数的导数。

输入：

```
syms t
x=exp(t)*cos(t);
y=exp(t)*sin(t);
daoshu=diff(y,t)/diff(x,t)
simple(daoshu)
```

则得到 1 阶导数：

```
daoshu=
(exp(t)*sin(t)+exp(t)*cos(t))/(exp(t)*cos(t)-exp(t)*sin(t))
......
ans=
(cos(t)+sin(t))/(cos(t)-sin(t))
```

再输入：

```
erjiedaoshu=diff('(cos(t)+sin(t))/(cos(t)-sin(t))',t)/diff(x,t)
simple(erjiedaoshu)
```

得到 2 阶导数：

```
......
-(2*exp(-t))/((cos(t) - sin(t))*(sin(2*t) - 1))
```

即：

$$\frac{2e^{-t}}{(\cos t-\sin t)^3}.$$

3.2.4 拉格朗日中值定理

【例 8】 函数 $f(x)=1/x^4$ 在区间[1,2]上满足拉格朗日中值定理的条件，因此存在 $\xi\in(1,2)$，使 $f'(\xi)=(f(2)-f(1))/(2-1)$。可以验证这个结论的正确性。输入：

```
syms x
diff('1/x^4',x)
```

得到 1 阶导数：

```
ans=-4/x^5
```

再输入：

```
f=inline('-4/x^5-(1/16-1)');
c=fzero(f,[1,2])
```

则得到：

```
c=1.3367
```

此即 ξ 在(1, 2)的实数解。

3.3 实验作业

1. 验证罗尔定理对函数 $y=\ln\sin x$ 在区间 $\left[\frac{\pi}{6},\frac{5\pi}{6}\right]$ 上的正确性。
2. 验证拉格朗日定理对函数 $y=4x^3-5x^2+x-2$ 在区间[0,1]上的正确性。
3. 证明：对函数 $y=px^2+qx+r$ 应用拉格朗日中值定理时，所求得的点 ξ 总是位于区间 $[a,b]$ 的正中间。
4. 验证柯西中值定理对函数 $f(x)=\sin x$ 及 $F(x)=x+\cos x$ 在区间 $\left[0,\frac{\pi}{2}\right]$ 上的正确性。
5. 求下列函数的 1、2 阶导数。

   (1) $y=f(x^2)$；　　(2) $y=f^2(x)$；

   (3) $y=\ln[f(x)]$；　　(4) $y=f(e^x)+e^{f(x)}$。

6. 求下列函数的高阶导数。

(1) $y = x\sinh x$，求 $y^{(100)}$；　　(2) $y = x^2\cos x$，求 $y^{(10)}$；

(3) $y = x^2\sin 2x$，求 $y^{(50)}$。

7. 求解下列方程所确定的隐函数 $y = y(x)$的导数。

(1) $\ln x + \mathrm{e}^{-\frac{y}{l}} = \mathrm{e}$；　　(2) $\arctan\frac{y}{x} = \ln\sqrt{x^2 + y^2}$。

8. 求以下参数方程确定的函数的导数。

(1) $\begin{cases} x = \cos^3 t \\ y = \sin^3 t \end{cases}$　　(2) $\begin{cases} x = \dfrac{6t}{1+t^3} \\ y = \dfrac{6t^2}{1+t^3} \end{cases}$

实验四　导 数 应 用

实验目的

理解并掌握用函数的导数确定函数的单调区间、凹凸区间和函数的极值方法。进一步熟悉和掌握用 MATLAB 作平面图形的方法和技巧。掌握用 MATLAB 求方程的根（包括近似根）和求函数极值（包括近似极值）的方法。

4.1　学习 MATLAB 命令

4.1.1　求多项式方程近似根的命令

用 MATLAB 求多项式方程：

$$a_n x^n + a_{n-1} x^{n-1} + \cdots + a_1 x + a_0 = 0 \tag{4-1}$$

的解的命令是 roots，具体使用方法是：

```
roots(c)
```

其中，c 是方程(4-1)左端多项式的系数向量 $\boldsymbol{c} = [a_n, \cdots, a_1, a_0]$。

4.1.2　求一般方程 *f*(*x*)=0 近似根的命令

命令的一般形式如下。

(1) 建立函数：

```
f=inline('表达式')
```

(2) 求函数零点：

```
c=fzero(f,[a,b])      %求函数 f(x)在区间[a,b]内的零点 c
c=fzero(f,x0)         %求函数 f(x)在点 x0 附近的零点 c
```

4.1.3　求非线性函数 *f*(*x*)极小值

用 MATLAB 求一元函数极小值命令是 fminbnd，常用格式如下：

```
(1) x=fminbnd(fun,x1,x2)
(2) [x,favl]=fminbnd(fun,x1,x2)
(3) [x,favl,exitflag,output]=fminbnd(fun,x1,x2)
```

其中，

x = fminbnd(*fun*, $x1$, $x2$)是求($x1$, $x2$)上 *fun* 函数的最小值 x。

[x, *favl*] = fminbnd(*fun*, $x1$, $x2$)返回解 x 处目标函数的值。

[x, *favl*, *exitflag*,*output*] = fminbnd(*fun*, $x1$, $x2$)返回包含优化信息的结构输出。

> **注** (1) 函数 fminbnd 的算法基于黄金分割法和二次插值法，它要求目标函数必须是连续函数，此命令可能给出局部最优值。
>
> (2) 命令 fminbnd 是求函数 $f(x)$ 的极小值，若要求函数 $f(x)$ 的极大值，只需求 $-f(x)$ 的极小值即可。

4.2 实验内容

4.2.1 求函数的单调区间

【例 1】 求函数 $y = x^3 - 2x + 1$ 的单调区间。

输入：

```
syms x
diff('x^3-2*x+1',x)
```

执行后得函数的一阶导数为：

```
ans=3*x^2-2
```

输入：

```
x=-4:0.1:4;
y1=x.^3-2*x+1;
y2=3*x.^2-2;
plot(x,y1,'k-',x,y2,'b*')
```

其输出如图 4.1 所示，其中的米字线是导函数的图形。观察函数的增减与导函数的正负之间的关系。

再输入：

```
c=roots([3,0,-2])
```

得到导函数的两个零点为：

```
c=0.8165
  -0.8165
```

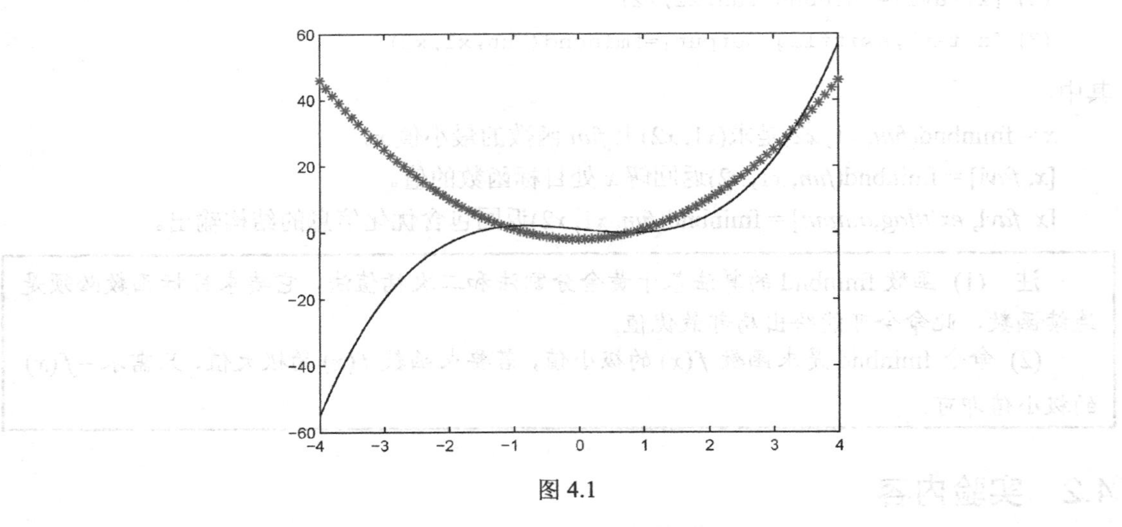

图 4.1

因为导函数连续，在它的两个零点之间，导函数保持相同符号。因此，只需在每个小区间上取一点计算导数值，即可判定导数在该区间的正负，从而得到函数的增减。

再输入：

```
x=-1;
daoshuzhi=eval('3*x^2-2')
x=0;
daoshuzhi=eval('3*x^2-2')
x=1;
daoshuzhi=eval('3*x^2-2')
```

输出为：

```
daoshuzhi=1
daoshuzhi=-2
daoshuzhi=1
```

说明导函数在区间$(-\infty,-0.8165)$，$(-0.8165,0.8165)$，$(0.8165,+\infty)$上分别取+,–和+。因此函数在区间$(-\infty,-0.8165]$和$[0.8165,+\infty)$上单调增加，在区间$[-0.8165,0.8165]$上单调减少。

4.2.2 求函数的极值

【例 2】 求函数$y=\dfrac{x}{1+x^2}$的极值。

输入：

```
ezplot('x/(1+x.^2)',[-6,6])
```

输出如图 4.2 所示，观察它的两个极值。

再输入：

```
f='x/(1+x.^2)';
[xmin,ymin]=fminbnd(f,-10,10)
```

输出为：

```
xmin=-1.0000
ymin=-0.5000
```

表明 $x=-1$ 是极小值点，极小值是 −0.5000。接下来将求极大值的问题转换成求极小值，再输入：

```
f1='-x/(1+x.^2)';
[xmax,ymax]=fminbnd(f1,-10,10)
```

输出为：

```
xmax=1.0000
ymax=-0.5000
```

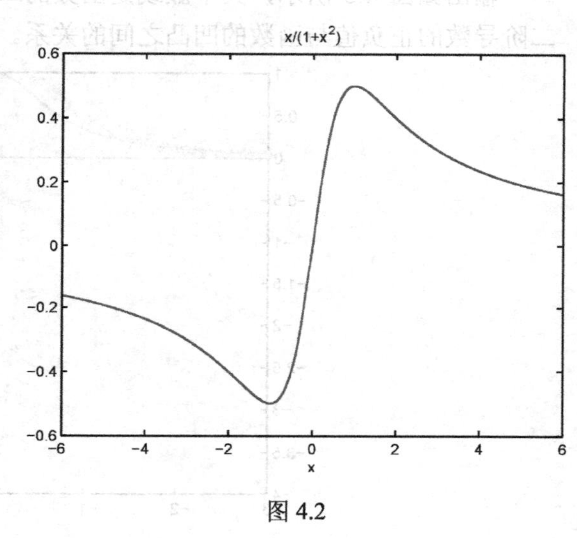

图 4.2

注意 $f=-f1$，所以 $x=1$ 是极大值点，极大值是 $-(-0.5000)=0.5000$。

4.2.3 求函数的凹凸区间和拐点

【例 3】 求函数 $y=\dfrac{1}{1+2x^2}$ 的凹凸区间和拐点。

输入：

```
syms x
y='1/(1+2*x^2)';
y1=diff(y,x)
y2=diff(y,x,2)
```

执行后得函数的一阶导数、二阶导数分别为：

```
y1=-4/(1+2*x^2)^2*x
y2=32/(1+2*x^2)^3*x^2-4/(1+2*x^2)^2
```

再输入：

```
x=-3:0.1:3;
```

```
y=(1+2*x.^2).^(-1);
y1=-4*x.*((1+2*x.^2).^2).^(-1);
y2=32*(x.^2).*((1+2*x.^2).^3).^(-1)-4*((1+2*x.^2).^2).^(-1);
y3=zeros(1,length(x));
plot(x,y,'b-',x,y1,'g*',x,y2,'r:',x,y3)
```

输出如图 4.3 所示，其中虚线是函数的二阶导数，而米字线是函数的一阶导数。观察二阶导数的正负值与函数的凹凸之间的关系。

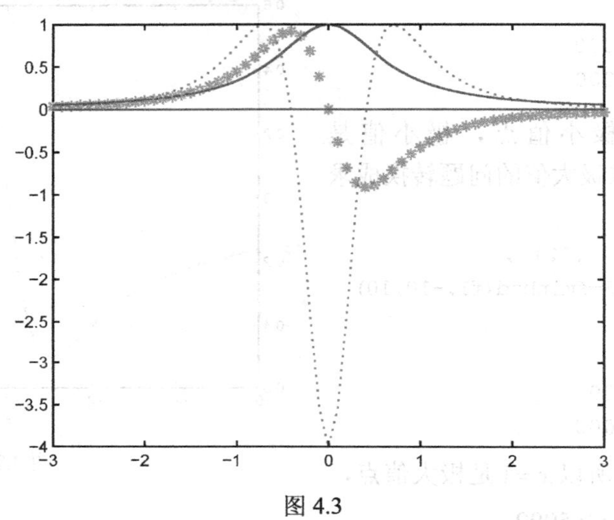

图 4.3

输入：

```
f=inline('32*(x.^2).*((1+2*x.^2).^3).^(-1)-4*((1+2*x.^2).^2).^(-1)');
c1=fzero(f,[-3,0])
c2=fzero(f,[0,3])
```

得到二阶导数的零点为：

```
c1=-0.4082
c2=0.4082
```

即得到二阶导数等于零的点是±0.4082。用例 1 中类似的方法可知，在$(-\infty,-0.4082)$和$(0.4082,+\infty)$上二阶导数大于零，曲线弧向上凹。在$(-0.4082,0.4082)$上二阶导数小于零，曲线弧向上凸。

再输入：

```
x=-0.4082;
zhi=eval('1/(1+2*x^2)')
x=0.4082;
```

```
zhi=eval('1/(1+2*x^2)')
```

得到输出：

```
zhi=0.7500
zhi=0.7500
```

这说明函数在 -0.4082 和 0.4082 的值都是 0.75。因此两个拐点分别是 $(-0.4082,0.75)$ 和 $(0.4082,0.75)$。

4.2.4 求极值的近似值

【例 4】 求函数 $y=2\sin^2(2x)+\dfrac{5}{2}x\cos^2\left(\dfrac{x}{2}\right)$ 位于区间 $(0,\pi)$ 内的极值的近似值。

输入：

```
f='2*(sin(2*x))^2+5/2*x*(cos(x/2))^2';
f1='-2*(sin(2*x))^2-5/2*x*(cos(x/2))^2';
[xmin,ymin]=fminbnd(f,0,pi)
[xmax1,ymax1]=fminbnd(f1,0,1)
[xmax2,ymax2]=fminbnd(f1,2,pi)
```

输出为：

```
xmin=1.6239
ymin=1.9446
xmax1=0.8642
ymax1=-3.7323
xmax2=2.2449
ymax2=-2.9571
```

输入：

```
ezplot(f,[0,pi])
```

输出见图 4.4。从图中可看出，极大值为 3.7323 和 2.9571，极小值为 1.9446。

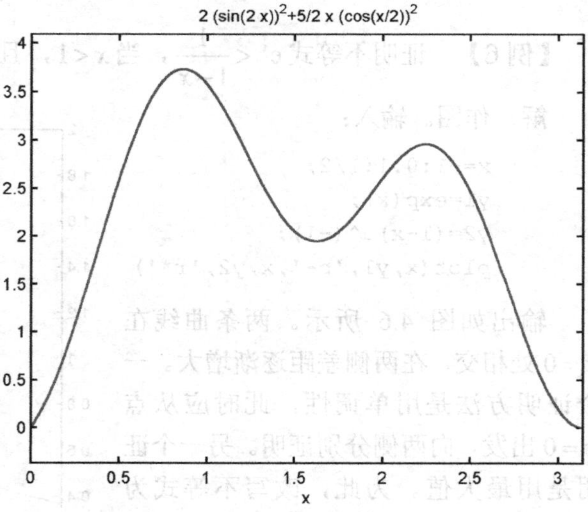

图 4.4

4.2.5 证明函数的不等式

【例 5】 证明不等式 $e^x>1+x$，当 $x>0$ 时。

先作图，输入：

```
x=0:0.1:3;
```

```
y1=exp(x);
y2=1+x;
plot(x,y1,'k-',x,y2,'b*')
```

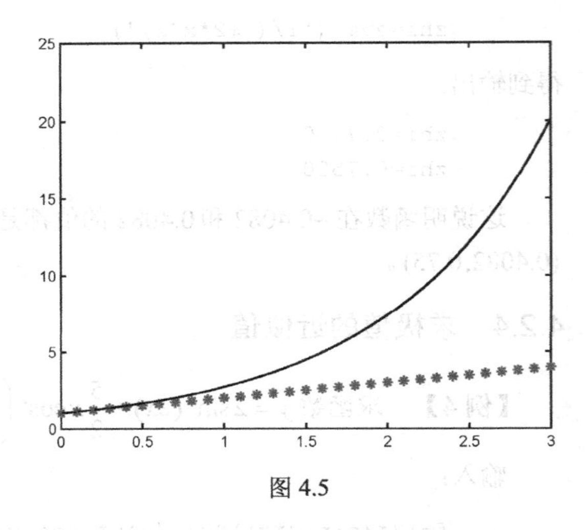

图 4.5

输出如图 4.5 所示。

再输入：

```
syms x
y='exp(x)-x-1';
f1=diff(y,x)
c=fzero('exp(x)-1',0)
```

输出为：

```
f1=exp(x)-1
c=0
```

当 $x=0$ 时两条曲线交于一点，当 x 增加时，差距逐渐增大。这正是需要用单调性证明的不等式的典型特征。

通过计算可知 $y(0)=0$，且 $y'(x)=-1+\mathrm{e}^x$，仅当 $x=0$ 时，$y'(x)=0$。因为 $x>0$ 时，$-1+\mathrm{e}^x>0$，所以当 $x>0$ 时，$y'(x)>0$。于是函数 $y(x)$ 单调增加，当 $x>0$ 时，有 $\mathrm{e}^x>1+x$。

【例 6】 证明不等式 $\mathrm{e}^x<\dfrac{1}{1-x}$，当 $x<1$，且 $x\neq 0$ 时。

解 作图。输入：

```
x=-1:0.1:1/2;
y1=exp(x);
y2=(1-x).^(-1);
plot(x,y1,'b-',x,y2,'r*')
```

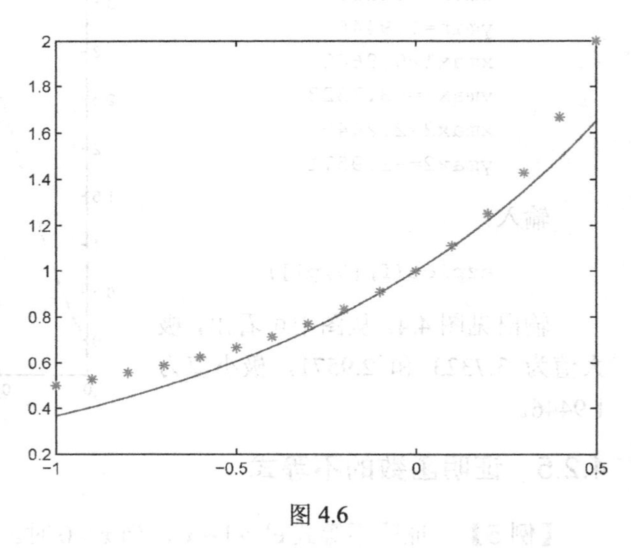

图 4.6

输出如图 4.6 所示。两条曲线在 $x=0$ 处相交，在两侧差距逐渐增大。一个证明方法是用单调性，此时应从点 $x=0$ 出发，向两侧分别证明。另一个证明是用最大值。为此，改写不等式为 $\mathrm{e}^x(1-x)<1$。

输入：

```
syms x
f='exp(x)*(1-x)';
g=diff(f,x)
h=diff(f,x,2)
```

输出为：

```
g=-exp(x)-exp(x)*(x-1)
h=-2*exp(x)-exp(x)*(x-1)
```

输入：

```
c1=fzero('exp(x)*(1-x)-exp(x)',[-1,0])
c2=fzero('exp(x)*(1-x)-exp(x)',[0,1])
x=0;
h1=eval('exp(x)*(1-x)-2*exp(x)')
f1=eval('exp(x)*(1-x)')
```

输出为：

```
c1=0
c2=0
h1=-1
f1=1
```

即函数有唯一驻点 $x=0$。且 $g'(0)=f''(0)=-1<0$，$f(0)=1$。由于在驻点 $x=0$ 处函数的二阶导数小于零，该点是极大值点。又因为这是唯一驻点，所以它是函数的最大值点。于是，函数 $f(x)=\mathrm{e}^x(1-x)$ 在 $x=0$ 取最大值 1。因此当 $x<1$ 且 $x\neq 0$ 时，有 $\mathrm{e}^x<\dfrac{1}{1-x}$。

【例 7】 证明不等式 $\arctan x+\dfrac{1}{x}>\dfrac{\pi}{2}$，其中 $x>0$。

解 作图。输入：

```
ezplot('atan(x)+1/x',[4,20])
```

输出如图 4.7 所示。

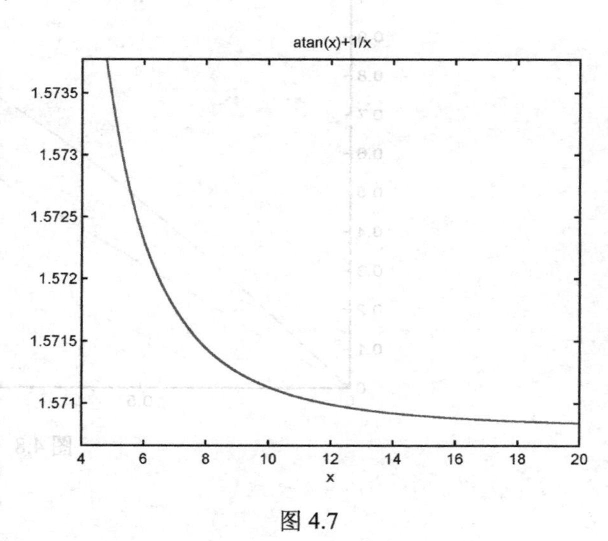

图 4.7

当 x 趋向于正无穷时，直线 $y=\dfrac{\pi}{2}$ 是函数 $y=\arctan x+\dfrac{1}{x}$ 的渐近线。这也是用单调性证明的不等式。

输入：

```
syms x
y='atan(x)+1/x';
y1=diff(y,x)
limit(y,x,inf)
```

输出为：

```
y1=1/(1+x^2)-1/x^2
```

```
ans=1/2*pi
```

再研究单调性：对任意的$x>0$，有$\frac{1}{1+x^2}-\frac{1}{x^2}<0$。即当$x>0$时，函数$y=\arctan x+\frac{1}{x}$无驻点。

再输入：

```
x=2;
y2=eval('1/(1+x^2)-1/x^2')
```

输出：

```
y2=-0.0500
```

即当$x>0$时, $y1(x)=y'(x)<0$。于是函数$y=\arctan x+\frac{1}{x}$单调减少，趋向于$\frac{\pi}{2}$。因此当$x>0$时，有$\arctan x+\frac{1}{x}>\frac{\pi}{2}$。

【例 8】 证明不等式$\sin x>\frac{2}{\pi}x$，当$0<x<\frac{\pi}{2}$时。

解 作图。输入：

```
x=0:0.1:pi/2;
y1=sin(x);
y2=2*x/pi;
plot(x,y1,'b-',x,y2,'r')
```

输出如图 4.8 所示。

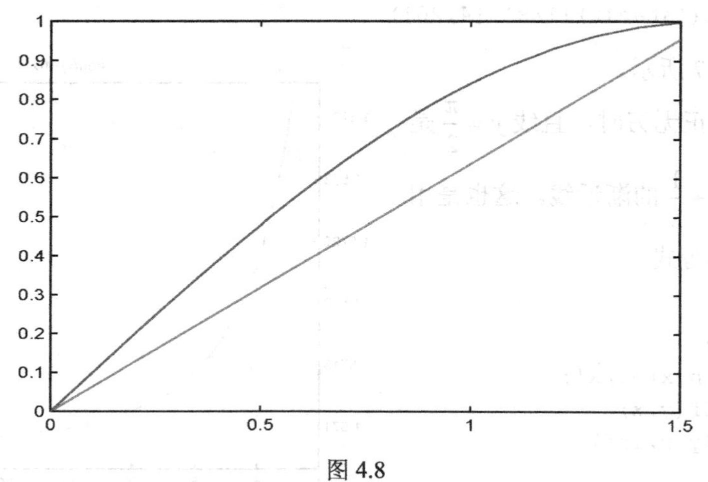

图 4.8

当 $x=0$ 或 $x=\dfrac{\pi}{2}$ 时，两条曲线相交。在两点之间差距较大。这是需要用凹凸性证明的不等式的特征。

输入：

```
x=0;
f1=eval('sin(x)-2*x/pi')
x=pi/2;
f2=eval('sin(x)-2*x/pi')
```

输出为：

```
f1=0
f2=0
```

即在区间端点，函数值等于零。

再输入：

```
syms x
f=sin(x)-2*x/pi;
g=diff(f,x,2)
```

输出为：

```
g=-sin(x)
```

即 $g(x)=f''(x)=-\sin x$。注意在区间 $\left(0,\ \dfrac{\pi}{2}\right)$ 内 $f''(x)=-\sin x<0$，函数 $f(x)$ 的曲线上凸。又在区间的两个端点都等于零，因此在区间内部 $f(x)$ 恒大于零，即当 $0<x<\dfrac{\pi}{2}$ 时，有 $\sin x>\dfrac{2}{\pi}x$。

4.3 实验作业

1. 作函数 $y=\dfrac{x^2-x+4}{x-1}$ 及其导函数的图形，并求函数的单调区间和极值。

2. 作函数 $y=(x-3)(x-8)^{\frac{2}{3}}$ 及其导函数的图形，并求函数的单调区间和极值。注意，导数不存在的点也可能是极值点。为了避免负数开方出现复数，应把函数 y 定义为：

$$y=(x-3)\times((x-8)\text{^}2)\text{^}(1/3)$$

再进行作图和求导。

3. 作函数 $y=x^4+2x^3-72x^2+70x+24$ 及其二阶导函数在区间 $[-8,7]$ 上的图形，并求函数的凹凸区间和拐点。

4. 设 $h(x)=x^3-8x^2+19x-12$，$k(x)=\dfrac{1}{2}x^2-x-\dfrac{1}{8}$。求方程 $h(x)=k(x)$ 的近似根。

5. 设 $f(x)=\mathrm{e}^{-\frac{x^2}{16}}\cos\left(\dfrac{x}{\pi}\right)$，$g(x)=\sin x^{\frac{3}{2}}+\dfrac{5}{4}$。作它们在区间 $[0,\pi]$ 上的图形。并求方程 $f(x)=g(x)$ 在该区间内的近似根。

6. 作 $f(x)=x^5+x^4-4x^3+2x^2-3x-7$ 的图形。用命令 fzero 和命令 roots 求方程 $f(x)=0$ 的近似根。

实验五　一元函数积分学

实验目的

掌握用 MATLAB 计算不定积分与定积分的方法。通过作图和观察，深入理解定积分的概念和几何意义。理解变上限积分概念。提高应用定积分解决各种问题的能力。

5.1　学习 MATLAB 命令

5.1.1　积分命令

MATLAB 软件求函数积分的命令是 int，它既可以用于计算不定积分，也可以用于计算定积分。具体为：

(1) int(f)求函数 f 关于 syms 定义的符号变量的不定积分；

(2) int(f,v)求函数 f 关于变量 v 的不定积分；

(3) int(f,a,b)求函数 f 关于 syms 定义的符号变量的从 a 到 b 的定积分；

(4) int(f,v,a,b)求函数 f 关于变量 v 的从 a 到 b 的定积分。

5.1.2　数值积分命令

quad('f', a, b)命令是用辛普森法求定积分 $\int_a^b f(x)\mathrm{d}x$ 的近似值。其形式为：

```
syms x
quad('f(x)',a,b)
```

例如，求定积分 $\int_0^1 \sin x^2 \mathrm{d}x$ 的近似值，可以输入：

```
syms x
quad('sin(x.^2)',0,1)
```

则输出为：

```
ans=0.3103
```

5.1.3 产生服从[0, 1]上均匀分布的 n 个随机数的命令

unifrnd(0,1,[1 *n*]) 命令是在区间 [0,1] 内产生 n 个随机数（均匀分布）。

5.2 实验内容

5.2.1 用定义计算定积分

当 $f(x)$ 在 $[a,b]$ 上连续时，有：

$$\int_a^b f(x)\mathrm{d}x = \lim_{n\to\infty}\frac{b-a}{n}\sum_{k=0}^{n-1} f\left(a+k\frac{(b-a)}{n}\right) = \lim_{n\to\infty}\frac{b-a}{n}\sum_{k=1}^{n} f\left(a+k\frac{(b-a)}{n}\right)$$

因此将 $\frac{b-a}{n}\sum_{k=0}^{n-1} f\left(a+k\frac{(b-a)}{n}\right)$ 与 $\frac{b-a}{n}\sum_{k=1}^{n} f\left(a+k\frac{(b-a)}{n}\right)$ 作为 $\int_a^b f(x)\mathrm{d}x$ 的近似值。在例 1 中定义这两个近似值为 f,a,b 和 n 的函数。

【例 1】 计算 $\int_0^1 x^2\mathrm{d}x$ 的近似值。

输入：

```
n=128
x=0:1/n:1
left_sum=0;
right_sum=0;
for i=1:n
left_sum=left_sum + x(i)^2*(1/n);
right_sum=right_sum + x(i+1)^2*(1/n);
end
left_sum
right_sum
```

输出为：

```
left_sum=0.3294
right_sum=0.3372
```

若将以上输入中的 n 依次换为 2, 4, 8, 16, 32, 64, 128, 256, 512, 1024，而其他的不改动，则输出依次为：

```
n          left_sum        right_sum
2          0.1250          0.6250
```

```
4        0.2188        0.4688
8        0.2734        0.3984
16       0.3027        0.3652
32       0.3179        0.3491
64       0.3256        0.3412
128      0.3294        0.3372
256      0.3314        0.3353
512      0.3324        0.3343
1024     0.3328        0.3338
```

这是 $\int_0^1 x^2 dx$ 的一系列近似值，且有 left_sum $< \int_0^1 x^2 dx <$ right_sum 。

【例 2】 计算 $\int_0^1 \frac{\sin x}{x} dx$ 的近似值。

输入：

```
n=100
x=0:1/n:1
left_sum=0;
right_sum=0;
for i=1:n
if i==1
left_sum=left_sum + 1/n;
else
left_sum=left_sum + sin(x(i))/x(i)*(1/n);
end
right_sum=right_sum + sin(x(i+1))/x(i+1)*(1/n);
end
left_sum
right_sum
```

输出为：

```
left_sum=0.9469
right_sum=0.9453
```

若将以上输入中的 n 依次换为 50, 150, 200, 500，而其余不改动，则输出依次为：

```
n       left_sum      right_sum
50       0.9447        0.9445
100      0.9469        0.9453
150      0.9466        0.9456
200      0.9465        0.9457
500      0.9462        0.9459
```

> **注** 用这种方法（矩形法）得到的定积分的近似值随 n 收敛很慢。可以用梯形法或抛物线法改进收敛速度（quad 命令就是用抛物线法的）。

5.2.2 用蒙特卡洛方法（随机投点法、平均值法）计算定积分

设 $0 \leqslant f(x) \leqslant 1, J = \int_0^1 f(x)\mathrm{d}x$。

1. 随机投点法

原理：设二维随即变量（X, Y）服从正方形 $\{0 \leqslant x \leqslant 1, 0 \leqslant y \leqslant 1\}$ 上的均匀分布，则 X，Y 分别服从 $[0,1]$ 上的均匀分布且相互独立。记 $A = \{Y \leqslant f(X)\}$，则 A 的概率为：

$$P(A) = P(Y \leqslant f(x)\} = \int_0^1 \mathrm{d}x \int_0^{f(x)} \mathrm{d}y = \int_0^1 f(x)\mathrm{d}x = J$$

这样，定积分 J 的值就是事件 A 发生的概率。同时，根据贝努利大数定律，可以用重复试验中 A 出现的频率作为 A 的概率 $P(A) = J$ 的估计值。随机投点法就是将（X, Y）看成是正方形 $\{0 \leqslant x \leqslant 1, 0 \leqslant y \leqslant 1\}$ 内的随机投点，用随机点落在区域 $y \leqslant f(x)$ 中的频率作为定积分的近似值。具体步骤如下：

(1) 先产生服从 $[0,1]$ 上均匀分布的 $2n$ 个随机数，并将其配对。

(2) 对配好的 n 对数据 $(x_i, y_i), i = 1,2,\cdots,n$，记录满足不等式 $y_i \leqslant f(x_i)$ 的个数 μ_n，即事件 A 出现的频数，这样得到事件 A 出现的频率 $\frac{\mu_n}{n} \approx J$。

2. 平均值法

原理：设随机变量 X 服从 $[0,1]$ 上的均匀分布，则随机变量 $Y = f(X)$ 的数学期望为：

$$E(Y) = E(f(x)) = \int_0^1 f(x)\mathrm{d}x = J$$

这样，定积分 J 的值就是估计 $f(X)$ 的数学期望值。根据辛钦大数定律，可以用 $f(X)$ 的观察值的均值去估计 $f(X)$ 的数学期望。具体步骤如下：

(1) 先产生服从 $[0,1]$ 上均匀分布的 n 个随机数：$x_i, i = 1,2,\cdots,n$。

(2) 对每个 x_i，计算 $f(x_i)$。

(3) $J \approx \frac{1}{n}\sum_{i=1}^{n} f(x_i)$。

【例 3】 计算 $\int_0^1 \mathrm{e}^{-x^2}\mathrm{d}x$ 的近似值。

定义函数 fun 程序：

```
function f=fun(x)
f=exp(-x.^2);
```

随机投点法算法程序：

```
clc;clear;
n=10^4;                         %计算精度
count=0;                        % count 为频数
a=0;                            %积分下限
b=1;                            %积分上限
k=unifrnd(a,b,[2 n]);           %积分区间内产生 2n 个随机数（均匀分布）
A=k(1,:);
B=k(2,:);
for (i=1:n)
    x(i)=A(i);
    y(i)=B(i);
end
%开始计算函数的积分
for i=1:n
    if y(i)<=fun(x(i))          %m 文件定义的函数，可定义不同的函数
        count=count+1;
    end
end
u=count/n
```

运行结果（每次运行结果可能不相同）：

```
u =0.7468
```

平均值法算法程序：

```
clc;clear;
n=10^3;                         %计算精度
sum=0;                          %和
a=0;                            %积分下限
b=1;                            %积分上限
k=unifrnd(a,b,[1 n]);           %积分区间内产生 n 个随机数（均匀分布）
for (i=1:n)
    x(i)=k(i);
end
%开始计算函数的积分
for i=1:n
    sum=sum+fun(x(i));          %m 文件定义的函数，可定义不同的函数
 end
u=sum/n
```

运行结果（每次运行结果可能不相同）：

```
u =0.7530
```

注　用这两种方法计算的是$0 \leqslant f(x) \leqslant 1, J=\int_0^1 f(x)\mathrm{d}x$。而对一般的：

$c \leqslant g(x) \leqslant d, J'=\int_a^b g(x)\mathrm{d}x$，只要先作如下变换：

$f(y)=\dfrac{g(x)-c}{d-c}, y=\dfrac{x-a}{b-a}$，则$0 \leqslant f(y) \leqslant 1$，且

$$J'=\int_a^b g(x)\mathrm{d}x=(b-a)(d-c)\int_0^1 f(y)\mathrm{d}y+c(b-a)$$

这样就可以计算$c \leqslant g(x) \leqslant d, J'=\int_a^b g(x)\mathrm{d}x$。

5.2.3　不定积分计算

【例 4】　求$\int x^2(1-x^3)^5\mathrm{d}x$。

输入：

```
syms x
int('x^2*(1-x^3)^5',x)
```

则得到输出：

```
ans=-1/18*x^18+1/3*x^15-5/6*x^12+10/9*x^9-5/6*x^6+1/3*x^3
```

即：

$$\frac{x^3}{3}-\frac{5x^6}{6}+\frac{10x^9}{9}-\frac{5x^{12}}{6}+\frac{x^{15}}{3}-\frac{x^{18}}{18}+C$$

注　用 MATLAB 软件求不定积分时，不自动添加积分常数 C。

【例 5】　求$\int \mathrm{e}^{-2x}\sin 3x\mathrm{d}x$。

输入：

```
syms x
int('exp(-2*x)*sin(3*x)',x)
```

则得到输出：

```
ans=-3/13*exp(-2*x)*cos(3*x)-2/13*exp(-2*x)*sin(3*x)
```

即：

$$-\frac{1}{13}e^{-2x}(3\cos 3x+2\sin 3x)+C$$

【例 6】 求 $\int x^2 \arctan x\mathrm{d}x$ 。

输入：

```
syms x
int('atan(x)*x^2',x)
```

则得到输出：

```
ans=1/3*x^3*atan(x)-1/6*x^2+1/6*log(x^2+1)
```

即：

$$-\frac{x^2}{6}+\frac{1}{3}x^3\arctan x+\frac{1}{6}\log(1+x^2)+C$$

【例 7】 求 $\int\frac{\sin x}{x}\mathrm{d}x$ 。

输入：

```
syms x
int('sin(x)/x',x)
```

则输出为：

```
ans=sinint(x)
```

它已不是初等函数。

5.2.4 定积分计算

【例 8】 求 $\int_0^1(x-x^2)\mathrm{d}x$ 。

输入：

```
syms x
jf=int('(x-x^2)',x,0,1)
```

则得到输出：

```
jf=1/6
```

【例 9】 求 $\int_0^4|x-2|\mathrm{d}x$ 。

输入：

```
syms x
jf=int('abs(x-2)',x,0,4)
```

则得到输出：

```
jf=4
```

【例 10】 求 $\int_1^2 \sqrt{4-x^2}\mathrm{d}x$ 。

输入：

```
syms x
jf=int('sqrt(4-x^2)',x,1,2)
```

则得到输出：

```
jf=2/3*pi-1/2*3^(1/2)
```

【例 11】 求 $\int_0^1 \mathrm{e}^{-x^2}\mathrm{d}x$ 。

输入：

```
syms x
jf=int('exp(-x^2)',x,0,1)
```

则输出为：

```
jf=1/2*erf(1)*pi^(1/2)
```

其中，erf 是误差函数，它不是初等函数。改为求数值积分，输入：

```
syms x
quad('exp(-x.^2)',0,1)
```

则有结果：

```
ans=0.7468
```

5.2.5 变上限积分

【例 12】 求 $\frac{\mathrm{d}}{\mathrm{d}x}\int_0^{\cos^2(x)} w(x)\mathrm{d}x$ 。

输入：

```
diff(int('w(x)',0,(cos(x))^2))
```

则得到输出：

```
ans=-2*cos(x)*sin(x)*w(cos(x)^2)
```

即：

```
-2 cosx sinx w(cos^2 x)
```

> **注** 这里使用了复合函数求导公式。

5.2.6 定积分应用

【例13】 求曲线 $g(x)=x\sin^2 x\ (0\leqslant x\leqslant \pi)$ 与 x 轴所围成的图形分别绕 x 轴和 y 轴旋转所形成的旋转体体积。用 surf 命令作出这两个旋转体的图形。

在图形绕 x 轴旋转时，体积 $v=\int_0^{\pi}\pi g^2(x)\mathrm{d}x$；

在图形绕 y 轴旋转时，体积 $v=\int_0^{\pi}2\pi x g(x)\mathrm{d}x$。

输入：

```
ezplot('x*sin(x)^2',[0,pi])
```

执行后得到的图形如图 5.1 所示。

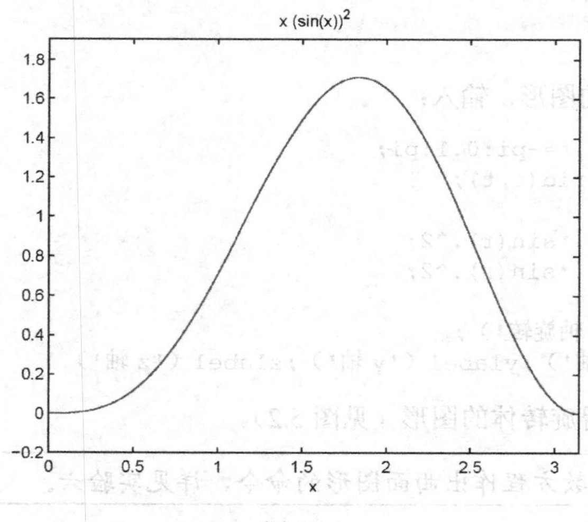

图 5.1

观察 $g(x)$ 的图形。再输入：

```
syms x
int('pi*(x*(sin(x))^2)^2',x,0,pi)
```

则得到：

```
ans=1/8*pi^4-15/64*pi^2
```

即：

$$\pi\left(-\frac{15\pi}{64}+\frac{\pi^3}{8}\right)$$

又输入：

```
syms x
int('2*x^2*pi*sin(x)^2',x,0,pi)
```

则得到：

```
ans=1/3*pi^4-1/2*pi^2
```

即：

$$\frac{\pi^4}{3}-\frac{\pi^2}{2}$$

若输入：

```
syms x
quad('2*pi*(x.^2).*sin(x).^2',0,pi)
```

则得到体积的近似值为：

```
ans=27.5349
```

为了作出旋转体的图形，输入：

```
r=0:0.1:pi; t=-pi:0.1:pi;
[r,t]=meshgrid(r,t);
x=r;
z=r.*sin(t).*sin(r).^2;
y=r.*cos(t).*sin(r).^2;
surf(x,y,z)
title（'绕 x 轴旋转'）；
xlabel（'x 轴'）；ylabel（'y 轴'）；zlabel（'z 轴'）
```

便得到绕 x 轴旋转所得旋转体的图形（见图 5.2）。

> **注**　利用曲面参数方程作出曲面图形的命令，详见实验六。

又输入：

```
r=0:0.1:pi; t=-pi:0.1:pi;
[r,t]=meshgrid(r,t);
x=r.*cos(t);
z=r.*sin(t);
y=r.*sin(r).^2;
surf(x,y,z)
```

```
title ('绕 y 轴旋转') ;
xlabel ('x 轴') ;ylabel ('y 轴') ; zlabel ('z 轴')
```

便得到绕 y 轴旋转所得旋转体的图形（见图 5.3）。

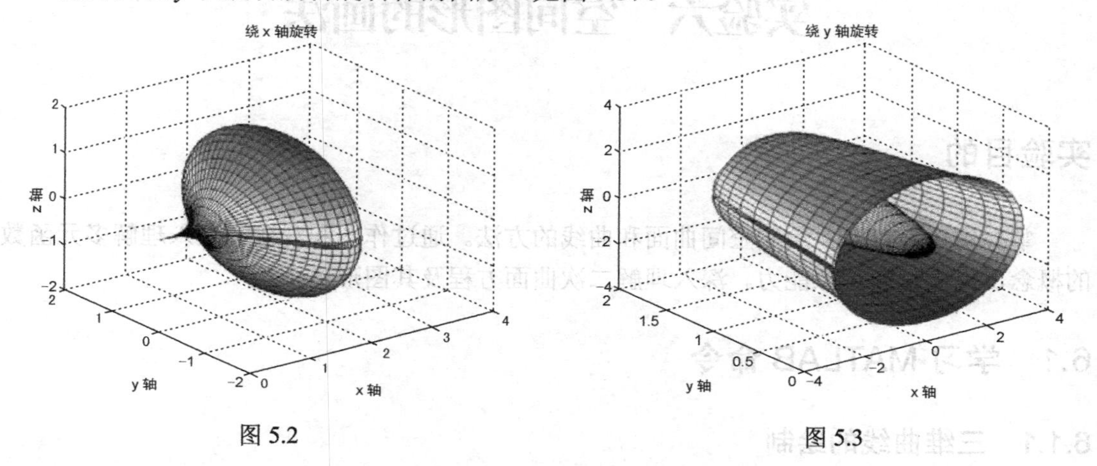

图 5.2　　图 5.3

5.3 实验作业

1. 设 $f(x)=\dfrac{x^2-4x}{x^2-2x-3}$，求 $\int f(x)\mathrm{d}x$ 。

2. 设 $f(x)=x^3\ln^2 x$,求 $\int f(x)\mathrm{d}x$ 。

3. 求 $\int\dfrac{1}{\sin^2 x+2}\mathrm{d}x$ 。

4. 求 $\int_{-\pi}^{2\pi}\mathrm{e}^{2x}\sin^2 2x\mathrm{d}x$ 。

5. 求 $\int_4^{10}\dfrac{\sqrt{4x^2-9}}{x^3}\mathrm{d}x$ 。

6. 求 $\int_0^{\pi}\mathrm{e}^{-x^2}\cos(x^3)\mathrm{d}x$ 的近似值。

7. 设 $g(x)=\sin x/x$, $h(x)=\int_{0.1}^{x}g(t)\mathrm{d}t$ ，作出 $g(x), h(x)$的图形，并求 $\dfrac{\mathrm{d}}{\mathrm{d}x}h(x^2)$ 。

8. 设 $f(x)=x^2-3x+4$ ，由积分中值定理，存在 $\xi\in(2,6)$ ，使 $f(\xi)=\dfrac{1}{6-2}\int_2^6 f(x)\mathrm{d}x$ ，求 ξ 的近似值。

9. 设 $f(x)=\mathrm{e}^{-(x-3)^2}\cos 4(x-3)$ ，$1\leqslant x\leqslant 5$ ，求由 $y=f(x)$ 、x 轴以及 $x=1, x=5$ 所围曲边梯形绕 x 轴旋转所形成旋转体的体积，并作出该旋转体的图形。

实验六　空间图形的画法

实验目的

掌握用 MATLAB 绘制空间曲面和曲线的方法。通过作图和观察，深入理解多元函数的概念，提高空间想像能力。深入理解二次曲面方程及其图形。

6.1　学习 MATLAB 命令

6.1.1　三维曲线的绘制

命令 plot3 主要用于绘制三维曲线，它的使用格式和 plot 完全相似。该命令的基本形式是：

```
plot3(x,y,z,'s')
```

例如，一条空间螺旋线的参数方程是：$x=\cos t$，$y=\sin t$，$z=t/10$ （$0\leqslant t\leqslant 8\pi$）。输入：

```
t=0:0.1:8*pi;
x=cos(t);
y=sin(t);
z=t/10;
plot3(x,y,z)
xlabel('x');ylabel('y'); zlabel('z')
```

则输出了一条螺旋线（见图 6.1）。

与绘制二维曲线相似，也有简捷的绘制空间曲线命令 ezplot3，具体使用方法同 ezplot 相似，形式是：

```
ezplot3('x(t)','y(t)','z(t)',[t1,t2])
```

其中，$x(t)$,$y(t)$,$z(t)$是曲线 $x=\cos t$ 的参数方程的表示式。$t1$,$t2$ 是作图时参数 t 的范围。

例如，上述螺线也可输入下面命令得到：

```
ezplot3('cos(t)','sin(t)','t/10',[0,8*pi])
```

输出图形略。

6.1.2 三维曲面网线图与曲面图的绘制

MATLAB 软件绘制曲面图要比绘制曲线图相对复杂，这里只作简单的介绍。命令 mesh(x,y,z)画网格曲面。这里 x,y,z 是三个同维数的数据矩阵，分别表示数据点的横坐标、纵坐标、竖坐标，命令 mesh(x,y,z)将该数据点在空间中描出，并连成网格。meshgrid 是 MATLAB 中用于生成网格采样点的函数，在使用 MATLAB 进行 3-D 图形绘制方面有着广泛的应用。在绘制网线图与曲面图时，最常用的基本形式是：

(1) `[X,Y]=meshgrid(x,y)`

(2) `Z=f(x,y)`

(3) `mesh(X,Y,Z)      %绘制网线图`

(4) `surf(X,Y,Z)      %绘制曲面图`

例如，画出曲面 $z=x^2+y^2$ 的图形。输入：

```
x=-2:0.1:2;
y=-2:0.1:2;
[x,y]=meshgrid(x,y);
z=x.^2+y.^2;
surf(x,y,z)
```

得到曲面 $z=x^2+y^2$（见图 6.2）。

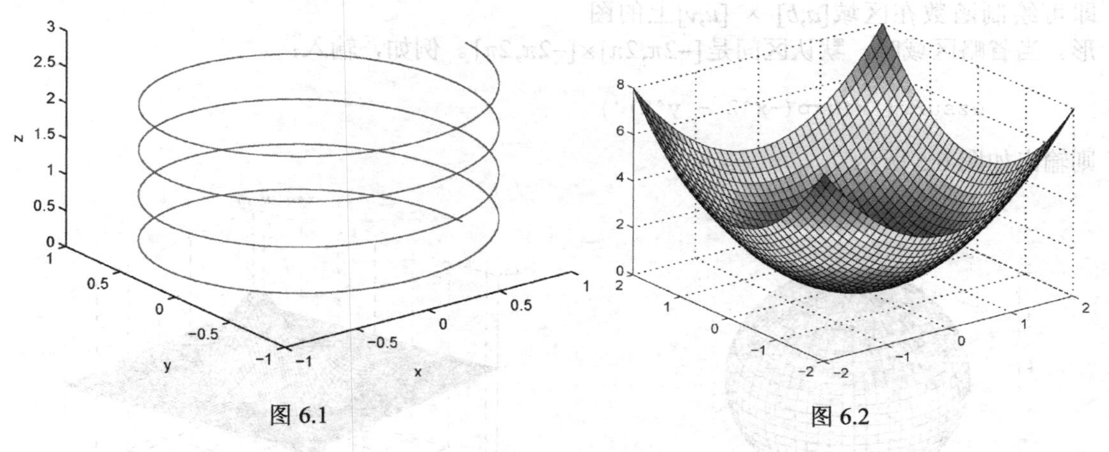

图 6.1　　　　图 6.2

执行下面的程序：

```
x=-2:0.015:2;
y=-2:0.015:2;
[x,y]=meshgrid(x,y);
z=x.^2+y.^2;
```

```
i=find(x.^2+y.^2>4);
z(i)=NaN;
surf(x,y,z)
```

同样得到曲面 $z=x^2+y^2$（见图 6.3）。由于自变量的取值范围不同，图形也不同。不过，后者比较好地反映了旋转曲面的特点，因此是常用的方法。

又如，参数方程：$x=2\sin\varphi\cos\theta$，$y=2\sin\varphi\sin\theta$，$z=2\cos\varphi$ 是以原点为中心、2 为半径的球面，其中 $0\leqslant\varphi\leqslant\pi$，$0\leqslant\theta\leqslant 2\pi$，因此只要输入：

```
t=0:0.1:pi; r=0:0.1:2*pi;
[r,t]=meshgrid(r,t);
x=2*sin(t).*cos(r);
y=2*sin(t).*sin(r);
z=2*cos(t);
surf(x,y,z)
```

图 6.3

便作出了方程为 $z^2+x^2+y^2=2^2$ 的球面（见图 6.4）。

绘制二元函数图形也可用简捷绘制的 ezsurf 指令，它的使用格式为：

```
ezsurf(f(x,y), [a,b,u,v])
```

即可绘制函数在区域$[a,b]\times[u,v]$上的图形。当省略区域时，默认区间是$[-2\pi,2\pi]\times[-2\pi,2\pi]$。例如，输入：

```
ezsurf('x*exp(-x^2 - y^2)')
```

则输出如图 6.5 所示。

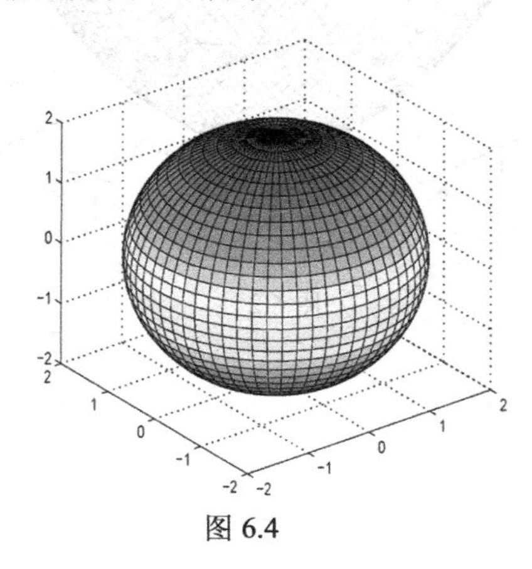
图 6.4

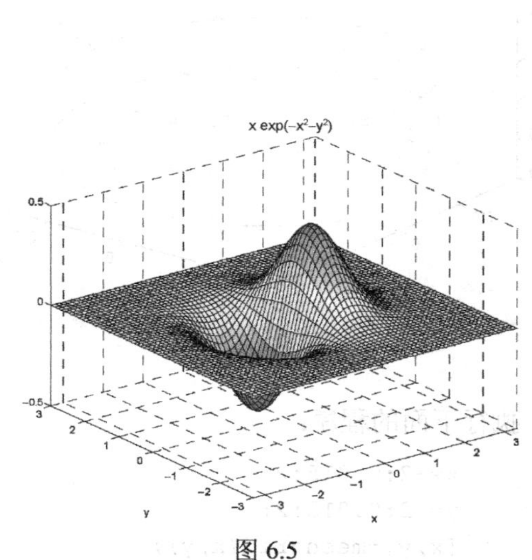

图 6.5

6.2　实验内容

6.2.1　一般二元函数作图

【例 1】　作平面 $z=6-2x-3y$ 的图形，其中 $0\leqslant x\leqslant 3$，$0\leqslant y\leqslant 2$。

输入：

```
x=0:0.1:3;
y=0:0.1:2;
[x,y]=meshgrid(x,y);
z=6-2*x-3*y;
surf(x,y,z)
```

输出如图 6.6 所示。如果只要位于 *xoy* 平面上方的部分，则输入：

```
x=0:0.1:3;
y=0:0.1:2;
[x,y]=meshgrid(x,y);
z=6-2*x-3*y;
i=find(6-2*x-3*y<0);
z(i)=NaN;
surf(x,y,z)
```

输出如图 6.7 所示。

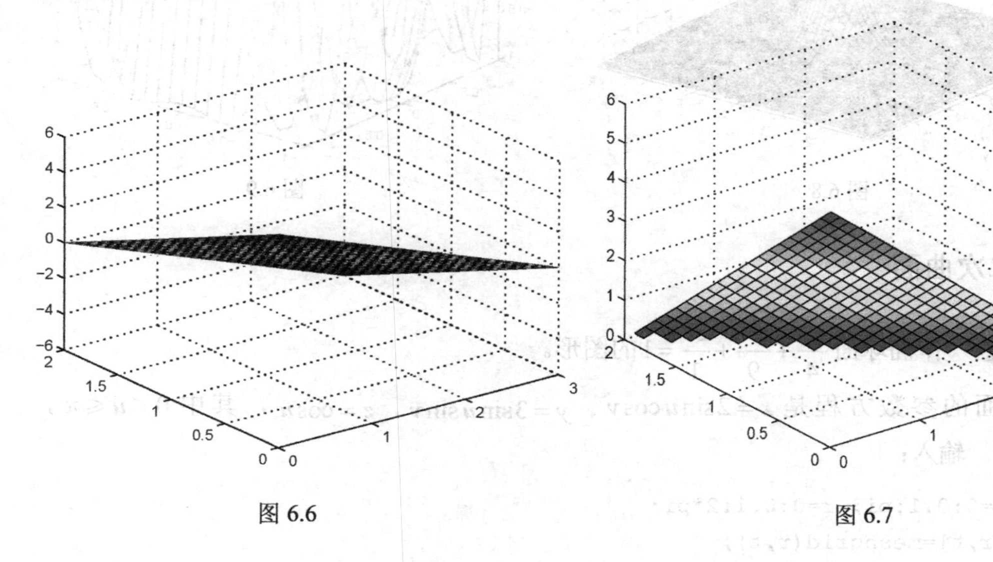

图 6.6　　　　图 6.7

【例 2】　设函数 $z=\dfrac{4}{1+x^2+y^2}$，作出它的图形。

输入：

```
ezsurf('4/(1+x^2+y^2)')
```

得到函数的图形（见图 6.8）。

【例 3】　画出函数 $z=\cos(4x^2+9y^2)$ 的图形。

输入：

```
x=-1:0.1:1; y=-1:0.1:1;
[x,y]=meshgrid(x,y);
z=cos(4*x.^2+9*y.^2);
mesh(x,y,z)
```

则得到网格形式的曲面(见图 6.9),这是选项 Shading: False 起的作用,同时注意选项 Boxed: False 的作用。

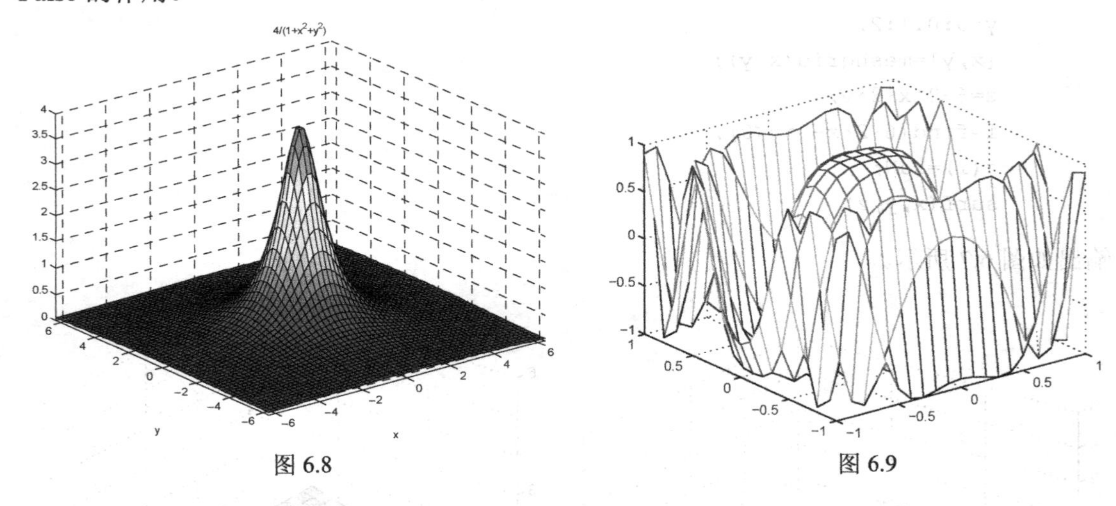

图 6.8　　图 6.9

6.2.2　二次曲面

【例 4】　作椭球面 $\dfrac{x^2}{4}+\dfrac{y^2}{9}+\dfrac{z^2}{1}=1$ 的图形。

该曲面的参数方程是 $x=2\sin u\cos v$，$y=3\sin u\sin v$，$z=\cos u$，其中 $0\leqslant u\leqslant \pi$，$0\leqslant v\leqslant 2\pi$。输入：

```
t=0:0.1:pi; r=0:0.1:2*pi;
[r,t]=meshgrid(r,t);
```

```
x=2*sin(t).*cos(r);
y=3*sin(t).*sin(r);
z=cos(t);
surf(x,y,z)
```

输出如图 6.10 所示。

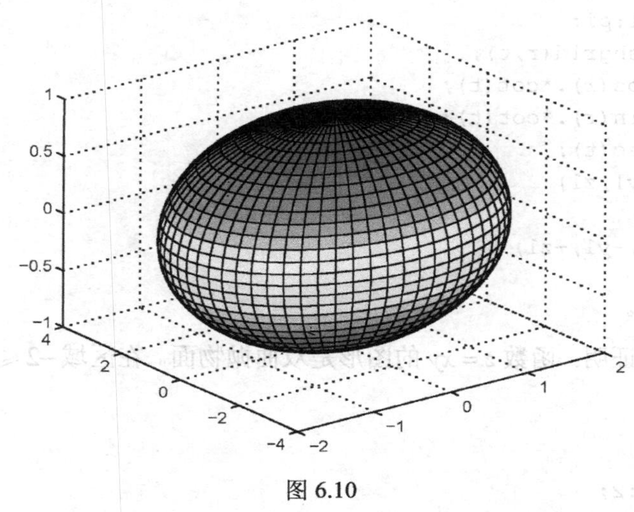

图 6.10

【例 5】 作单叶双曲面$\frac{x^2}{1}+\frac{y^2}{4}-\frac{z^2}{9}=1$的图形。

曲 面 的 参 数 方 程 是 $x=\sec u\sin v$ ， $y=2\sec u\cos v$ ， $z=3\tan u$ ， 其 中 $-\frac{\pi}{2}<u<\frac{\pi}{2}$ ， $0\leqslant v\leqslant 2\pi$ 。为作出该曲面，输入：

```
t=-pi/4:0.1:pi/4;
r=0:0.1:2*pi;
[r,t]=meshgrid(r,t);
x=sin(r).*sec(t);
y=cos(r).*sec(t);
z=3*tan(t);
surf(x,y,z)
```

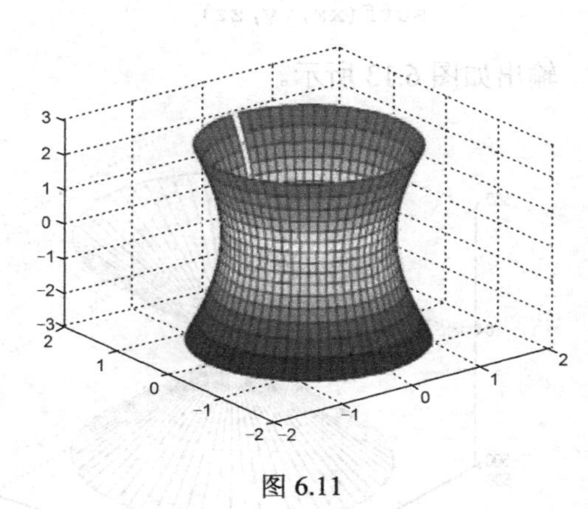

图 6.11

输出如图 6.11 所示。

【例 6】 作双叶双曲面$\frac{x^2}{1.5^2}+\frac{y^2}{1.4^2}-\frac{z^2}{1.3^2}=-1$的图形。

曲面的参数方程是 $x=1.5\cot u\cos v$， $y=1.4\cot u\sin v$， $z=1.3\csc u$，其中参数 $0<u\leqslant\frac{\pi}{2}$， $-\pi<v<\pi$ 对应双叶双曲面的一叶，参数 $-\frac{\pi}{2}\leqslant u<0,\ -\pi<v<\pi$，对应双叶双曲面的另一叶。输入：

```
t=pi/1000:0.1:pi/2;
r=-pi:0.1:pi;
[r,t]=meshgrid(r,t);
x1=1.5*cos(r).*cot(t);
y1=1.4*sin(r).*cot(t);
z1=1.3*csc(t);
mesh(x1,y1,z1)
hold on
mesh(-x1,-y1,-z1)
```

输出如图 6.12 所示。

【例 7】 可以证明：函数 $z=xy$ 的图形是双曲抛物面。在区域 $-2\leqslant x\leqslant 2$，$-2\leqslant y\leqslant 2$ 上作出它的图形。

输入：

```
x=-2:0.1:2;
y=-2:0.1:2;
[xx,yy]=meshgrid(x,y);
zz=xx.*yy;
surf(xx,yy,zz)
```

输出如图 6.13 所示。

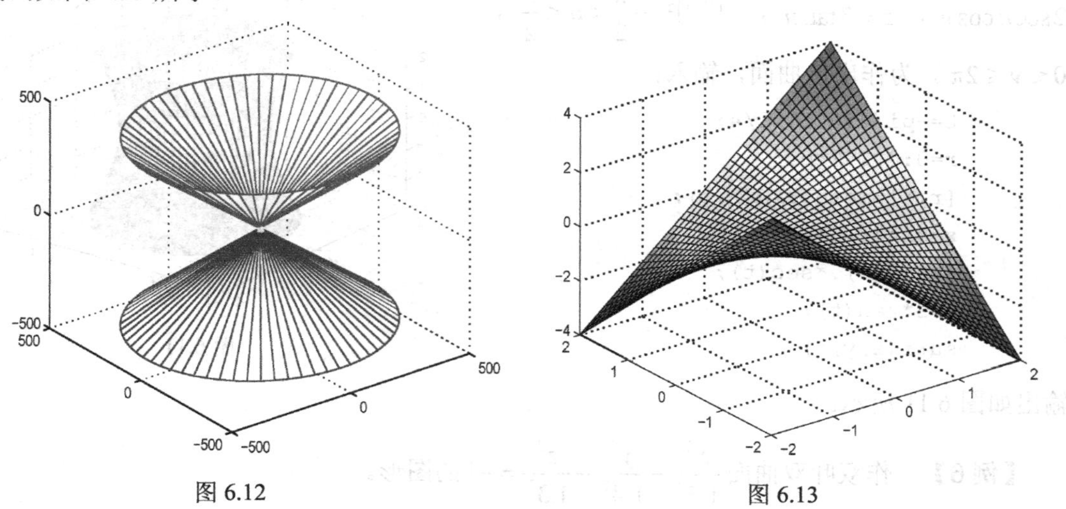

图 6.12　　图 6.13

6.2.3 曲面相交

【例 8】 作出球面 $x^2+y^2+z^2=2^2$ 和柱面 $(x-1)^2+y^2=1$ 相交的图形。

输入：

```
t=0:0.1:pi;
r=0:0.1:2*pi;
[r,t]=meshgrid(r,t);
x=2*sin(t).*cos(r);
y=2*sin(t).*sin(r);
z=2*cos(t);
u=-pi/2:0.1:pi/2;
v=-3:0.1:3;
[u,v]=meshgrid(u,v);
x1=2*cos(u).^2;
y1=sin(2*u);
z1=v;
mesh(x,y,z)
hold on
mesh(x1,y1,z1)
```

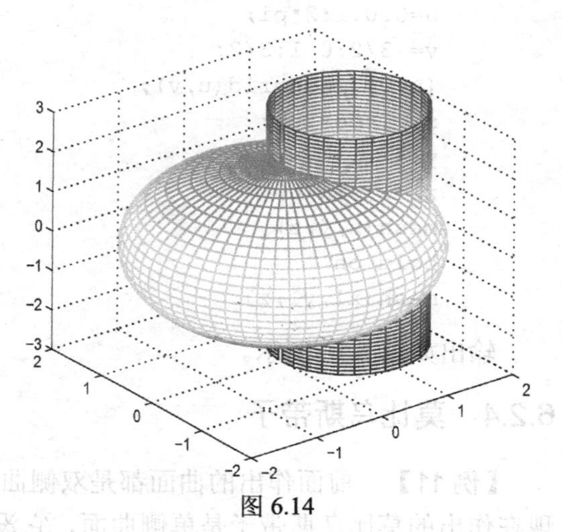

图 6.14

输出如图 6.14 所示。

【例 9】 作出锥面 $x^2+y^2=z^2$ 和柱面 $(x-1)^2+y^2=1$ 相交的图形。

输入：

```
t=0:0.1:2*pi; r=-3:0.1:3;
[r,t]=meshgrid(r,t);
x=r.*cos(t);
y=r.*sin(t);
z=r;
u=-pi/2:0.1:pi/2; v=-3:0.1:3;
[u,v]=meshgrid(u,v);
x1=2*cos(u).^2;
y1=sin(2*u);
z1=v;
mesh(x,y,z)
hold on
mesh(x1,y1,z1)
```

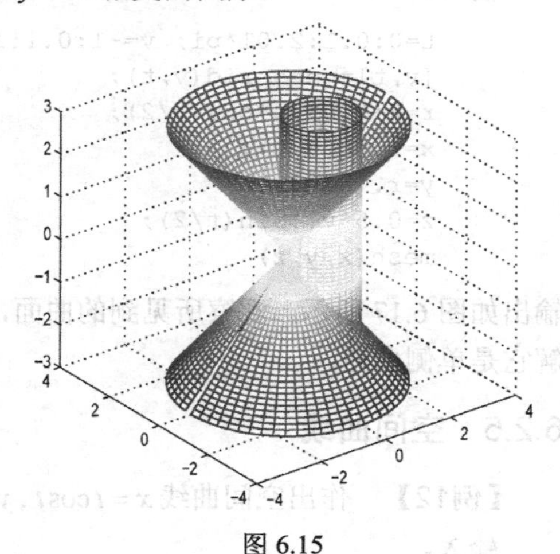

图 6.15

输出如图 6.15 所示。

【例10】 作出柱面 $x^2+y^2=1$ 和柱面 $z^2+x^2=1$ 相交的图形。

输入：

```
t=0:0.1:2*pi;
r=-3/2:0.1:3/2;
```

```
[r,t]=meshgrid(r,t);
x=1*cos(t);
y=1*sin(t);
z=r;
u=0:0.1:2*pi;
v=-3/2:0.1:3/2;
[u,v]=meshgrid(u,v);
x1=1*cos(u);
y1= v;
z1=1*sin(u);
mesh(x,y,z)
hold on
mesh(x1,y1,z1
```

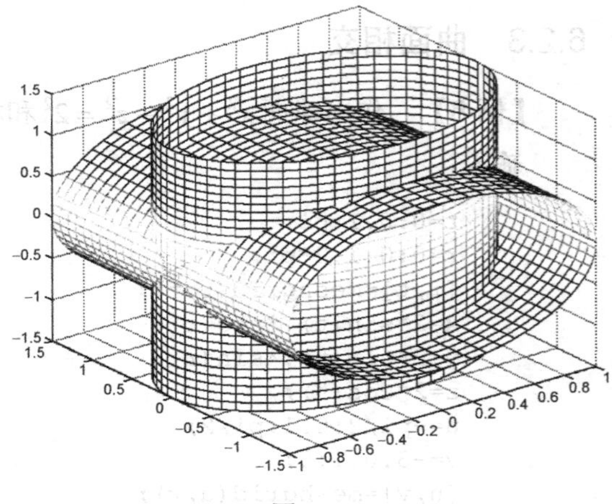

图 6.16

输出如图 6.16 所示。

6.2.4 莫比乌斯带子

【例 11】 前面作出的曲面都是双侧曲面，它们可以分出内、外侧或左、右侧等，而现在作出的莫比乌斯带子是单侧曲面，它没有内外侧或左右侧之分。

输入：

```
t=0:0.1:2.01*pi; v=-1:0.1:1;
[v,t]=meshgrid(v,t);
r=2+0.5*v.*cos(t/2);
x=r.*cos(t);
y=r.*sin(t);
z=0.5*v.*sin(t/2);
mesh(x,y,z)
```

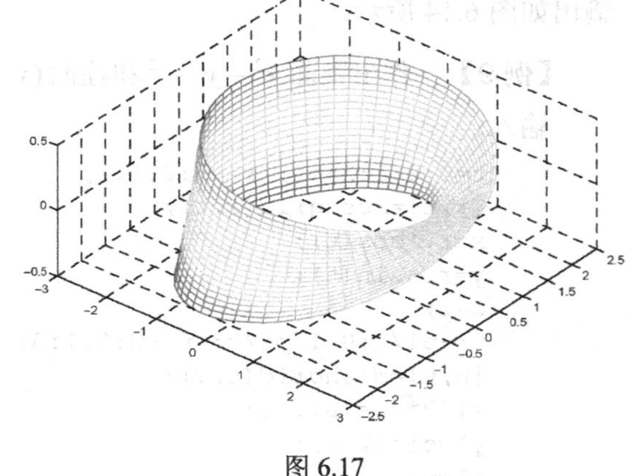

图 6.17

输出如图 6.17 所示。观察所见到的曲面，理解它是单侧曲面。

6.2.5 空间曲线

【例12】 作出空间曲线 $x = t\cos t$, $y = t\sin t$, $z = 2t$ ($0 \leqslant t \leqslant 6\pi$)的图形。

输入：

```
ezplot3('t*cos(t)','t*sin(t)','2*t',[0,6*pi])
```

输出如图 6.18 所示。

【例13】 作出平面 $y = z$ 截球面 $x^2 + y^2 + z^2 = 1$ 的截痕。

令 $x=\cos u, y=z$,代入球面方程，得 $y=z=\dfrac{\sqrt{2}}{2}\sin u$ 。

输入：

```
x=-3/2:0.1:3/2;
y=-3/2:0.1:3/2;
[x,y]=meshgrid(x,y);
z=y;
t=0:0.1:pi;
r=0:0.1:2*pi;
[r,t]=meshgrid(r,t);
x1=1*sin(t).*cos(r);
y1=1*sin(t).*sin(r);
z1=cos(t);
surf(x1,y1,z1)
hold on
mesh(x,y,z)
hold on
ezplot3('cos(u)','sqrt(2)/2*sin(u)',' sqrt(2)/2*sin(u)',[0,2*pi])
```

输出如图 6.19 所示。

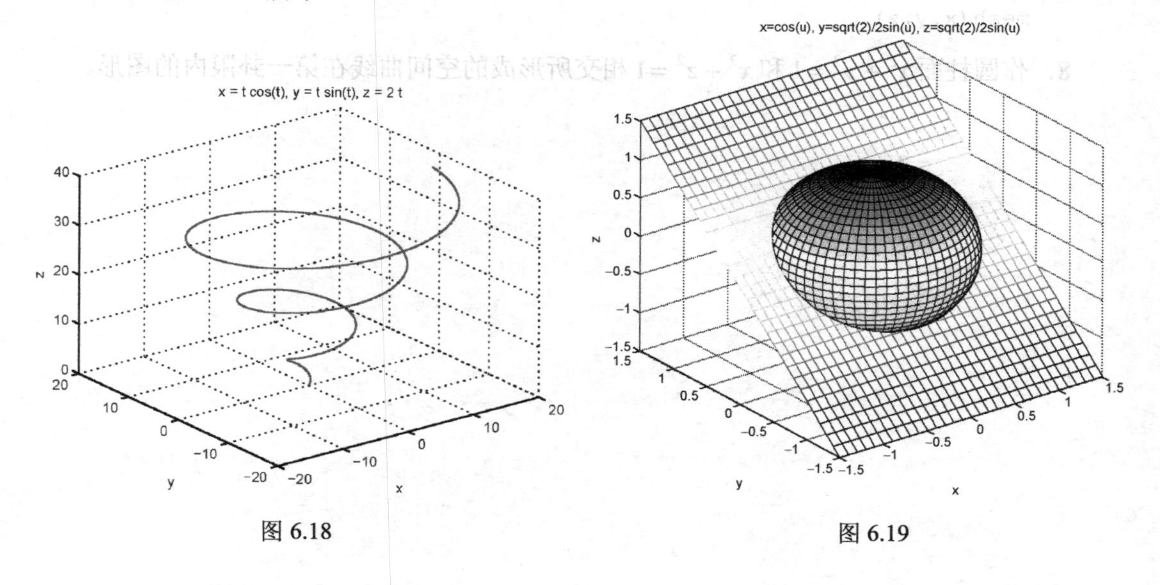

图 6.18　　　　图 6.19

6.3　实验作业

1．画出函数 $z=-\cos 2x\sin 3y\,(-3\leqslant x\leqslant 3,\ -3\leqslant y\leqslant 3)$的图形。

2. 画出函数 $z=e^{-(x^2+y^2)/8}(\cos^2 x+\sin^2 y)$ 在 $-\pi\leqslant x\leqslant\pi,-\pi\leqslant y\leqslant\pi$ 上的图形。

3. 二元函数 $z=\dfrac{xy}{x^2+y^2}$ 在点(0,0)不连续，作出在区域 $-2\leqslant x\leqslant 2$，$-2\leqslant y\leqslant 2$ 上的图形。观察曲面在坐标(0,0)附近的变化情况。

4. 一个环面的参数方程为 $x=(3+\cos u)\cos v, y=(3+\cos u)\sin v$，$z=\sin u$（$0\leqslant u\leqslant 2\pi$，$0\leqslant v\leqslant 2\pi$），作出它的图形。

5. 一个称作正螺面的曲面的参数方程为 $x=u\cos v, y=u\sin v, z=v/3$（$-1\leqslant u\leqslant 1$，$0\leqslant v\leqslant 8$）。作出它的图形。

6. 作双曲抛物面 $z=\dfrac{x^2}{1}-\dfrac{y^2}{4}$ 的图形，其中 $-6\leqslant x\leqslant 6$，$-14\leqslant y\leqslant 14$。

7. 作出抛物柱面 $x=y^2$ 和平面 $x+z=1$ 相交的图形。

提示：要作抛物柱面 $x=y^2$，可输入：

```
u=-2:0.1:2; v=-2:0.1:2;
[u,v]=meshgrid(u,v);
x=u.^2;
y=u;
z=v;
mesh(x,y,z)
```

8. 作圆柱面 $x^2+y^2=1$ 和 $x^2+z^2=1$ 相交所形成的空间曲线在第一卦限内的图形。

实验七　多元函数微分学

实验目的

掌握用 MATLAB 计算多元函数偏导数和全微分的方法，并掌握计算二元函数极值和条件极值的方法。理解和掌握曲面的切平面的作法。通过作图和观察，理解方向导数、梯度和等高线的概念。

7.1　学习 MATLAB 命令

7.1.1　求偏导数命令

命令 diff 既可以用于求一元函数的导数，也可以用于求多元函数的偏导数。用于求偏导数时，可根据需要分别采用如下几种形式：

若求 f(x,y,z)对 x 的偏导数，输入		diff(f(x,y,z),x)
若求 f(x,y,z)对 y 的偏导数，输入		diff(f(x,y,z),y)
若求 f(x,y,z)对 x 的二阶偏导数，输入		diff(diff(f(x,y,z),x),x)
	或	diff(f(x,y,z),x,2)
若求 f(x,y,z)对 x，y 的混合偏导数，输入		diff(diff(f(x,y,z),x),y)

其余类推。

7.1.2　在 *xoy* 平面上作二元函数 $z = f(x, y)$等高线的命令

contour 的命令格式类似于 mesh 和 surf 这两个命令。

例如，输入：

```
[x,y]=meshgrid(-2:0.1:2,-2:0.1:2);
z=x.^2-y.^2+0.5;
contour(x,y,z,20)    % 参数 20 是等高线的数量
```

便作出了函数 $z = x^2 - y^2$ 的等高线（见图 7.1）。

7.1.3　解符号形式的代数方程组的命令

solve 命令用于求解符号形式的代数方程组，其格式如下：

```
s=solve(eq1,eq2,⋯,eqN,var1,var2,⋯,varN)
```

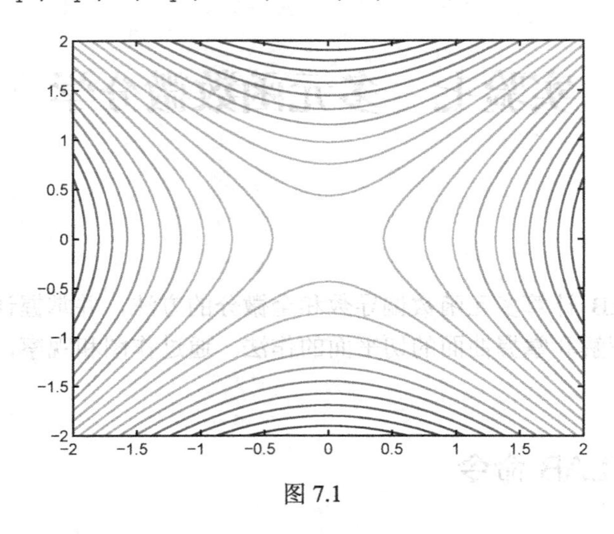

图 7.1

它对方程组 *eq*1, *eq*2, ⋯, *eqN* 中指定的 *N* 个变量 *var*1, *var*2, ⋯, *varN* 求解。*s* 返回解的结构，其内容通过阅读其域得到（输入 *s.var*1, *s.var*2, ⋯，等等）。当系统求不出解析解时，会自动求原点附近的一个近似解。

例如，输入：

```
s=solve('x^2 + x*y + y=3','x^2 - 4*x + 3=0')  %或者输入
s=solve('x^2 + x*y + y - 3','x^2 - 4*x + 3 ')
```

输出为：

```
s=
 x: [2x1 sym]
 y: [2x1 sym]
```

输入：

```
 s.x, s.y      %结构的具体内容
```

输出为：

```
ans=
    [ 1]
    [ 3]
ans=
    [    1]
    [ -3/2]
```

solve 有另外一种输出形式。输入：

```
[x,y]=solve('x^2 + x*y + y=3','x^2 - 4*x + 3=0')
```

或者输入

```
[x,y]=solve('x^2 + x*y + y - 3','x^2 - 4*x + 3 ')
```

输出为：

```
x= [ 1]
   [ 3]
y= [ 1]
  [-3/2]
```

7.2 实验内容

7.2.1 求多元函数的偏导数与全微分

【例 1】 设 $z=\sin(xy)+\cos^2(xy)$，求 $\frac{\partial z}{\partial x},\frac{\partial z}{\partial y},\frac{\partial^2 z}{\partial x^2},\frac{\partial^2 z}{\partial x\partial y}$。

输入：

```
syms x y
z='sin(x*y)+(cos(x*y))^2'
diff(z,x)
diff(z,y)
diff(z,x,2)
diff(diff(z,x),y)
```

便依次得到函数表达式及所求的四个偏导数结果：

```
z=sin(x*y)+(cos(x*y))^2
ans=y*cos(x*y)-2*y*cos(x*y)*sin(x*y)
ans=x*cos(x*y)-2*x*cos(x*y)*sin(x*y)
ans=2*y^2*sin(x*y)^2-2*y^2*cos(x*y)^2-y^2*sin(x*y)
ans=cos(x*y)-2*cos(x*y)*sin(x*y)-x*y*sin(x*y)-2*x*y*cos(x*y)^2+
2*x*y*sin(x*y)^2
```

【例 2】 设 $z=(1+xy)^y$，求 $\frac{\partial z}{\partial x},\frac{\partial z}{\partial y}$。

输入：

```
syms x y
z='(1+x*y)^y';
diff(z,x)
diff(z,y)
```

则有输出：

```
ans=y^2*(x*y+1)^(y-1)
ans=log(x*y+1)*(x*y+1)^y+x*y*(x*y+1)^(y-1)
```

【例 3】 设$z=(a+xy)^y$，其中a是常数，求$\frac{\partial z}{\partial x}$，$\frac{\partial z}{\partial y}$。

输入：

```
syms x y
z='(a+x*y)^y';
diff(z,x)
diff(z,y)
```

输出为：

```
ans =y^2*(a+x*y)^(y-1)
ans =log(a+x*y)*(a+x*y)^y+x*y*(a+x*y)^(y-1)
```

【例 4】 设$\begin{cases} x=\mathrm{e}^u+u\sin v \\ y=\mathrm{e}^u-u\cos v \end{cases}$，求$\frac{\partial u}{\partial x},\frac{\partial u}{\partial y},\frac{\partial v}{\partial x},\frac{\partial v}{\partial y}$。

输入：

```
syms x y u v
F='exp(u)+u*sin(v)-x';
G='exp(u)-u*cos(v)-y';
a=diff(F,x);
b=diff(F,y);
c=diff(F,u);
d=diff(F,v);
e=diff(G,x);
f=diff(G,y);
g=diff(G,u);
h=diff(G,v);
A=[a,e;d,h];
B=[b,f;d,h];
C=[c,g;a,e];
D=[c,g;b,f];
E=[c,g;d,h];
uduix=-det(A)/det(E)
uduiy=-det(B)/det(E)
vduix=-det(C)/det(E)
vduiy=-det(D)/det(E)
```

输出依次得到$\frac{\partial u}{\partial x},\frac{\partial u}{\partial y},\frac{\partial v}{\partial x},\frac{\partial v}{\partial y}$为：

```
uduix =(u*sin(v))/(u*cos(v)^2 + u*sin(v)^2 - u*exp(u)*cos(v)
       + u*exp(u)*sin(v))
uduiy =-(u*cos(v))/(u*cos(v)^2 + u*sin(v)^2 - u*exp(u)*cos(v)
       + u*exp(u)*sin(v))
vduix=(cos(v) - exp(u))/(u*cos(v)^2 + u*sin(v)^2 - u*exp(u)*cos(v)
       + u*exp(u)*sin(v))
vduiy =(exp(u) + sin(v))/(u*cos(v)^2 + u*sin(v)^2 - u*exp(u)*cos(v)
       + u*exp(u)*sin(v))
```

7.2.2 微分学的几何应用

【例 5】 求曲面$k(x,y)=\frac{4}{x^2+y^2+1}$在点$\left(\frac{1}{4},\frac{1}{2},\frac{64}{21}\right)$处的切平面方程，并把曲面和它的切平面作在同一坐标系里。

输入：

```
syms x y z
F='4/(x^2+y^2+1)-z';
f=diff(F,x);
g=diff(F,y);
h=diff(F,z);
x=1/4;
y=1/2;
z=64/21;
a=eval(f);
b=eval(g);
c=eval(h);
x=-1:0.1:1;
y=-1:0.1:1;
[x,y]=meshgrid(x,y);
z1=a*(x-1/4)+b*(y-1/2)+
64/21;
z2=4*(x.^2+y.^2+1).^(-1);
mesh(x,y,z1)
hold on
mesh(x,y,z2)
```

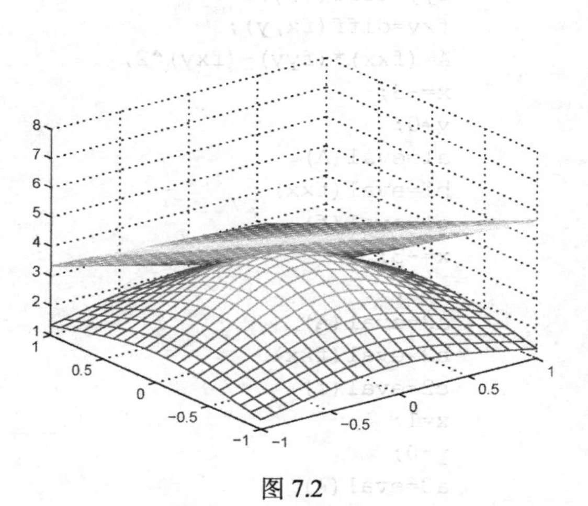

图 7.2

可得到曲面与切平面的图形如见图 7.2 所示。

7.2.3 多元函数的极值

【例 6】 求 $f(x,y)=x^3-y^3+3x^2+3y^2-9x$ 的极值。

输入：

```
syms x y
f='x^3-y^3+3*x^2+3*y^2-9*x';
fx=diff(f,x)
fy=diff(f,y)
```

输出为：

```
fx=3*x^2+6*x-9
fy=-3*y^2+6*y
```

再输入：

```
x0=roots([3,6,-9])
y0=roots([-3,6,0])
```

输出为驻点：

```
x0=-3.0000  1.0000
y0=0        2
```

再输入：

```
fxx=diff(f,x,2);
fyy=diff(f,y,2);
fxy=diff(fx,y);
A=(fxx)*(fyy)-(fxy)^2;
x=-3;
y=0;
a1=eval(A)
b1=eval(fxx)
c1=eval(f)
x=-3;
y=2;
a2=eval(A)
b2=eval(fxx)
c2=eval(f)
x=1;
y=0;
a3=eval(A)
b3=eval(fxx)
c3=eval(f)
```

```
x=1;
y=2;
a4=eval(A)
b4=eval(fxx)
c4=eval(f)
```

我们得到了四个驻点处的判别式函数 $A(x,y)=\ f_{xx}f_{yy}-f_{xy}^2$，$f_{xx}$ 与 f 的值。归纳以后用表格形式列出。

x	y	f_{xx}	$A(x,y)$	f
−3	0	−12	−72	27
−3	2	−12	72	31
1	0	12	72	−5
1	2	12	−72	−1

从中可见：

$x=-3$，$y=2$ 时，$f_{xx}=-12$，判别式 disc = 72，因此函数有极大值 31。

$x=1$，$y=0$ 时，$f_{xx}=12$，判别式 disc = 72，因此函数有极小值−5。

$x=-3$，$y=0$ 和 $x=1$，$y=2$ 时，判别式 disc = −72，函数在这些点不取极值。

另外，输入下面命令，把函数的等高线的图形表示出来：

```
[x,y]=meshgrid(-5:0.1:3,-3:0.1:5);
z=x.^3-y.^3+3*x.^2+3*y.^2-9*x;
contour(x,y,z,20)
```

输出如图 7.3 所示。

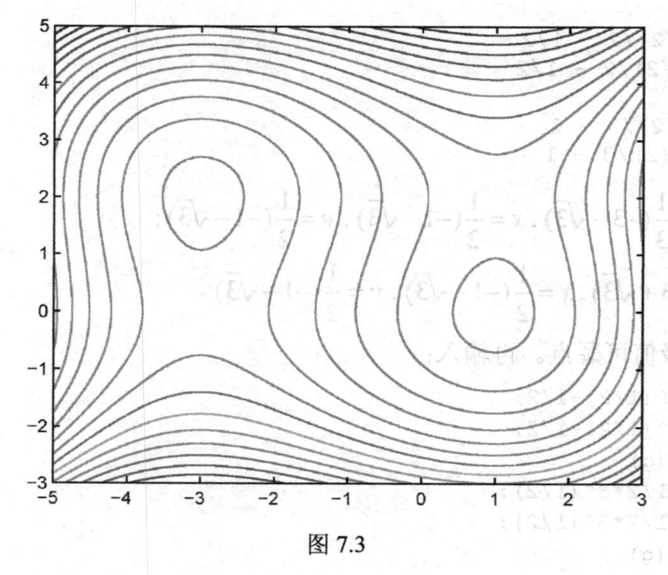

图 7.3

从图 7.3 可见，在两个极值点附近，函数的等高线是封闭的。在非极值点附近，等高线不封闭。这也是从图形上判断极值点的方法。

【例 7】 求函数 $z=x^2+y^2$ 在条件 $x^2+y^2+x+y-1=0$ 下的极值。

输入：

```
syms x y r
g=x^2+y^2;
h=x^2+y^2+x+y-1;
la=g+r*h;
lx=diff(la,x)
ly=diff(la,y)
lr=diff(la,r)
```

输出为：

```
lx=2*x+r*(2*x+1)
ly=2*y+r*(2*y+1)
lr=x^2+y^2+x+y-1
```

输入：

```
[x,y,r]=solve('2*x+r*(2*x+1)=0','2*y+r*(2*y+1)=0','x^2+y^2+x+y-1=0',
        'x,y,r')
```

得到输出

```
x =
   3^(1/2)/2 - 1/2
 - 3^(1/2)/2 - 1/2
y =
   3^(1/2)/2 - 1/2
 - 3^(1/2)/2 - 1/2
r =
   3^(1/2)/3 - 1
 - 3^(1/2)/3 - 1
```

即有解：$r=\frac{1}{3}(-3-\sqrt{3}), x=\frac{1}{2}(-1-\sqrt{3}), y=\frac{1}{2}(-1-\sqrt{3})$；

$r=\frac{1}{3}(-3+\sqrt{3}), x=\frac{1}{2}(-1+\sqrt{3}), y=\frac{1}{2}(-1+\sqrt{3})$。

因此有两个极值可疑点。再输入：

```
x=1/2*3^(1/2)-1/2;
y=1/2*3^(1/2)-1/2;
f1=eval(g)
x=-1/2-1/2*3^(1/2);
y=-1/2-1/2*3^(1/2);
f2=eval(g)
```

得到输出：

```
0.2679
3.7321
```

即得到两个可能是条件极值的函数值$\{2+\sqrt{3},2-\sqrt{3}\}$。但是否真的取到条件极值呢？可利用等高线作图来判断。

输入：

```
[x,y]=meshgrid(-2:0.1:2,-2:0.1:2);
z=x.^2+y.^2;
contour(x,y,z,30)
hold on
ezplot('x^2+y^2+x+y-1')
```

输出如图 7.4 所示。

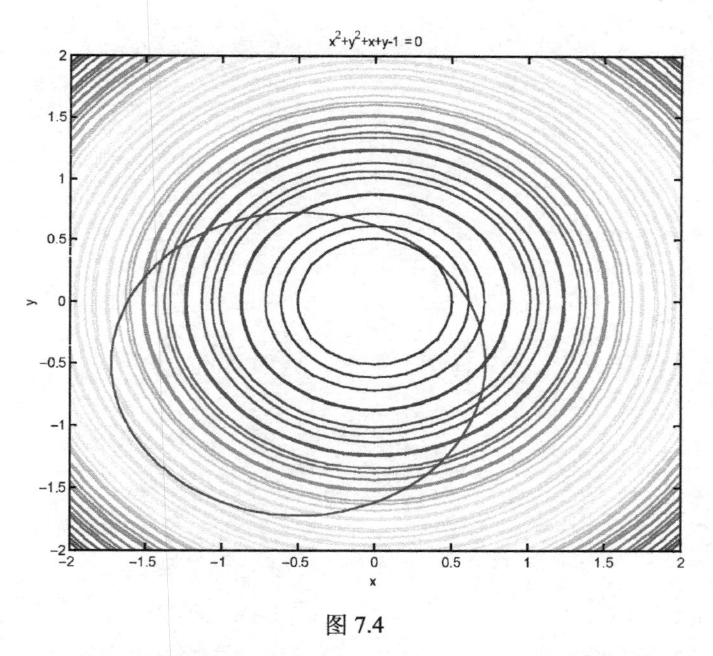

图 7.4

从图 7.4 可以看到，在极值可疑点处，函数$z=g(x,y)$的等高线与曲线$h(x,y)=0$相切。函数$z=g(x,y)$的等高线是一系列同心圆，由里向外，函数值在增大，在$x=\frac{1}{2}(-1-\sqrt{3})$，$y=\frac{1}{2}(-1-\sqrt{3})$的附近观察，可以得出$z=g(x,y)$取条件极大的结论。在$x=\frac{1}{2}(-1+\sqrt{3})$，$y=\frac{1}{2}(-1+\sqrt{3})$的附近观察，可以得出$z=g(x,y)$取条件极小的结论。

7.3 实验作业

1. 设 $z = e^{\frac{y}{x}}$，求 $\frac{\partial z}{\partial x}, \frac{\partial z}{\partial y}$。

2. 求例 4 中 u, v 对 y 的偏导数。

3. 设 $z = f(xy, y)$，求 $\frac{\partial^2 z}{\partial x^2}, \frac{\partial^2 z}{\partial y^2}, \frac{\partial^2 z}{\partial x \partial y}$。

4. 设 $g(x, y) = e^{-(x^2+y^2)/8}(\cos^2 x + \sin^2 y)$，求 $\frac{\partial z}{\partial x}, \frac{\partial z}{\partial y}, \frac{\partial^2 z}{\partial x \partial y}$。

5. 求 $f(x, y) = -120x^3 - 30x^4 + 18x^5 + 5x^6 + 30xy^2$ 的极值。

6. 求 $z = x^2 + 4y^3$ 在 $x^2 + 4y^2 - 1 = 0$ 条件下的极值（用例 7 的方法并作图）。

实验八　多元函数积分学

实验目的

掌握用 MATLAB 计算二重积分与三重积分的方法。深入理解曲线积分、曲面积分的概念和计算方法。提高应用重积分和曲线、曲面积分解决各种应用问题的能力。

8.1　学习 MATLAB 命令

8.1.1　重积分命令

命令 int 也可用于计算重积分，例如要计算 $\int_0^1\int_0^x xy^2\mathrm{d}y\mathrm{d}x$，输入：

```
syms x y;
int(int(x*y^2,y,0,x),x,0,1)
```

得到：

```
ans=
   1/15
```

用于计算三重积分时，命令 int 的使用格式与此类似。

由此可见，用 MATLAB 计算重积分，关键是确定各个积分限。

8.1.2　二元函数的数值积分

函数 dblquad 的功能是求矩形区域上二元函数的数值积分。其格式为：

```
q=dblquad(fun,xlower,xupper,ymin,ymax,tol)
```

最后一个参数的意义是用指定的精度 *tol* 代替默认精度 10^{-6}，再进行计算。

例如输入：

```
dblquad(inline('sqrt(max(1-(x.^2+y.^2),0))'),-1,1,-1,1)
```

输出为：

```
ans=
   2.0944
```

8.2 实验内容

8.2.1 计算重积分

【例 1】 计算 $\iint\limits_D xy^2\mathrm{d}x\mathrm{d}y$，其中，D 为由 $x+y=2$, $x=\sqrt{y}$, $y=2$ 所围成的有界区域。

先作出区域 D 的草图，手工就可以确定积分限。应先对 x 积分，输入：

```
syms x y;
int(int(x*y^2,x,2-y,sqrt(y)),y,1,2)
```

输出为 193/120。

【例 2】 计算 $\iint\limits_D \mathrm{e}^{-(x^2+y^2)}\mathrm{d}x\mathrm{d}y$，其中 D 为 $x^2+y^2\leqslant 1$。

如果用直角坐标计算，输入：

```
clear;
syms x y real;
f=exp(-(x^2+y^2));
int(int(f,y,-sqrt(1-x^2),sqrt(1-x^2)),x,-1,1)
```

输出为：

```
ans =

int(pi^(1/2)*erf((1 - x^2)^(1/2))*exp(-x^2), x == -1..1)
```

积分遇到了困难。改用极坐标，也用手工确定积分限，输入：

```
clear;
syms r s;
f=exp(-(r^2))*r ;
int(int(f,r,0,1),s,0,2*pi)
```

输出为：

```
ans =
-pi*(exp(-1) - 1)
```

【例 3】 计算三重积分 $\iiint\limits_\Omega (x^2+y^2+z)\mathrm{d}x\mathrm{d}y\mathrm{d}z$，其中 Ω 由曲面 $z=\sqrt{2-x^2-y^2}$ 与 $z=\sqrt{x^2+y^2}$ 围成。

先作出区域 Ω 的图形。输入：

```
[x,y]=meshgrid(-1:0.05:1);
z= sqrt(x.^2+y.^2);
surf(x,y,z)
hold on
z=sqrt(2-x.^2-y.^2);
surf(x,y,z)
```

输出了区域Ω的图形（见图 8.1)。

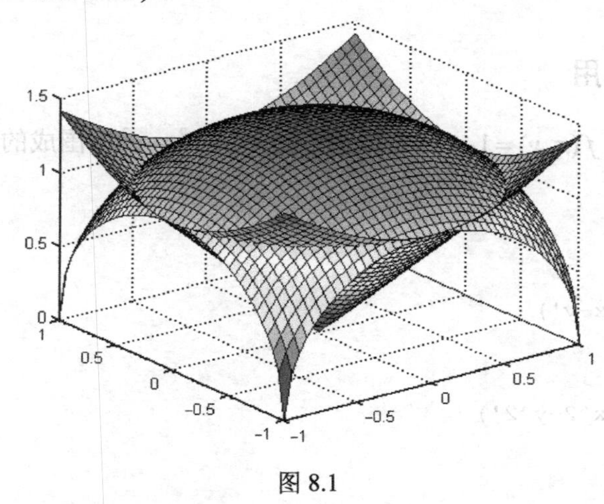

图 8.1

参照图形，可以用手工确定积分限。如果用直角坐标，则输入：

```
clear;
syms x y z
f=x^2+y^2+z;
int(int(int(f,z,sqrt(x^2+y^2),sqrt(2-x^2-y^2)),y,-sqrt(1-x^2),sqrt
(1-x^2)),x,-1,1)
```

执行后未得到明确结果。改用柱坐标和球坐标计算。用柱坐标计算时输入：

```
clear;
syms r s z
f=(r^2+z)*r;
int(int(int(f,z,r,sqrt(2-r^2)),r,0,1),s,0,2*pi)
```

输出为：

```
ans =(pi*(32*2^(1/2) - 25))/30
```

用球坐标计算时输入：

```
clear;
syms r t s
f=(r^2*sin(t)^2+r*cos(t))*r^2*sin(t);
simple(int(int(int(f,r,0,sqrt(2)),t,0,pi/4),s,0,2*pi))
```

输出为：

```
ans =(pi*(32*2^(1/2) - 25))/30
```

与柱坐标的结果相同。

8.2.2 重积分的应用

【例 4】 求曲面 $f(x,y)=1-x-y$ 与 $g(x,y)=2-x^2-y^2$ 所围成的空间区域 Ω 的体积。

输入：

```
clear;
syms x y z
ezsurf('1-x-y')
pause
clf
ezsurf('2-x^2-y^2')
pause
clf
[x,y]=meshgrid(-1:0.05:2);
z=1-x-y;
surf(z)
hold on
z=2-x.^2-y.^2;
surf(z)
colormap([0 0 1]) %装入色图矩阵
```

一共输出三个图形，最后一个图形见图 8.2。

首先观察到 Ω 的形状。为了确定积分限，要把两曲面的交线投影到 xoy 平面上。输入：

```
syms x y
solve('1-x-y=2-x^2-y^2','y')
```

得到输出：

```
ans =
 1/2 - (- 4*x^2 + 4*x + 5)^(1/2)/2
 (- 4*x^2 + 4*x + 5)^(1/2)/2 + 1/2
```

再输入：

```
x=-1:0.01:2;
y1=1/2-1/2*(5+4*x-4*x.^2).^(1/2);
tu1=plot(x,y1,'r')
hold on
y2=1/2+1/2*(5+4*x-4*x.^2).^(1/2);
tu2=plot(x,y2,'b')
```

输出如图 8.3 所示。由此可见，$y1$ 是下半圆（屏幕上显示为红色线），$y2$ 是上半圆（蓝色线）。因此投影区域是一个圆。设 $y1 = y2$ 的解为 $x1$ 与 $x2$，则 $x1, x2$ 为 x 的积分限。

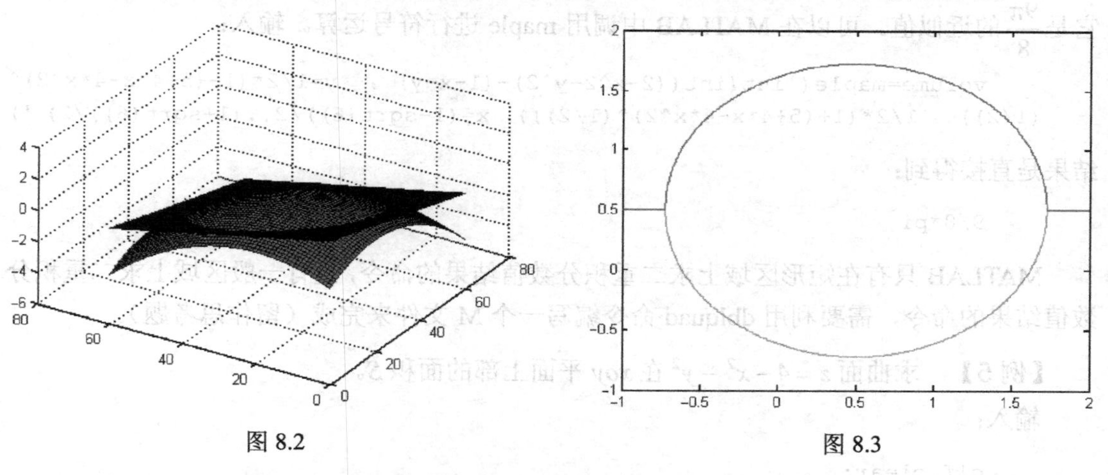

图 8.2　　　　图 8.3

输入：

```
solve('1/2+1/2*(5+4*x-4*x^2)^(1/2)=1/2-1/2*(5+4*x-4*x^2)^(1/2)','x')
```

输出为：

```
ans =
 6^(1/2)/2 + 1/2
 1/2 - 6^(1/2)/2
```

这时可以做最后的计算了。输入：

```
clear;
syms x y
f='(2-x^2-y^2)-(1-x-y)';
volume=int(int(f,y,1/2*(1-(5+4*x-4*x^2)^(1/2)),1/2*(1+(5+4*x-4*x^2)
^(1/2))),x,(1-sqrt(6))/2,(1+sqrt(6))/2)
```

输出结果为：

```
volume =
(9*asin((2757880273211543*24^(1/2))/13510798882111488))/4+
(31464257253247855689457419184576586449503307513*1346752990791407^(1/2))/
38566513062215766613007090216187902460532871850787028047233024
```

这是符号积分的结果，实际上它应是$\frac{9\pi}{8}$。输入：

```
eval(volume)
```

输出为：

```
3.5343
```

它是$\frac{9\pi}{8}$的近似值。可以在MATLAB中调用maple进行符号运算。输入：

```
volume=maple('int(int((2-x^2-y^2)-(1-x-y) ,  y=1/2*(1-(5+4*x-4*x^2)^
(1/2))。1/2*(1+(5+4*x-4*x^2)^(1/2))), x=(1-sqrt(6))/2..(1+sqrt(6))/2) ')
```

结果是直接得到：

```
9/8*pi
```

MATLAB只有在矩形区域上求二重积分数值结果的命令，没有一般区域上求二重积分数值结果的命令，需要利用dblquad命令编写一个M文件来完成（留作思考题）。

【例5】 求曲面$z=4-x^2-y^2$在xoy平面上部的面积S。

输入：

```
clf,clear;
syms x y z
ezsurf('4-x^2-y^2')
```

输出如图8.4所示。

观察曲面的图形，可见是一个旋转抛物面。计算曲面面积的公式是$\iint\limits_{D_{xy}}\sqrt{1+z_x^2+z_y^2}\mathrm{d}x\mathrm{d}y$。

输入：

```
syms x y
z='4-x^2-y^2';
f=sqrt(1+diff(z,x)^2+ diff(z,y)^2)
```

输出为：

```
f=(4*x^2+4*y^2+1)^(1/2)
```

因此用极坐标计算。

输入：

```
syms r t
f='sqrt(1+ 4*r^2)*r';
A=int(int(f,r,0,2),t,0,2*pi)
```

输出为：

```
A=(pi*(17*17^(1/2)-1))/6
```

【例 6】 在 xoz 平面内有一个半径为 2 的圆，它与 z 轴在原点 o 相切（见图 8.5），求它绕 z 轴旋转一周所得旋转体体积。

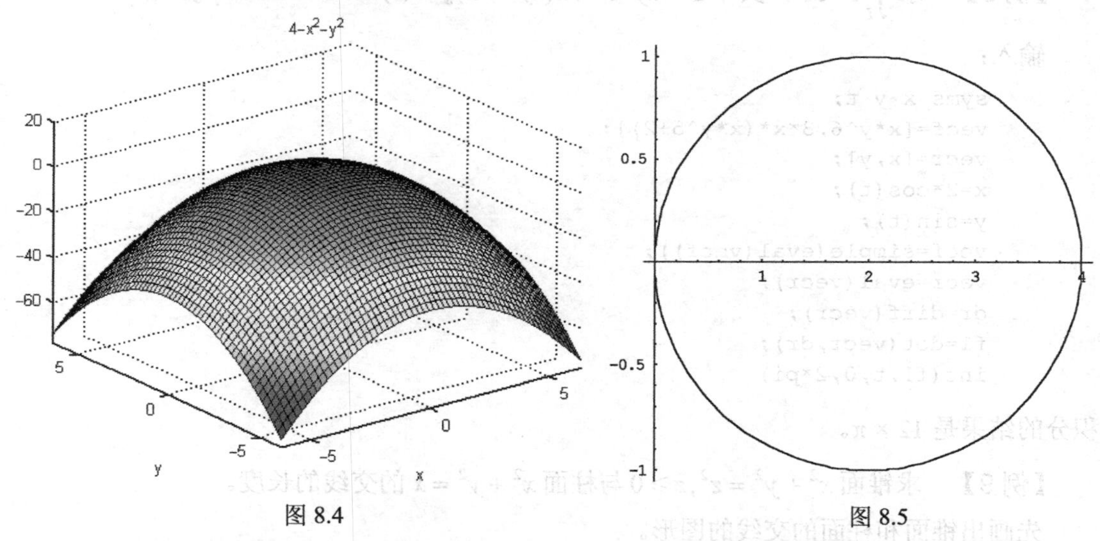

图 8.4　　　　　　图 8.5

因为圆的方程是 $x^2+z^2=4x$，它绕 z 轴旋转所得的圆环面的方程为 $(x^2+y^2+z^2)^2=16(x^2+y^2)$，所以圆环面的球坐标方程是 $r=4\sin\phi$。它的体积可以用球坐标下的三重积分计算。输入：

```
clear;
syms r s t
f='r^2*sin(t)';
int(int(int(f,r,0,4*sin(t)),t,0,pi),s,0,2*pi)
```

得到这个旋转体的体积为 $16\times\pi^2$。

8.2.3 计算曲线积分

【例 7】 求 $\int_L f(x,y,z)\mathrm{d}s$，其中 $f(x,y,z)=\sqrt{1+30x^2+10y}$，路径 L 为：$x=t$，$y=t^2$，$z=3t^2$，$0\leqslant t\leqslant 2$。

把曲线积分化为定积分。因为 $\mathrm{d}s=\sqrt{x_t^2+y_t^2+z_t^2}\,\mathrm{d}t$ ，输入：

```
clear;
syms t;
x=t; y=t^2; z=3*t^2;
f=sqrt(1+30*x^2+10*y);
f1=f*sqrt(diff(x,t)^2+diff(y,t)^2+diff(z,t)^2);
s=int(f1,t,0,2)
```

得到曲线积分的结果为 $s=326/3$。

【例 8】 求 $\int_L \vec{\mathbf{F}}\cdot \mathrm{d}\vec{\mathbf{r}}$ ，其中 $\vec{\mathbf{F}}=xy^6\vec{\mathbf{i}}+3x(xy^5+2)\vec{\mathbf{j}}$, $\vec{\mathbf{r}}(t)=2\cos t\vec{\mathbf{i}}+\sin t\vec{\mathbf{j}}$ ， $0\leqslant t\leqslant 2\pi$ 。

输入：

```
syms x y t;
vecf=[x*y^6,3*x*(x*y^5+2)];
vecr=[x,y];
x=2*cos(t);
y=sin(t);
vecf=simple(eval(vecf));
vecr=eval(vecr);
dr=diff(vecr);
f1=dot(vecf,dr);
int(f1,t,0,2*pi)
```

积分的结果是 $12\times\pi$。

【例 9】 求锥面 $x^2+y^2=z^2, z\geqslant 0$ 与柱面 $x^2+y^2=x$ 的交线的长度。

先画出锥面和柱面的交线的图形。

输入：

```
[x,y]=meshgrid(-1:0.05:1);
z1=sqrt(x.^2+y.^2);
surf(x,y,z1);
hold on
[y,z2]=meshgrid(-1:0.05:1);
x=x.^2+y.^2;
surf(x,y,z2)
```

输出如图 8.6 所示。

输入直接作曲线的命令：

```
t=-pi/2:pi/20:pi/2;
plot3(cos(t).^2,cos(t).*sin(t),cos(t))
xlabel('x'),ylabel('y')
```

输出如图 8.7 所示。

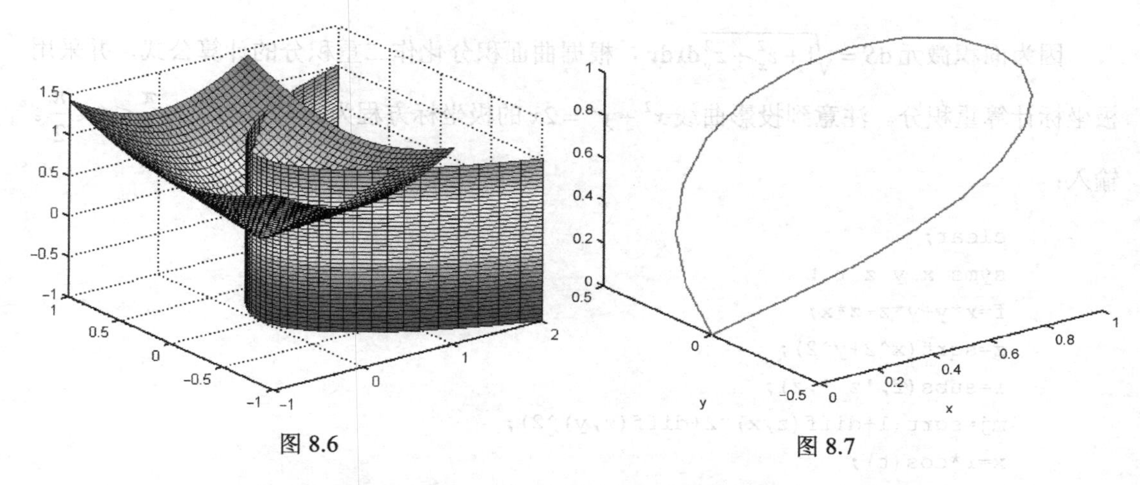

图 8.6　　　　图 8.7

为了用线积分计算曲线的弧长，必须把曲线用参数方程表示出来。因为空间曲线的投影曲线的方程为 $x^2+y^2=x$，它可以化成 $x=\cos^2 t$，$y=\cos t\sin t$，再代入锥面方程 $x^2+y^2=z^2$，得 $z=\cos t$（$t\in[-\pi/2,\pi/2]$）。因为空间曲线的弧长的计算公式是 $s=\int_{t_1}^{t_2}\sqrt{x'^2(t)+y'^2(t)+z'^2(t)}\mathrm{d}t$，因此输入：

```
clear;
syms t real
x=cos(t)^2;
y=cos(t)*sin(t);
z=cos(t);
qx=[x,y,z];
dx=diff(qx)
f=sqrt(dot(dx,dx))
f=simplify(f);
f=inline(f);
quad(f,-pi/2,pi/2)
```

输出为：

```
3.8202
```

8.2.4 计算曲面积分

【例 10】 计算曲面积分 $\iint\limits_{\Sigma}(xy+yz+zx)\mathrm{d}S$，其中，$\Sigma$ 为锥面 $z=\sqrt{x^2+y^2}$ 被柱面 $x^2+y^2=2x$ 所截得的有限部分。

因为面积微元 $\mathrm{d}S=\sqrt{1+z_x^2+z_y^2}\mathrm{d}x\mathrm{d}y$，根据曲面积分化作二重积分的计算公式，并采用极坐标计算重积分。注意到投影曲线 $x^2+y^2=2x$ 的极坐标方程为 $r=2\cos t$，$-\dfrac{\pi}{2}\leqslant t\leqslant\dfrac{\pi}{2}$。

输入：

```
clear;
syms x y z r t
f=x*y+y*z+z*x;
z=sqrt(x^2+y^2);
f=subs(f,'z ',z);
mj=sqrt(1+diff(z,x)^2+diff(z,y)^2);
x=r*cos(t);
y=r*sin(t);
f=eval(f);
mj=eval(mj);
f1=f*mj*r;
int(int(f1,r,0,2*cos(t)),t,-pi/2,pi/2)
```

输出为：

```
(64*2^(1/2))/15。
```

【例 11】 计算曲面积分 $\oiint\limits_{\Sigma} x^3\mathrm{d}y\mathrm{d}z+y^3\mathrm{d}z\mathrm{d}x+z^3\mathrm{d}x\mathrm{d}y$，其中，$\Sigma$ 为球面 $x^2+y^2+z^2=a^2$ 的外侧。

可以利用两类曲面积分的关系，化作对曲面面积的曲面积分 $\iint\limits_{\Sigma}\vec{\mathbf{A}}\cdot\vec{\mathbf{n}}\mathrm{d}S$。这里 $\vec{\mathbf{A}}=\{x^3,y^3,z^3\}$，$\vec{\mathbf{n}}=\{x,y,z\}/a$。因为球坐标的体积元素 $\mathrm{d}v=r^2\sin\varphi\mathrm{d}r\mathrm{d}\varphi\mathrm{d}\theta$，注意到在球面 Σ 上 $r=a$，取 $\mathrm{d}r=1$ 后得到面积元素的表示式：$\mathrm{d}S=a^2\sin\varphi\mathrm{d}\varphi\mathrm{d}\theta$（$0\leqslant\varphi\leqslant\pi$，$0\leqslant\theta\leqslant 2\pi$）。把对面积的曲面积分直接化作对 φ，θ 的二重积分。输入：

```
clear;
syms x y z r s t a real
A=[x^3,y^3,z^3];
n=[x,y,z]./a;
x=a*sin(s)*cos(t);
y=a*sin(s)*sin(t);
z=a*cos(s);
A=eval(A);
n=eval(n);
```

```
ds=a^2*sin(s);
f1=dot(A,n);
int(int(f1*ds,t,0,2*pi),s,0,pi)
```

输出为：

```
(12*pi*a^5)/5
```

如果用高斯公式计算，则化为三重积分 $\iiint\limits_{\Omega} 3(x^2+y^2+z^2)\mathrm{d}v$，其中 Ω 为 $x^2+y^2+z^2 \leqslant a^2$。

采用球坐标计算，输入：

```
clear;
syms x y z r s t a
f=3*(x^2+y^2+z^2);
x=r*sin(s)*cos(t);
y=r*sin(s)*sin(t);
z=r*cos(s);
f=eval(f);
int(int(int(f*r^2*sin(s),t,0,2*pi),s,0,pi),r,0,a)
```

输出结果相同。

8.3 实验作业

1. 计算 $\int_0^{\pi/6}\int_0^{\pi/2}(y\sin x - x\sin y)\mathrm{d}y\mathrm{d}x$。

2. 求积分的近似值：(1) $\int_0^{\sqrt{\pi}}\int_0^{\sqrt{\pi}}\cos(x^2-y^2)\mathrm{d}y\mathrm{d}x$；(2) $\int_0^1\int_0^1\sin(\mathrm{e}^{xy})\mathrm{d}y\mathrm{d}x$。

3. 计算：(1) $\int_0^3\int_1^x\int_{z-x}^{z+x}\mathrm{e}^{2x}(2y-z)\mathrm{d}y\mathrm{d}z\mathrm{d}x$；(2) $\int_0^1\int_0^1\arctan(xy)\mathrm{d}y\mathrm{d}x$。

4. 交换积分次序并计算 $\int_0^3\int_{x^2}^9 x\cos(y^2)\mathrm{d}y\mathrm{d}x$ 的值。

5. 交换积分次序并计算 $\int_0^2\int_{2y}^4 \mathrm{e}^{x^2}\mathrm{d}x\mathrm{d}y$ 的值。

6. 用极坐标计算：(1) $\int_0^1\int_x^1\frac{y}{x^2+y^2}\mathrm{d}y\mathrm{d}x$；(2) $\int_0^1\int_{-y/3}^{y/3}\frac{y}{\sqrt{x^2+y^2}}\mathrm{d}x\mathrm{d}y$ 的值。

7. 用适当方法计算：(1) $\iiint\limits_{\Omega}\frac{z}{(x^2+y^2+z^2)^{3/2}}\mathrm{d}v$，其中 Ω 是由 $z=\sqrt{x^2+y^2}$ 与 $z=1$ 围成的；(2) $\iiint\limits_{\Omega}(x^4+y^2+z^2)\mathrm{d}v$，其中 Ω 是 $x^2+y^2+z^2 \leqslant 1$。

8．求 $\int_L f(x,y,z)\mathrm{d}S$ 的近似值。其中 $f(x,y,z)=\sqrt{1+x^3+5y^3}$，路径 L 为：$x=t$，$y=t^2/3$，$z=\sqrt{t}$，$0\leqslant t\leqslant 2$。

9．求 $\int_L \vec{\mathbf{F}}\cdot\mathrm{d}\vec{\mathbf{r}}$，其中 $\vec{\mathbf{F}}=\frac{3}{1+x^2}\vec{\mathbf{i}}+\frac{2}{1+y^2}\vec{\mathbf{j}}$，$\vec{\mathbf{r}}(t)=\cos t\,\vec{\mathbf{i}}+\sin t\,\vec{\mathbf{j}}$，$0\leqslant t\leqslant \pi$。

10．用柱坐标作图命令作出 $z=xy$ 被柱面 $x^2+y^2=1$ 所围部分的图形，并求其面积。

11．计算曲面积分 $\iint_\Sigma x^2y^2z\mathrm{d}x\mathrm{d}y$，其中 Σ 为球面 $x^2+y^2+z^2=a^2$ 的下半部分的下侧。

12．计算曲面积分 $\iint_\Sigma (x+y+z)\mathrm{d}S$，其中 Σ 为球面 $x^2+y^2+z^2=a^2$ 上 $z\geqslant h$（$0<h<a$）的部分。

实验九　无 穷 级 数

实验目的

掌握用 MATLAB 求无穷级数的和、求幂级数的收敛域、展开函数为幂级数以及展开周期函数为傅里叶级数的方法。

9.1　学习 MATLAB 命令

9.1.1　符号表达式求和函数

`symsum(f)`　　求一般项为 f 的级数（有穷或无穷的）之和，之前首先要用 syms 命令定义符号变量，求和是对表达式 f 中的符号变量进行，例如 x 为符号变量，则从 0 到 x-1 求和；

`symsum(f,x)`　　返回对符号表达式 f 中的符号变量 x 从 0 到 x-1 求和；

`symsum(f,x,a,b)`,`symsum(f,x,[a,b])`,`symsum(f,x,[a b])`或`symsum(f,x,[a:b])`

　　返回对符号表达式 f 中的符号变量 x 从 a 到 b 求和；

`symsum(f,a,b)`,`symsum(f,[a,b])`,`symsum(f,[a b])`或`symsum(f,[a:b])`

　　返回对符号表达式 f 中的缺省变量从 a 到 b 求和。

9.1.2　符号函数的泰勒级数展开式函数

`taylor(f)`或`taylor(f,x)`　　返回函数 y=f(x)的 5 阶麦克劳林逼近多项式；

`taylor(f,x,a)`　　返回函数 f(x)在 x=a 处的 5 阶泰勒逼近多项式；

`taylor(f,x,a,'Order',n)`　　返回函数 f(x)在 x=a 处的 n-1 阶泰勒逼近多项式；

`taylor(f,x,'ExpansionPoint',a,'Order',n)`

　　返回函数 f(x)在 x=a 处的 n-1 阶泰勒逼近多项式。

9.1.3　泰勒级数计算器函数

`taylortool('f')`　　对指定的函数 f，用图形用户界面显示出泰勒展开式

9.1.4　在符号表达式或矩阵中进行符号替换的函数

`subs(S,old,new)`　　将符号表达式 S 中的符号变量 old 用 new 代替

9.1.5 符号表达式的化简函数

`simplify(expr)`与`simple(expr)`　用于化简符号表达式 expr

9.2 实验内容

9.2.1 级数求和

当符号变量的和存在时，可以用 symsum 命令来求无穷级数和。

【例 1】 求$\sum_{n=1}^{\infty}\frac{1}{4n^2+8n+3}$的值。

输入：

```
syms n
s1=symsum(1/(4*n^2+8*n+3),n,1,inf)
```

得到该级数的和为 s1 = 1/6。

【例 2】 设$a_n=\frac{10^n}{n!}$，求$\sum_{n=1}^{\infty}a_n$ 。

输入：

```
syms n
s3= symsum(10^n/factorial(n),n,1,Inf)
```

得到其和为

```
s3= exp(10)-1
```

【例 3】 求级数$\sum_{k=1}^{\infty}x^{3k}$的和函数。

输入：

```
syms k x
s2=symsum(x^(3*k), k,1, inf)
```

输出为：

```
s2 =piecewise([x^3 == 1 or 1 < abs(x) and 1 < x, Inf], [x^3 ~= 1 and abs(x) in Dom::Interval(0, 1), -x^3/((x - 1)*(x^2 + x + 1))], [x^3 ~= 1 and (abs(x) == 1 or 1 <= abs(x) and not 1 < x), (limit(x^(3*k), k == Inf) - x^3)/((x - 1)*(x^2 + x + 1))])
```

即当$-1\leqslant x<1$时，和函数为$\frac{-x^3}{(x-1)(x^2+x+1)}$。

9.2.2 求幂级数的收敛域

【例 4】 求$\sum_{n=0}^{\infty}\frac{4^{2n}(x-3)^n}{n+1}$的收敛域与和函数。

输入：

```
clear;
syms n x
s4=symsum(simplify(4^(2*n)*(x-3)^n/(n+1)), n, 0, inf)
```

输出为：

```
s4 =piecewise([49/16 <= x,Inf],[x ~= 49/16 and abs(16*x - 48) <= 1,-log(49
- 16*x)/(16*x - 48)])
```

即级数$\sum_{n=0}^{\infty}\frac{4^{2n}(x-3)^n}{n+1}$当$x\geqslant\frac{49}{16}$时发散，当$\frac{47}{16}\leqslant x<\frac{49}{16}$时收敛，和函数为$\frac{-\log(49-16x)}{16x-48}$。

9.2.3 将函数展开为幂级数

MATLAB 求一元函数泰勒展开式的命令为 taylor，其格式已经在本实验的学习 MATLAB 命令中说明。

【例 5】 求$\cos x$的 6 阶麦克劳林展开式。

输入：

```
syms x
ser1=taylor(cos(x),x,'ExpansionPoint',0,'Order',7)
```

输出为：

```
ser1=
- x^6/720 + x^4/24 - x^2/2 + 1
```

【例 6】 求$\ln x$在$x=1$处的 6 阶泰勒展开式。

输入：

```
syms x
ser2=taylor(log(x),x,'ExpansionPoint',1,'Order',7)
```

则有输出：

```
ser2=
x - (x - 1)^2/2 + (x - 1)^3/3 - (x - 1)^4/4 + (x - 1)^5/5 - (x - 1)^6/6 - 1
```

【例 7】 求$\arctan x$的 5 阶麦克劳林展开式。

输入：

```
syms x
ser3=taylor(atan(x),'ExpansionPoint',0,'Order',6)
```

输出为：

```
ser3=
    x^5/5 - x^3/3 + x
```

这就得到了 $\arctan x$ 的近似多项式 ser3。通过作图把 $\arctan x$ 和它的近似多项式进行比较。

输入：

```
x=-1.5:0.01:1.5;
y1=atan(x);
y2=x^5/5 - x^3/3 + x;
plot(x,y1,'r--',x,y2,'b')
```

输出为图 9.1，其中虚线为函数 $y1=\arctan x$，实线为它的近似多项式 $y2$。

【例 8】 求 $e^{-(x-1)^2(x+1)^2}$ 在 $x=1$ 处的 8 阶泰勒展开，并通过作图比较函数和它的近似多项式。

输入：

```
clear;
syms x
fun='exp(-(x^2-1)^2)';
y2=taylor(fun,x,'ExpansionPoint',1,'Order',9)
fplot(fun,[-2,2])
```

则得到近似多项式：

```
y2=
7*(x - 1)^4 - 4*(x - 1)^3 - 4*(x - 1)^2 + 16*(x - 1)^5 + (4*(x - 1)^6)/3
- 28*(x - 1)^7 - (173*(x - 1)^8)/6 + 1
```

输入比较函数和它的近似多项式的作图命令：

```
clear clf
x=0.5:0.01:1.5;
y1=exp(-(x.^2-1).^2);
y2=7*(x - 1).^4 - 4*(x - 1).^3 - 4*(x - 1).^2 + 16*(x - 1).^5 + (4*(x
- 1).^6)/3 - 28*(x - 1).^7 - (173*(x - 1).^8)/6 + 1;
plot(x,y1,'r--',x,y2,'b')
```

输出为图 9.2。

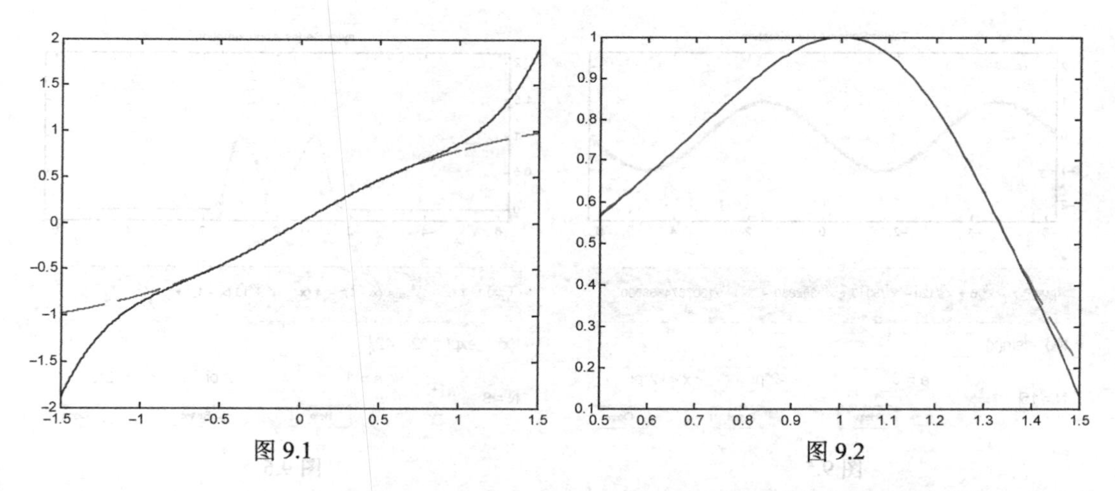

图 9.1　　　　图 9.2

在 MATLAB 语言中，使用 taylortool 函数来调用图示化泰勒级数逼近计算器。在命令窗口中直接输入 taylortool 命令，即可将图示化泰勒级数逼近计算器调出。

【例 9】 求函数 $\sin x$ 在 $x=0$ 处的 3, 5, 7, …, 15 阶泰勒展开，通过作图比较函数和它的近似多项式，并形成动画进一步观察。

输入：

```
taylortool
```

输出泰勒级数逼近计算器（见图 9.3），在“f(x) =”文本框中输入“sin(x)”，在“N =”文本框中输入“3”，在“a =”文本框中输入“0”，按 Enter 键确认后，即得如图 9.4 所示的 3 阶泰勒展开的图形。在“N =”文本框中再依次输入“5, 7, …, 15”，类似可得其各阶泰勒展开的图形。图 9.5 给出的是 15 阶泰勒展开的图形。图 9.6 给出的是用 taylortool 命令绘制的例 8 中 $e^{-(x-1)^2(x+1)^2}$ 在 $x=1$ 处的 8 阶泰勒展开的图形。

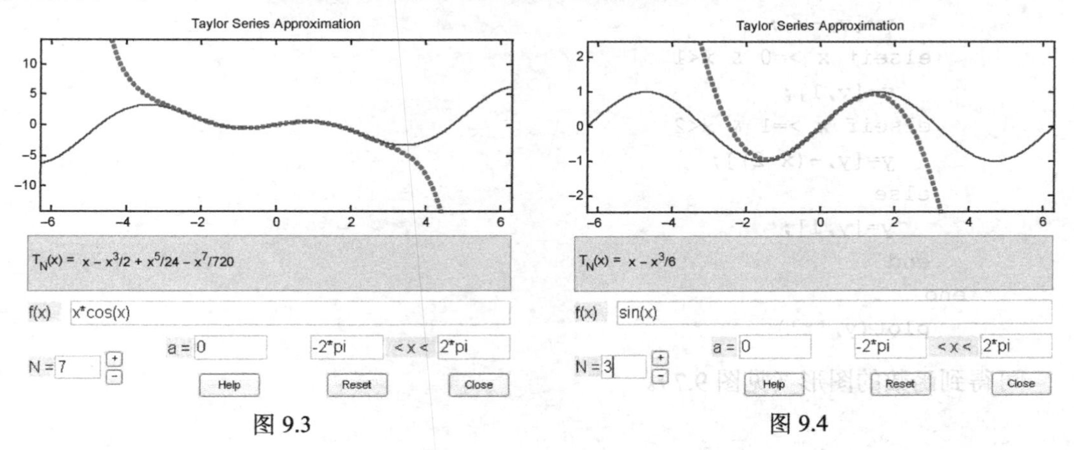

图 9.3　　　　图 9.4

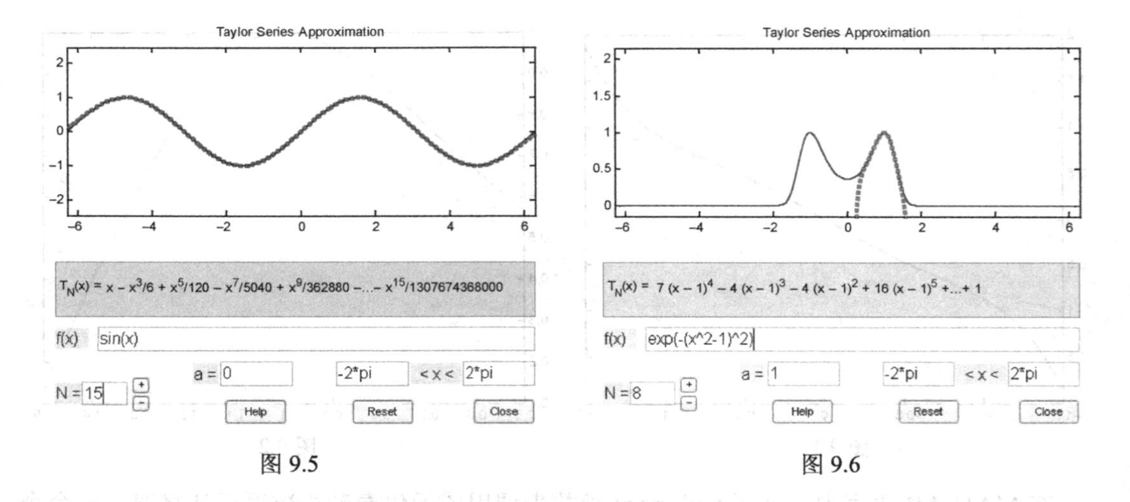

图 9.5　　　　图 9.6

9.2.4　将函数展开为傅里叶级数

【例 10】 设 $f(x)$ 是周期为 2 的周期函数。它在一个周期内的表达式为：

$$f(x)=\begin{cases}1, & 0\leqslant x<1\\ -x, & -1\leqslant x<0\end{cases}$$

求它的傅里叶级数展开式的前 5 项和前 8 项。并作出 $f(x)$ 和它的近似三角级数的图形。注意 $f(x)$ 是分段函数，下面采用规则定义的方法定义分段函数。

输入：

```
y=[ ];
for x=-1:0.01:3
   if x >= -1 & x <0
      y=[y,-x];
   elseif x >=0 & x<1
      y=[y,1];
   elseif x >=1 & x<2
      y=[y,-(x-2)];
   else
      y=[y,1];
   end
end
   plot(y,'r')
```

可得到函数的图形（见图 9.7）。

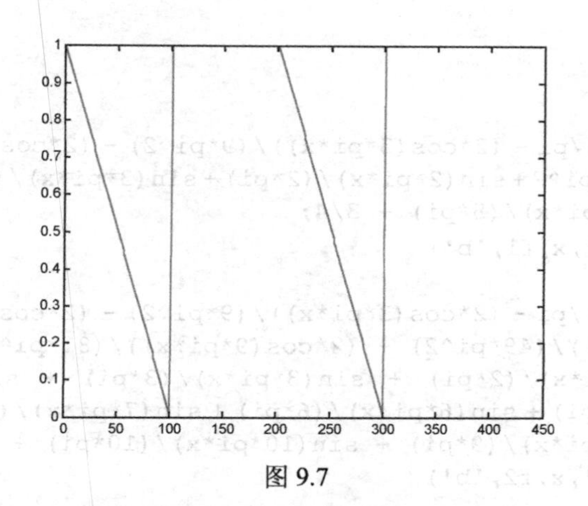

图 9.7

周期为 $2L$ 的周期函数 $f(x)$ 的傅里叶级数展开式为：

$$f(x)=\frac{a_0}{2}+\left(\sum_{n=1}^{\infty}a_n\cos\frac{n\pi x}{L}+b_n\sin\frac{n\pi x}{L}\right)$$

其中，$a_n=\frac{1}{L}\int_{-L}^{L}f(x)\cos\frac{n\pi x}{L}\mathrm{d}x$，$(n=0,1,2,\cdots)$，$b_n=\frac{1}{L}\int_{-L}^{L}f(x)\sin\frac{n\pi x}{L}\mathrm{d}x$，$(n=1,2,\cdots)$

输入：

```
syms x
for n=5:5:10
   a0=int(-x, x,-1,0)+int(1,x,0,1);
   ser=a0/2;
   for k=1:n
      ak=int(-x*cos(k*pi*x),x,-1,0)+int(cos(k*pi*x),x,0,1);
      bk=int(-x*sin(k*pi*x),x,-1,0)+int(sin(k*pi*x),x,0,1);
      sk=ak*cos(k*pi*x)+bk*sin(k*pi*x);
      ser=ser+sk;
   end
   ser
end
```

这里的 ser 就是 $f(x)$ 的近似三角级数，其中 $n=5$ 的输出结果为：

```
ser=
sin(pi*x)/pi - (2*cos(3*pi*x))/(9*pi^2) - (2*cos(5*pi*x))/(25*pi^2) -
(2*cos(pi*x))/pi^2 + sin(2*pi*x)/(2*pi) + sin(3*pi*x)/(3*pi) + sin(4*pi*x)/
(4*pi) + sin(5*pi*x)/(5*pi) + 3/4
```

现在绘制它们的图形。

输入：

```
    x=-1:0.01:3;
    f1=sin(pi*x)/pi - (2*cos(3*pi*x))/(9*pi^2) - (2*cos(5*pi*x))/(25*pi^2)
- (2*cos(pi*x))/pi^2 + sin(2*pi*x)/(2*pi) + sin(3*pi*x)/(3*pi) + sin(4*pi*x)/
(4*pi) + sin(5*pi*x)/(5*pi) + 3/4;
    plot(x,y,'r',x,f1,'b')
    pause
    f2=sin(pi*x)/pi - (2*cos(3*pi*x))/(9*pi^2) - (2*cos(5*pi*x))/(25*pi^2)
- (2*cos(7*pi*x))/(49*pi^2) - (2*cos(9*pi*x))/(81*pi^2) - (2*cos(pi*x))/
pi^2 + sin(2*pi*x)/(2*pi) + sin(3*pi*x)/(3*pi) + sin(4*pi*x)/(4*pi) +
sin(5*pi*x)/(5*pi) + sin(6*pi*x)/(6*pi) + sin(7*pi*x)/(7*pi) + sin(8*pi*x)/
(8*pi) + sin(9*pi*x)/(9*pi) + sin(10*pi*x)/(10*pi) + 3/4;
    plot(x,y,'r',x,f2,'b')
```

得到两个图形（见图 9.8 和图 9.9）。图 9.8 是 $f(x)$ 和它的近似三角级数 $f1$，图 9.9 是 $f(x)$ 和它的近似三角级数 $f2$。注意观察，当 n 趋于无穷时，在 $f(x)$ 的间断点，近似三角级数趋于什么值？

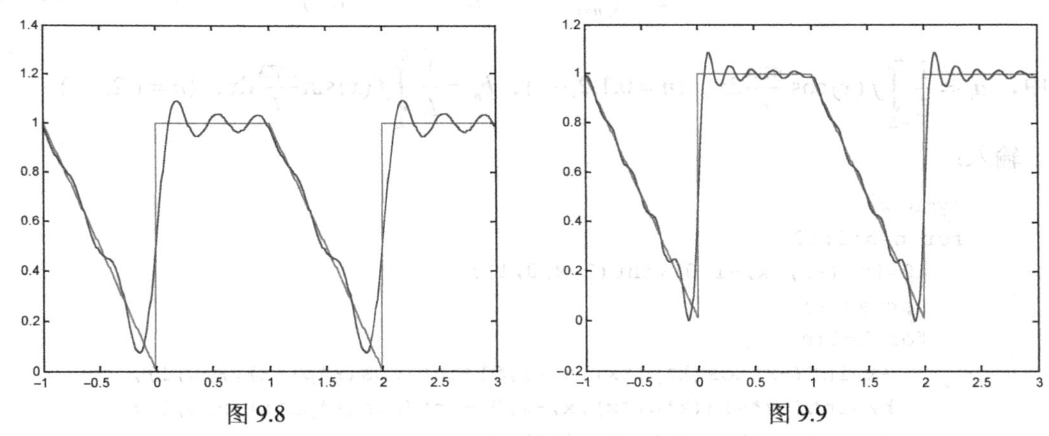

图 9.8　　　　图 9.9

【例 11】　设 $g(x)$ 是以 2π 为周期的周期函数，它在 $[-\pi,\pi]$ 的表达式是：

$$g(x)=\begin{cases}-1, & -\pi\leqslant x<0\\ 1, & 0\leqslant x<\pi\end{cases}$$

将 $g(x)$ 展开成傅里叶级数。

因为 $g(x)$ 是奇函数，所以它的傅里叶展开式中只含正弦项。输入：

```
    clear;
    f='sign(sin(x))';
    x=-3*pi: 0.1: 3*pi;
    y1=eval(f);
```

```
    plot(x,y1, 'r')
    pause
    hold on
    for n=3:2:9
      for k=1:n
        bk=-2*(((-1).^k)-1)/(k*pi);
        s(k,:)=bk*sin(k*x);
      end
      s=sum(s);
      plot(x,s)
      pause
      hold on
    end
```

运行结果如图 9.10 所示（屏幕上显示的红色线为函数 $g(x)$ 的图形，是一方波，蓝色线为展开的 $g(x)$ 的傅里叶级数的不同项数的函数曲线）。可以看到 n 越大，$g(x)$ 的傅里叶级数的前 n 项与 $g(x)$ 越接近。

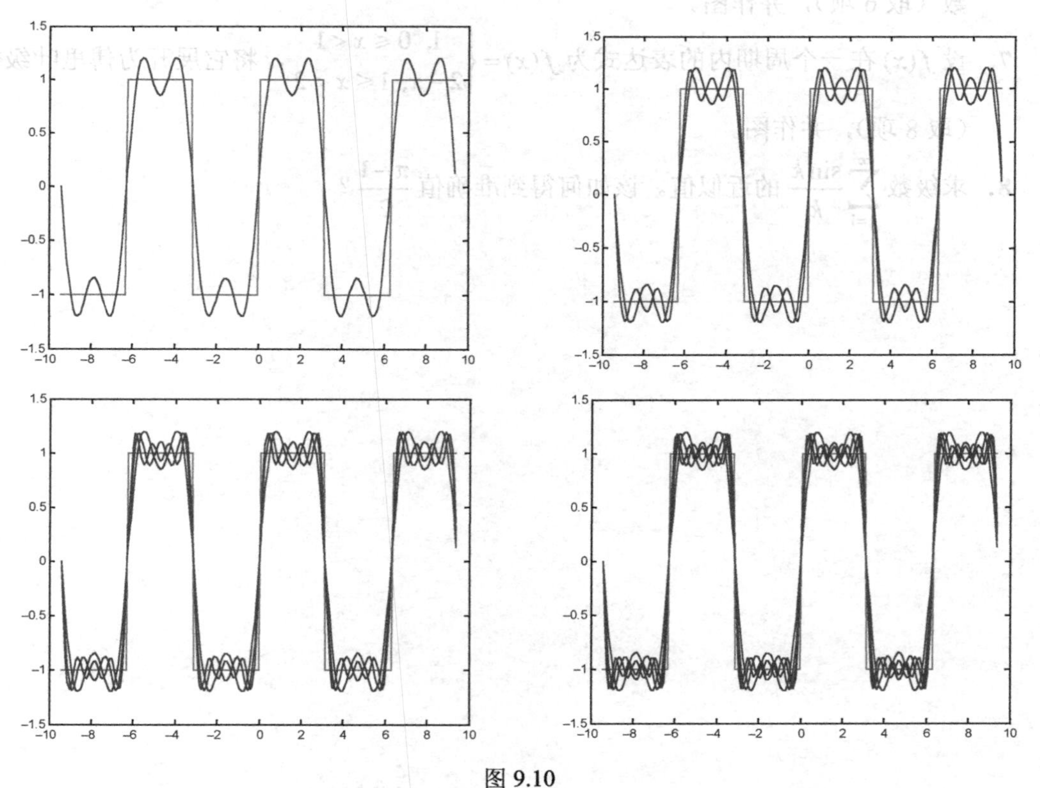

图 9.10

9.3 实验作业

1. 求下列级数的和：(1) $\sum_{k=1}^{\infty}\frac{k}{2^k}$；(2) $\sum_{k=1}^{\infty}\frac{1}{(2k-1)^2}$；(3) $\sum_{k=1}^{\infty}\frac{1}{(2k)^2}$；(4) $\sum_{k=1}^{\infty}\frac{(-1)^{k-1}}{k}$。

2. 求幂级数$\sum_{n=0}^{\infty}\frac{(x-1)^{2n+1}}{(-5)^n}$的收敛域与和函数。

3. 求函数$(1+x)\ln(1+x)$的6阶麦克劳林多项式。

4. 求$\arcsin x$的6阶麦克劳林多项式。

5. 设$f(x)=\frac{x}{x^2+1}$，求$f(x)$的5阶和10阶麦克劳林多项式，把两个近似多项式和函数的图形作在一个坐标系内。

6. 设$f(x)$在一个周期内的表达式为$f(x)=1-x^2\left(-\frac{1}{2}\leqslant x<\frac{1}{2}\right)$，将它展开为傅里叶级数（取6项），并作图。

7. 设$f(x)$在一个周期内的表达式为$f(x)=\begin{cases}1, & 0\leqslant x<1\\ 2-x, & 1\leqslant x<2\end{cases}$，将它展开为傅里叶级数（取8项），并作图。

8. 求级数$\sum_{k=1}^{\infty}\frac{\sin k}{k}$的近似值。该如何得到准确值$\frac{\pi-1}{2}$？

实验十　常微分方程

实验目的

掌握用 MATLAB 求微分方程及方程组解析解的方法，学习求微分方程近似解的欧拉折线法和龙格-库塔法。

10.1　学习 MATLAB 命令

10.1.1　求常微分方程的符号解函数

```
dsolve('eq1,eq2,…','cond1,cond2,…','v')
```

输入符号形式的常微分方程（组）'eq1, eq2, …'及初始条件'cond1, cond2, …'；默认的自变量是't'，如果要指定自变量'v'，则在方程组及初始条件后面加'v'，并用逗号分开。在常微分方程（组）的表达式 eq$n$ 中，大写字母 D 表示对自变量（默认为 t）的微分算子：D = d/dt，$D2$ = d^2/dt^2，…。算子 D 后面的字母则表示因变量，即待求解的未知函数。返回的结果中可能会出现任意常数 C1，C2 等。若命令找不到解析解，则返回一警告信息。

例如，输入下面的方程都可以得到其解：

```
dsolve('Dx=-a*x')   % ans=exp(-a*t)*C1
x=dsolve('Dx=-a*x','x(0)=1','s')                       %输出 x=exp(-a*s)
w=dsolve('D3w=-w','w(0)=1,Dw(0)=0,D2w(0)=0')           %输出略
[f,g]=dsolve('Df=f+g','Dg=-f+g','f(0)=1','g(0)=2')     %输出略
```

又如，

```
syms x(t) a
Dx = diff(x);
dsolve(diff(Dx) == -a*x, Dx(0) == 1)                   %输出略
```

及

```
syms y(t)  a
Dy = diff(y);
D2y = diff(y,2);
dsolve(D2y == -a^2*y, y(0) == 1, Dy(pi/a) == 0)  %输出略
```

10.1.2　求常微分方程组初值问题的数值解函数

```
[T,Y]=ode23(odefun,tspan,y0)
[T,Y]=ode45(odefun,tspan,y0)
```

这两个命令都是求解导数已经解出的一阶微分方程 $y'=f(t,y)$ 满足初始条件 $y0$ 的数值解。输入参数 odefun 为 M 文件定义的函数或 inline 格式的函数 $f(t,y)$；tspan = [$t0$, tf]表示求解区间（从 $t0$ 到 tf）。输出的解矩阵 Y 中的每一行对应于返回的时间列向量 T 中的一个时间点。要获得问题在其他指定时间点 $t0, t1, t2, \cdots$上的解，则令 tspan = [$t0, t1, t2, \cdots, tf$]（要求是单调的）。

10.2　实验内容

10.2.1　求微分方程的解析解

对于可以用积分方法求解的微分方程和微分方程组，可用 dsolve 命令来求其通解或特解。例如，要求方程 $y''+y'-2y=0$ 的通解，通过输入：

```
y=dsolve('D2y+D1y-2*y=0','x') %一阶导数符号是 D1y 或 Dy，二阶导数符号是 D2y
```

执行以后就能得到含有两个任意常数 C1 和 C2 的通解：

```
y=C1*exp(x)+C2*exp(-2*x)
```

如果想求解微分方程的初值问题：$y''+4y'+3y=0, y|_{x=0}=6, y'|_{x=0}=10$，则只要输入：

```
y = dsolve('D2y+4*Dy+3*y = 0','y(0) = 6,Dy(0) = 10','x')
%用单引号对'  '把方程和初始条件分别括起来
```

输出为：

```
y=14*exp(-x)-8*exp(-3*x)
```

【例 1】　求微分方程 $y'+2xy=xe^{-x^2}$ 的通解。

输入：

```
clear;
dsolve('Dy+2*x*y=x*exp(-x^2)','x')
```

便得到微分方程的通解：

```
C1*exp(-x^2) + (x^2*exp(-x^2))/2
```

其中，C1 是任意常数。

【例 2】 求微分方程 $xy' + y - e^{-x} = 0$ 在初始条件 $y|_{x=1} = 2e$ 下的特解。

输入：

```
clear;
dsolve('x*Dy+y-exp(-x)=0','y(1)=2*exp(1)','x')
```

就可以得到特解：

```
(exp(-1) - exp(-x) + 2*exp(1))/x
```

【例 3】 求微分方程 $y'' - 2y' + 5y = e^x \cos 2x$ 的通解。

输入：

```
clear;
simplify(dsolve('D2y-2*Dy+5*y=exp(x)*cos(2*x)','x'))
```

或

```
clear;
syms y(x)
Dy = diff(y);
D2y = diff(y,2);
simplify(dsolve(D2y-2*Dy+5*y==exp(x)*cos(2*x), 'x'))
```

便得到通解：

```
(exp(x)*(cos(2*x) + 2*x*sin(2*x) + 8*C1*cos(2*x) + 8*C2*sin(2*x)))/8
```

解微分方程组时的命令格式为：

```
[x,y]=dsolve('Dx=f(x,y)','Dy=g(x,y)')
```

或：

```
s=dsolve('Dx=f(x,y)','Dy=g(x,y)')
```

【例 4】 求微分方程组 $\begin{cases} \dfrac{dx}{dt} + x + 2y = e^t \\ \dfrac{dy}{dt} - x - y = 0 \end{cases}$ 在初始条件 $\begin{cases} x|_{t=0} = 1 \\ y|_{t=0} = 0 \end{cases}$ 下的特解。

输入：

```
clear;
[x,y]=dsolve('Dx=-x-2*y+exp(t)','Dy=x+y','x(0)=1','y(0)=0')
```

或：

```
[x,y]=dsolve('Dx=-x-2*y+exp(t)','Dy=x+y','x(0)=1,y(0)=0')
```

则得到特解：

```
x=cos(t)
y=exp(t)/2 - cos(t)/2 + sin(t)/2
```

10.2.2 欧拉折线法

首先扼要介绍欧拉折线法的思想。给定微分方程 $y'=f(x,y)$ 和初始条件 $y(x_0)=y_0$，考虑 $y(x)$ 的线性近似：

$$L(x)=y(x_0)+y'(x_0)(x-x_0)$$

如果 x 在包含 x_0 的很短的区间内，则函数 $L(x)$ 是 $y(x)$ 的很好近似。欧拉折线法是通过一系列线性近似得到在较长区间内 $y(x)$ 的近似解。

设 $x_1=x_0+\mathrm{d}x$，如果增量 $\mathrm{d}x$ 很小，则：

$$y_1=L(x_1)=y_0+f(x_0,y_0)\mathrm{d}x$$

是对精确值 $y=y(x_1)$ 的很好近似。所以，从曲线上的点 (x_0,y_0) 出发首先得到与 $(x_1,y(x_1))$ 非常近似的 (x_1,y_1)。再利用 (x_1,y_1) 和斜率 $f(x_1,y_1)$，可以进行下一步。

设 $x_2=x_1+\mathrm{d}x$，再通过线性近似：

$$y_2=y_1+f(x_1,y_1)\mathrm{d}x$$

得到 $(x_2,y(x_2))$ 的近似值 (x_2,y_2)。

第三步，由 (x_2,y_2) 和斜率 $f(x_2,y_2)$ 得到：

$$y_3=y_2+f(x_2,y_2)\mathrm{d}x$$

……

连接 (x_0,y_0)，(x_1,y_1)，(x_2,y_2)，(x_3,y_3)，…的折线就是微分方程 $y'=f(x,y)$ 满足初始条件 $y(x_0)=y_0$ 的一个近似解。因此用欧拉折线法求近似解的一般步骤是：

$$\begin{array}{ll} x_1=x_0+\mathrm{d}x & y_1=y_0+f(x_0,y_0)\mathrm{d}x \\ x_2=x_1+\mathrm{d}x & y_2=y_1+f(x_1,y_1)\mathrm{d}x \\ \cdots\cdots & \cdots\cdots \\ x_n=x_{n-1}+\mathrm{d}x & y_n=y_{n-1}+f(x_{n-1},y_{n-1})\mathrm{d}x \end{array}$$

MATLAB 可以轻易完成这些计算。

【例 5】 用欧拉折线法解初值问题：

$$y'=1+y\text{，}\quad y(0)=1\quad (x_0=0,\mathrm{d}x=0.1) \tag{1}$$

计算过程是：

$$
\begin{aligned}
&x_0 = 0 && y_0 = 1 \\
&x_1 = x_0 + \mathrm{d}x = 0.1 && y_1 = y_0 + f(x_0, y_0)\mathrm{d}x = y_0 + (1 + y_0)\mathrm{d}x = 1.2 \\
&x_2 = x_1 + \mathrm{d}x = 0.2 && y_2 = y_1 + f(x_1, y_1)\mathrm{d}x = y_1 + (1 + y_1)\mathrm{d}x = 1.42 \\
&x_3 = x_2 + \mathrm{d}x = 0.3 && y_3 = y_2 + f(x_2, y_2)\mathrm{d}x = y_2 + (1 + y_2)\mathrm{d}x = 1.662 \\
&\cdots\cdots && \cdots\cdots
\end{aligned}
$$

所以用 MATLAB 进行计算时，输入：

```
clear
szy=[];
y=1;
szy=[szy; y];
for x=0.1:0.1:1
  y= y+(1+y)*0.1;
  szy=[szy; y];
end
szy
```

输出为用欧拉折线法算出的初值问题(1)在结点 $x = 0:0.1:1$ 处的数值解（存放在数组 szy 中）。

```
szy=
    1.0000
    1.2000
    1.4200
    1.6620
    1.9282
    2.2210
    2.5431
    2.8974
    3.2872
    3.7159
    4.1875
```

而输入：

```
y=dsolve('Dy=1+y','y(0)=1','x')
```

可以算得初值问题(1)的精确解是：

```
y=2*exp(x)-1
```

为了比较精确解和近似解的误差，编写程序算出精确解在结点 $x = 0:0.1:1$ 处相应的纵坐标（存放在数组 jqy 中）。

```
jqy=[];
for x=0:0.1:1
  y= -1+2.*exp(x);
  jqy=[jqy;y];
end
jqy
```

输出为:

```
jqy=
    1.0000
    1.2103
    1.4428
    1.6997
    1.9836
    2.2974
    2.6442
    3.0275
    3.4511
    3.9192
    4.4366
```

接下来，把解曲线和折线在同一坐标系中画出来，输入:

```
plot(0:0.1:1,szy,'b',0:0.1:1, jqy,'r')
```

得到图 10.1。

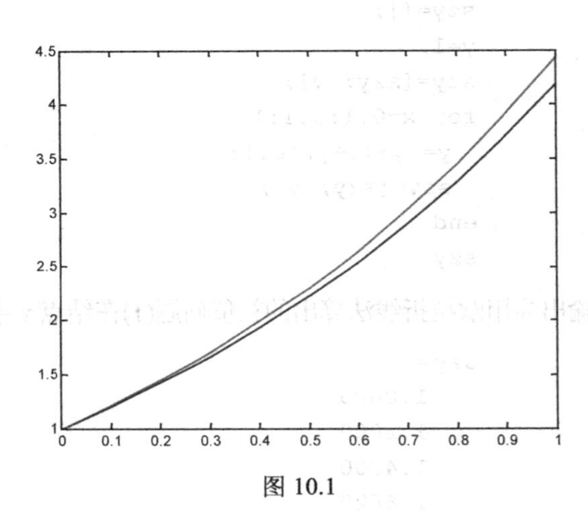

图 10.1

从输出容易观察到: 欧拉折线法在经过多步以后，其误差会积累起来。输入:

```
err=jqy-szy
```

输出为在 0,0.1,0.2,…,1.0 处精确解和近似解的差。

```
err=
         0
    0.0103
    0.0228
    0.0377
    0.0554
    0.0764
    0.1011
    0.1301
    0.1639
    0.2033
    0.2491
```

可以看到在 $x = 1$ 处，相对误差大约为 5.6%。为了减少误差，一个方法是减少步长 dx 的值。另外在近似算法上也有很多改进办法。

例如，用改进的欧拉折线法可以算出初值问题(1)在结点 $x = 0:0.1:1$ 处的数值解（存放在数组 gjszy 中）。

```
x=0:0.1:1;
h=0.1;
gjszy=[];
y=1;
gjszy=[gjszy; y];
for i=1:1:length(x)-1
    y1= y+(1+y)*h;
    y=y+(1+y+1+y1)*h/2;
    gjszy=[gjszy; y];
end
gjszy
plot(x, gjszy,'c+', x, jqy,'r')
```

输出为：

```
gjszy=
     1.0000
     1.2100
     1.4421
     1.6985
     1.9818
     2.2949
     2.6409
     3.0231
     3.4456
     3.9124
     4.4282
```

结果见图 10.2。

用四阶龙格-库塔法，输入：

```
x=0:0.1:1;
h=0.1;
szyode=[];
y=1;
szyode=[szyode; y];
for i=1:1:length(x)-1
   k1=1+y;
```

```
      k2=1+y+k1*h/2;
      k3=1+y+k2*h/2;
      k4=1+y+k3*h;
      y=y+(k1+2*k2+2*k3+k4)*h/6;
      szyode=[szyode; y];
   end
   szyode
   plot(x, szyode, 'g*', x, jqy,'r')
```

输出为：

```
   szyode =
      1.0000
      1.2103
      1.4428
      1.6997
      1.9836
      2.2974
      2.6442
      3.0275
      3.4511
      3.9192
      4.4366
```

结果见图 10.3。

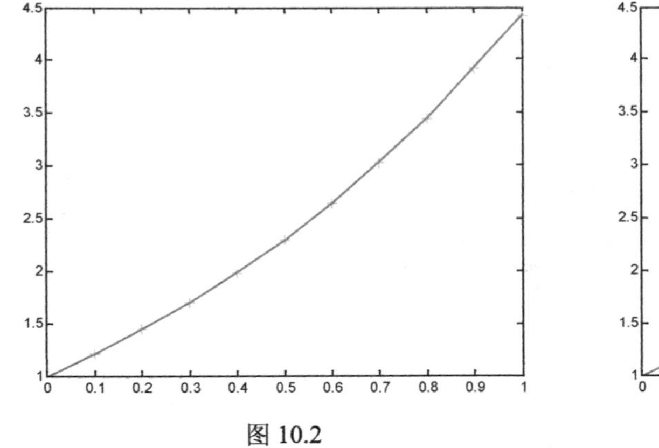

图 10.2

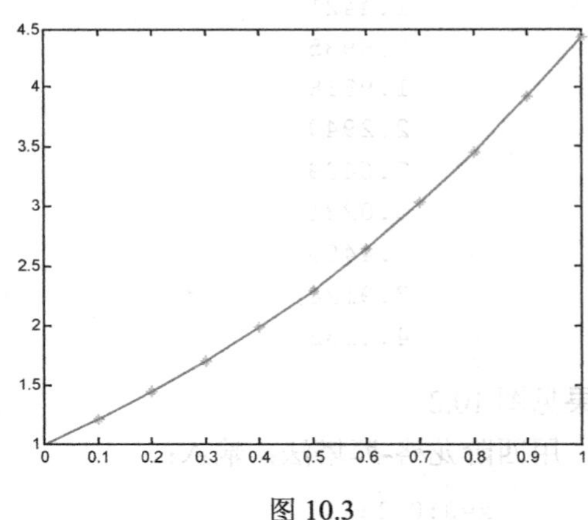

图 10.3

10.2.3 求微分方程的数值解

对于不可以用积分方法求解的微分方程初值问题，可以用二三阶龙格-库塔法 ode23 或四五阶龙格-库塔法 ode45 命令来求其数值解。

例如，要求方程 $y'=y^2+x^3, y|_{x=0}=0.5$ 的近似解($0\leqslant x\leqslant 1.5$)，输入：

```
fun=inline('y^2+x^3','x','y');
ode23(fun,[0,1.5],0.5)
%绘制初值问题的数值解曲线，命令中的[0,1.5]表示x相应的区间，0.5表示y的初值
```

输出见图 10.4，图中圆圈表示计算过程中选取的结点。要得到结点处的坐标，输入：

```
[x,y]=ode23(fun,[0,1.5],0.5);
[x,y]  %显示结点处的坐标
```

输出为：

```
ans=
         0    0.5000
    0.1500    0.5407
    0.3000    0.5904
    0.4500    0.6566
    0.6000    0.7526
    0.7408    0.8893
    0.8658    1.0735
    0.9763    1.3164
    1.0732    1.6285
    1.1570    2.0208
    1.2287    2.5060
    1.2895    3.0994
    1.3406    3.8206
    1.3833    4.6946
    1.4188    5.7522
    1.4484    7.0321
    1.4728    8.5813
    1.4930   10.4578
    1.5000   11.3080
```

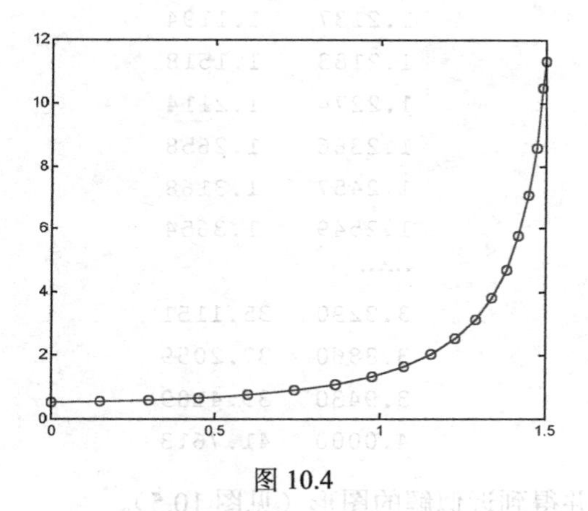

图 10.4

因为用 ode23 或 ode45 命令得到的输出是解 $y=y(x)$ 的近似值。首先在区间[0,1.5]内插入一系列点 $x_1,x_2,\cdots,x_n$，计算出在这些点上函数的近似值 $y_1,y_2,\cdots,y_n$，再通过插值方法得到 $y=y(x)$ 在区间上的近似解。因此，ode23 或 ode45 命令的输出只能用省略的形式给出。可以通过作图对函数作进一步的了解。

【例 6】 求初值问题 $(1+xy)y+(1-xy)y'=0, y|_{x=1.2}=1$ 在区间[1.2,4]上的近似解，并作图。

输入：

```
fun=inline('(1+x*y)*y/(x*y-1) ','x','y');
[x,y]=ode45(fun,[1.2,4],1);
```

```
[x,y]
ode45(fun,[1.2,4],1)  % 或用 plot(x,y)
```

其输出为数值近似解（插值函数）的形式：

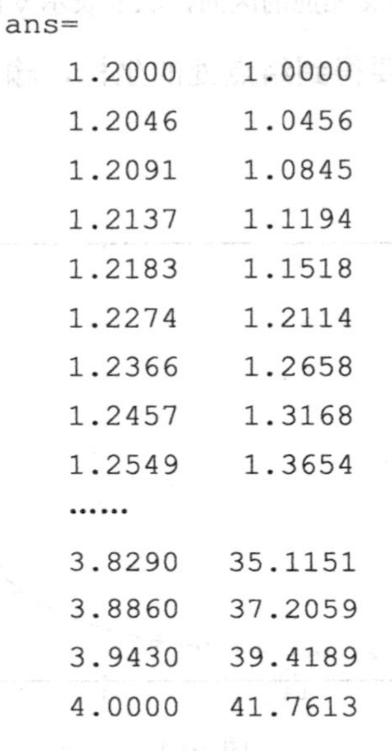

```
ans=
    1.2000    1.0000
    1.2046    1.0456
    1.2091    1.0845
    1.2137    1.1194
    1.2183    1.1518
    1.2274    1.2114
    1.2366    1.2658
    1.2457    1.3168
    1.2549    1.3654
    ……
    3.8290   35.1151
    3.8860   37.2059
    3.9430   39.4189
    4.0000   41.7613
```

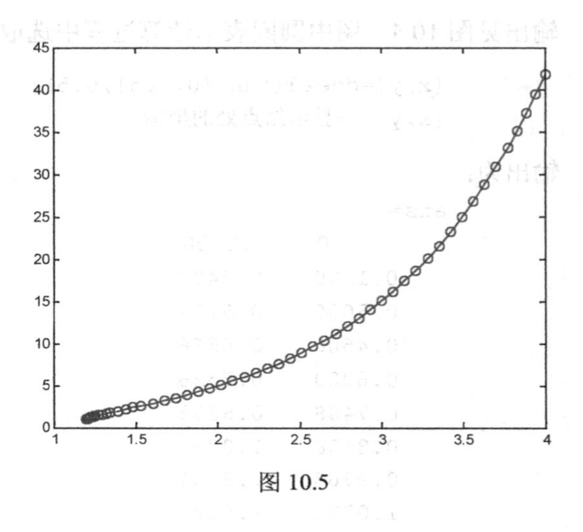

图 10.5

并得到近似解的图形（见图 10.5）。

【例 7】 求 Van der Pol 方程 $y''-(1-y^2)y'+y=0$, $y|_{x=0}=0$, $y'|_{x=0}=-0.5$ 在区间[0,20]上的近似解。

令 $y_1=y$, $y_2=\dfrac{\mathrm{d}y}{\mathrm{d}x}$，原方程化为方程组 $\begin{cases}\dfrac{\mathrm{d}y_1}{\mathrm{d}x}=y_2\\ \dfrac{\mathrm{d}y_2}{\mathrm{d}x}=(1-{y_1}^2)y_2-y_1\end{cases}$ 。

单击 File : New : M-file 打开命令窗口，输入以下程序，建立并保存函数文件 vdp1.m:

```
function [dydt] = vdp1(t,y)
dydt = [y(2); (1-y(1)^2)*y(2)-y(1)];
end
```

回到 MTLAB 命令窗口，输入求 Van der Pol 方程近似解命令:

```
[t,y]=ode23(@vdp1,[0 20],[0 -0.5]);
plot(t,y(:,1));
```

可以观察到近似解的图形（见图 10.6）。

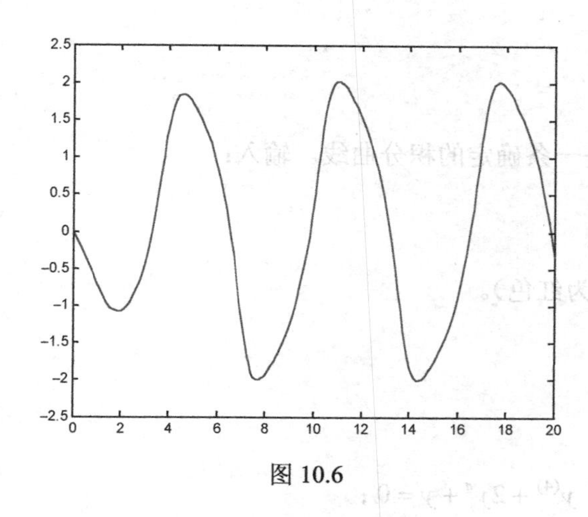

图 10.6

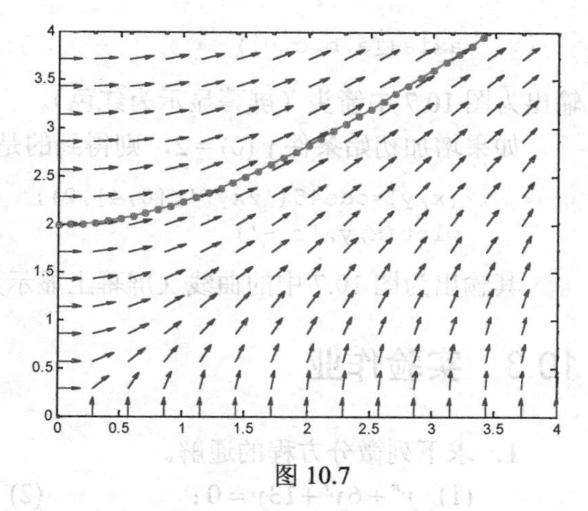

图 10.7

10.2.4　一阶微分方程的斜率场

设一阶微分方程的形式为 $y'=f(x,y)$，即研究导数已经解出的一阶方程。其中，$f(x,y)$ 是已知函数。由导数的几何意义，未知函数 y 的斜率是平面上点 (x,y) 的函数。因此，可以在 xoy 平面上的每一点，作出过该点的以 $f(x,y)$ 为斜率的一条很短的直线（即是未知函数 y 的切线）。这样得到的一个图形就是微分方程 $y'=f(x,y)$ 的斜率场。为便于观察，实际上只要在 xoy 平面上取适当多的点，作出在这些点的函数的切线。观察这样的斜率场，就可以得到方程 $y'=f(x,y)$ 的近似积分曲线。

【例 8】 绘制微分方程 $\dfrac{dy}{dx}=\dfrac{x}{y}$ 的斜率场和解曲线。

因为没有给出初始条件，所以先建立并保存成函数文件 zxyf.m。

```
function [Dy]=zxyf(x,y)
Dy=x./y;
end                  %计算斜率函数
```

编写命令文件：

```
clf,clear;
a=0; b=4;
c=0; d=4;
n=15;
[x,y]=meshgrid(linspace(a,b,n),linspace(c,d,n));    %生成区域中的网格
f=x./y;
Fx=cos(atan(x./y)); Fy=sqrt(1-Fx.^2);                %计算切线斜率矢量
quiver(x,y,Fx,Fy,0.5) %在每一网格点画出相应的切线斜率矢量，0.5是控制矢量大
                       小的参数
hold on
```

```
axis([a,b,c,d])
```

输出为图 10.7 中箭头（屏幕显示为红色）。

如果增加初始条件 $y(0)=2$，则得到的是一条确定的积分曲线。输入：

```
[x,y]=ode45('zxyf',[0,4],2);
plot(x,y,'r.-')
```

其输出为图 10.7 中的曲线（屏幕上显示为红色）。

10.3 实验作业

1. 求下列微分方程的通解。

(1) $y''+6y'+13y=0$；　　(2) $y^{(4)}+2y''+y=0$；

(3) $y^{(4)}-2y'''+y''=0$；　　(4) $y''-2y'+5y=\mathrm{e}^x\sin 2x$；

(5) $y''-6y'+9y=(x+1)\mathrm{e}^{3x}$。

2. 求下列微分方程的特解。

(1) $y''+4y'+29y=0, y|_{x=0}=0, y'|_{x=0}=15$；

(2) $y''-y=4x\mathrm{e}^x, y|_{x=0}=0, y'|_{x=0}=1$；

(3) $y''+y+\sin 2x=0, y|_{x=\pi}=1, y'|_{x=\pi}=1$。

3. 求微分方程 $(x^2-1)y'+2xy-\cos x=0$ 在初始条件 $y|_{x=0}=1$ 下的特解。分别求精确解和数值解($0\leqslant x\leqslant 0.9$)并作图。

4. 求微分方程组 $\begin{cases}\dfrac{\mathrm{d}x}{\mathrm{d}t}+5x+y=\mathrm{e}^t\\ \dfrac{\mathrm{d}y}{\mathrm{d}t}-x-3y=\mathrm{e}^{2t}\end{cases}$ 的通解。

5. 求微分方程组 $\begin{cases}\dfrac{\mathrm{d}x}{\mathrm{d}t}+3x-y=0,\ x|_{t=0}=1\\ \dfrac{\mathrm{d}y}{\mathrm{d}t}-8x+y=0, y|_{t=0}=4\end{cases}$ 的特解。

6. 求欧拉方程 $x^2y''+xy'-4y=x^3$ 的通解。

7. 求方程 $y''+xy'+y=0, y|_{x=1}=0, y'|_{x=1}=5$ 在区间[0,4]上的近似解。

第三篇　线性代数实验

实验十一　向量、矩阵与行列式

实验目的

掌握矩阵的输入方法。掌握利用 MATLAB 命令对矩阵进行转置、加、减、数乘、相乘、乘方等运算，以及求逆矩阵和计算行列式。

11.1　学习 MATLAB 命令

11.1.1　向量的生成

(1) 在“命令”窗口中直接输入向量

在 MATLAB 中，生成向量最简单的方法就是在“命令”窗口中按一定格式直接输入。输入的格式要求是：向量元素用“[ ]”括起来，元素之间用空格、逗号或分号相隔。需要注意的是，用空格或逗号相隔生成行向量，用分号相隔生成列向量。

(2) 使用向量的生成函数

冒号生成法：基本格式为 vec＝vec0:*n*:vec*n*，其中，vec 表示生成的向量，vec0 表示第一个元素，*n* 表示步长，vec*n* 表示最后一个元素。

使用线性等分向量函数 linspace：基本格式为 vec＝linspace(vec0, vec*n*, *n*)，其中 vec 表示生成的向量，vec0 表示第一个元素，vec*n* 表示最后一个元素，*n* 表示生成向量元素的个数。

11.1.2　向量的点积、叉积和混合积

当向量 a, b, c 具有相同的维数时，用命令 dot(*a*, *b*)或 sum(*a*.**b*)可以计算出向量 a 与 b 的点积，用命令 cross(*a*, *b*)计算三维向量 a 与 b 的叉积，用命令 dot(*a*, cross(*b*, *c*))计算三维向量 a, b, c 的混合积。

11.1.3 矩阵的生成

(1) 在“命令”窗口中直接输入矩阵

把矩阵的元素直接排列到方括号中，每行内的元素用空格或逗号相隔，行与行之间用分号相隔。

(2) 通过语句和函数产生矩阵

在命令窗口中输入如下语句，并按 Enter 键确认：

```
for i=1:5,
    for j=1:5,
        a(i,j)=1/(i+j-1);
    end
  end
a
```

另外，命令 zeros(m,n)生成 $m \times n$ 阶零矩阵；命令 ones(m,n)生成 $m \times n$ 阶全 1 矩阵；命令 eye(n)生成 n 阶单位矩阵；命令“v = [1,2,3,4]；E = diag(v)”生成主对角线上的元素为 1,2,3,4 的对角矩阵；命令 rand(m,n)生成 $m \times n$ 阶随机矩阵，其元素从均匀分布 U(0,1) 变量中随机抽取；命令 randn(n)生成 n 阶随机矩阵，其元素从正态分布 N(0,1) 变量中随机抽取；命令 J = magic(n)生成 n 阶魔术矩阵，其每行、每列及每条主对角线的元素和相等；命令 K = hilb(n)生成 n 阶 Hilbert 矩阵；命令 L = invhilb(n)生成 n 阶反 Hilbert 矩阵；命令“v = [1 2 3 4 5]；M = vander(v)”生成 5 阶范德蒙德矩阵。

此外，还可以在 M 文件中建立矩阵，或从外部的数据文件中导入矩阵。

命令 transpose($\boldsymbol{A}$)或 $\boldsymbol{A}'$，给出矩阵 $\boldsymbol{A}$ 的转置 $\boldsymbol{A}^{\mathrm{T}}$。同型矩阵 $\boldsymbol{A}$ 与 $\boldsymbol{B}$ 的加法用 $\boldsymbol{A}$+$\boldsymbol{B}$ 表示；数 k 与矩阵 $\boldsymbol{A}$ 的乘法，用 k*$\boldsymbol{A}$ 表示；矩阵 $\boldsymbol{A}$ 与矩阵 $\boldsymbol{C}$ 的乘法用 $\boldsymbol{A}$*$\boldsymbol{C}$ 表示；矩阵 $\boldsymbol{A}$ 与矩阵 $\boldsymbol{C}$ 的除法 $\boldsymbol{A}/\boldsymbol{C}$ 用 $\boldsymbol{A}\boldsymbol{C}^{-1}$ 表示；命令 $\boldsymbol{A}$^n 给出方阵 $\boldsymbol{A}$ 的 n 次幂。命令 inv ($\boldsymbol{A}$)给出方阵 $\boldsymbol{A}$ 的逆。运用 det ($\boldsymbol{A}$)命令可以求得一个方阵 $\boldsymbol{A}$ 的行列式。

11.2 实验内容

11.2.1 向量的输入与向量的基本运算

【例 1】 练习向量的输入，并求向量的转置。

输入：

```
a1=[1,3,5,7,9]          %输入行向量
a2=[1 3 5 7 9]          %输入行向量，逗号可以用空格代替
a3=[1;3;5;7;9]          %输入列向量
a4=transpose(a1)
```

输出为：

```
a1=
   1     3     5     7     9
a2=
   1     3     5     7     9
a3=
   1
   3
   5
   7
   9
a4=
   1
   3
   5
   7
   9
```

【例 2】　等差元素向量的生成。

输入：

```
vec1=10:5:80                   %10 为第一个元素，5 为步长，80 为最后一个元素
vec2=linspace(10,80,15)        %10 为第一个元素，80 为最后一个元素，15 为生成向量
                                的元素个数
```

输出为：

```
vec1=
    10  15  20  25  30  35  40  45  50  55  60  65  70  75  80
Vec2=
    10  15  20  25  30  35  40  45  50  55  60  65  70  75  80
```

【例 3】　求向量 $\boldsymbol{u}=[1,2,3]$ 与 $\boldsymbol{v}=[1,-1,0]$ 的点积、叉积以及与 $\boldsymbol{w}=(5,2,1)$ 的混合积。

输入：

```
u=[1,2,3];
v=[1,-1,0];
a=dot(u,v)                     %用向量的点积函数 dot 计算向量的点积
b=sum(u.*v)                    %采用 sum 函数计算向量的点积
```

输出为：

```
a=-1
b=-1
```

输入：

```
c=cross(u,v)                        %用向量的叉积函数 cross 计算向量的叉积
```

输出为：

```
c=
 3     3    -3
```

输入：

```
w=[5,2,1];
d=dot(w,cross(u,v))                 %计算向量的混合积
```

输出为：

```
d=
 18
```

11.2.2 特殊矩阵的生成

【例 4】 特殊矩阵的生成。

输入：

```
A=zeros(3,5)                        %生成 3×5 阶零矩阵
B=zeros(4)                          %生成 4 阶零矩阵
C=ones(3,5)                         %生成 3×5 阶全 1 矩阵
D=ones(4)                           %生成 4 阶全 1 矩阵
```

输出为：

```
A=
 0     0     0     0     0
 0     0     0     0     0
 0     0     0     0     0
B=
 0     0     0     0
 0     0     0     0
 0     0     0     0
 0     0     0     0
C=
 1     1     1     1     1
 1     1     1     1     1
 1     1     1     1     1
D=
 1     1     1     1
 1     1     1     1
```

```
1    1    1    1
1    1    1    1
```

输入：

```
v=[1,2,3,4];
E=diag(v)          %生成主对角线上的元素为1,2,3,4的对角矩阵
F=diag(v,2)        %生成在偏离主对角线以上两列的位置矩阵元素为1,2,3,4，其余为0
G=diag(v,-1)       %生成在偏离主对角线以下一列的位置矩阵元素为1,2,3,4，其余为0
```

输出为：

```
E=
 1    0    0    0
 0    2    0    0
 0    0    3    0
 0    0    0    4
F=
 0    0    1    0    0    0
 0    0    0    2    0    0
 0    0    0    0    3    0
 0    0    0    0    0    4
 0    0    0    0    0    0
 0    0    0    0    0    0
G=
 0    0    0    0    0
 1    0    0    0    0
 0    2    0    0    0
 0    0    3    0    0
 0    0    0    4    0
```

输入：

```
H=rand(2,3)        %生成3×2阶随机矩阵，其元素从均匀分布U(0,1)变量中随机抽取
I=randn(3)         %生成3阶随机矩阵，其元素从正态分布N(0，1)变量中随机抽取
J=magic(4)         %生成4阶魔术矩阵，其每行、每列及每条主对角线的元素和相等
```

输出为：

```
H=
 0.9218    0.1763    0.9355
 0.7382    0.4057    0.9169
I=
 -0.0956   -1.3362   -0.6918
 -0.8323    0.7143    0.8580
```

```
0.2944    1.6236    1.2540
J=
16     2     3    13
 5    11    10     8
9      7     6    12
4     14    15     1
```

输入：

```
K=hilb(3)          %生成 3 阶 Hilbert 矩阵
L=invhilb(3)       %生成 3 阶反 Hilbert 矩阵
```

输出为：

```
K=
 1.0000    0.5000    0.3333
 0.5000    0.3333    0.2500
 0.3333    0.2500    0.2000
L=
   9   -36    30
 -36   192  -180
  30  -180   180
```

输入：

```
v=[1 2 3 4 5];
M=vander(v)        %生成 5 阶范德蒙德矩阵
```

输出为：

```
M=
   1     1     1     1     1
  16     8     4     2     1
  81    27     9     3     1
 256    64    16     4     1
 625   125    25     5     1
```

11.2.3 矩阵的转置

【例 5】 求矩阵的转置。

输入：

```
A=[1,3,5,1; 7,4,6,1; 2,2,3,4]
B=transpose(A)
```

输出为：

```
A=
 1     3     5     1
 7     4     6     1
 2     2     3     4
B=
 1     7     2
 3     4     2
 5     6     3
 1     1     4
```

11.2.4 矩阵的加法、数乘和矩阵乘法

【例 6】 设$\boldsymbol{A}=\begin{pmatrix}3&4&5\\4&2&6\end{pmatrix},\boldsymbol{B}=\begin{pmatrix}4&2&7\\1&9&2\end{pmatrix}$，求$\boldsymbol{A}+\boldsymbol{B}$，$4\boldsymbol{B}-2\boldsymbol{A}$。

输入：

```
A=[3,4,5; 4,2,6];
B=[4,2,7; 1,9,2];
C=A+B
D=4*B-2*A
```

输出为：

```
C=
 7     6    12
 5    11     8
D=
 10     0    18
 -4    32    -4
```

如果矩阵 $\boldsymbol{A}$ 的列数等于矩阵 $\boldsymbol{B}$ 的行数，则可进行求 $\boldsymbol{AB}$ 的运算。系统中乘法运算符为“*”，即用 **A*B** 求 $\boldsymbol{A}$ 与 $\boldsymbol{B}$ 的乘积。对方阵 $\boldsymbol{A}$，可用 **A^n** 求其 n 次幂。

【例 7】 设$\boldsymbol{A}=\begin{pmatrix}3&4&5&2\\4&2&6&3\end{pmatrix}$，$\boldsymbol{B}=\begin{pmatrix}4&2&7\\1&9&2\\0&3&5\\8&4&1\end{pmatrix}$，求矩阵 $\boldsymbol{A}$ 与 $\boldsymbol{B}$ 的乘积。

输入：

```
A=[3,4,5,2;4,2,6,3];
B=[4,2,7;1,9,2;0,3,5;8,4,1];
A*B
```

输出为：

```
ans=
```

```
    32    65    56
    42    56    65
```

输入：

```
hilb(3)*invhilb(3) %生成 3 阶 Hilbert 矩阵左乘 3 阶反 Hilbert 矩阵
```

输出为：

```
ans=
    1     0     0
    0     1     0
    0     0     1
```

【例 8】 设$\boldsymbol{A}=\begin{pmatrix}4&2&7\\1&9&2\\0&3&5\end{pmatrix}$，$\boldsymbol{B}=\begin{pmatrix}1\\0\\1\end{pmatrix}$，求$\boldsymbol{AB}$与$\boldsymbol{B}^{\mathrm{T}}\boldsymbol{A}$，并求$\boldsymbol{A}^3$。

输入：

```
A=[4,2,7;1,9,2;0,3,5];
B=[1;0;1];
A*B
```

输出为：

```
ans=
   11
   3
   5
```

这是列向量$\boldsymbol{B}$右乘矩阵$\boldsymbol{A}$的结果。如果输入：

```
transpose(B)*A
```

输出为：

```
ans=
    4     5    12
```

这是行向量$\boldsymbol{B}$左乘矩阵$\boldsymbol{A}$的结果$\boldsymbol{B}^{\mathrm{T}}\boldsymbol{A}$。

输入：

```
A^3
```

输出为：

```
ans=
   119   660   555
   141   932   444
    54   477   260
```

11.2.5 求方阵的行列式

运用 det 命令可以求得一个方阵的行列式。

【例 9】 求行列式 $\boldsymbol{D}=\begin{vmatrix}3 & 1 & -1 & 2\\-5 & 1 & 3 & -4\\2 & 0 & 1 & -1\\1 & -5 & 3 & -3\end{vmatrix}$ 的值。

输入：

```
A=[3,1,-1,2; -5,1,3,-4; 2,0,1,-1; 1,-5,3,-3];
det(A)
```

输出为：

```
ans=40.0000
```

【例 10】 求 $\boldsymbol{D}=\begin{vmatrix}a^2+\dfrac{1}{a^2} & a & \dfrac{1}{a} & 1\\b^2+\dfrac{1}{b^2} & b & \dfrac{1}{b} & 1\\c^2+\dfrac{1}{c^2} & c & \dfrac{1}{c} & 1\\d^2+\dfrac{1}{d^2} & d & \dfrac{1}{d} & 1\end{vmatrix}$ 的值。

输入：

```
syms a b c d
A=[a^2+(1/a)^2  a  1/a  1; b^2+(1/b)^2  b  1/b  1;c^2+(1/c)^2  c  1/c
1; d^2+(1/d)^2  d  1/d  1]
det(A)
```

输出为：

```
-(a^4*b^3*c^2*d - a^4*b^3*c*d^2 - a^4*b^2*c^3*d + a^4*b^2*c*d^3 +
a^4*b*c^3*d^2 - a^4*b*c^2*d^3 - a^3*b^4*c^2*d + a^3*b^4*c*d^2 + a^3*b^2*c^4*d
- a^3*b^2*c*d^4 - a^3*b^2*c + a^3*b^2*d - a^3*b*c^4*d^2 + a^3*b*c^2*d^4 +
a^3*b*c^2 - a^3*b*d^2 - a^3*c^2*d + a^3*c*d^2 + a^2*b^4*c^3*d - a^2*b^4*c*d^3
- a^2*b^3*c^4*d + a^2*b^3*c*d^4 + a^2*b^3*c - a^2*b^3*d + a^2*b*c^4*d^3 -
a^2*b*c^3*d^4 - a^2*b*c^3 + a^2*b*d^3 + a^2*c^3*d - a^2*c*d^3 - a*b^4*c^3*d^2
+ a*b^4*c^2*d^3 + a*b^3*c^4*d^2 - a*b^3*c^2*d^4 - a*b^3*c^2 + a*b^3*d^2 -
a*b^2*c^4*d^3 + a*b^2*c^3*d^4 + a*b^2*c^3 - a*b^2*d^3 - a*c^3*d^2 + a*c^2*d^3
+ b^3*c^2*d - b^3*c*d^2 - b^2*c^3*d + b^2*c*d^3 + b*c^3*d^2 - b*c^2*d^3)/
(a^2*b^2*c^2*d^2)
```

再输入：

```
simplify(det(A))
```

输出为：

```
ans =
 -((a*b*c*d - 1)*(a - b)*(a - c)*(a - d)*(b - c)*(b - d)*(c - d))/
(a^2*b^2*c^2*d^2)
```

【例 11】 计算范德蒙德行列式$\begin{vmatrix} 1 & 1 & 1 & 1 & 1 \\ x_1 & x_2 & x_3 & x_4 & x_5 \\ x_1^2 & x_2^2 & x_3^2 & x_4^2 & x_5^2 \\ x_1^3 & x_2^3 & x_3^3 & x_4^3 & x_5^3 \\ x_1^4 & x_2^4 & x_3^4 & x_4^4 & x_5^4 \end{vmatrix}$的值。

输入：

```
syms x1 x2 x3 x4 x5
A=[1,1,1,1,1; x1 x2 x3 x4 x5; (x1)^2 (x2)^2 (x3)^2 (x4)^2 (x5)^2; (x1)^3
(x2)^3 (x3)^3 (x4)^3 (x5)^3; (x1)^4 (x2)^4 (x3)^4 (x4)^4 (x5)^4];
d1=simplify(det(A))
d2=factor(det(A))
```

输出为：

```
d1 =
(x1 - x2)*(x1 - x3)*(x1 - x4)*(x2 - x3)*(x1 - x5)*(x2 - x4)*(x2 - x5)*(x3
- x4)*(x3 - x5)*(x4 - x5)
d2 =
(x4 - x5)*(x3 - x5)*(x3 - x4)*(x2 - x5)*(x2 - x4)*(x2 - x3)*(x1 - x5)*(x1
- x4)*(x1 - x3)*(x1 - x2)
```

11.2.6 求方阵的逆

在线性代数中，如果 n 阶方阵 A 可逆，则其逆矩阵为$A^{-1}=\frac{A^*}{|A|}$，其中，A^*为矩阵 A 的伴随矩阵。

MATLAB 系统可对可逆矩阵 A 直接求逆，求逆命令为 inv (A)。

【例 12】 设$A=\begin{pmatrix} 2 & 1 & 3 & 2 \\ 5 & 2 & 3 & 3 \\ 0 & 1 & 4 & 6 \\ 3 & 2 & 1 & 5 \end{pmatrix}$，求$A^{-1}$。

输入：

```
A=[2,1,3,2;5,2,3,3;0,1,4,6;3,2,1,5];
det(A)
inv(A)
```

输出为：

```
ans=-16
ans=
   -1.7500    1.3125    0.5000   -0.6875
    5.5000   -3.6250   -2.0000    2.3750
    0.5000   -0.1250    0.0000   -0.1250
   -1.2500    0.6875    0.5000   -0.3125
```

也可以输入：

```
inv(sym(A))
```

输出为：

```
ans=
    [-7/4,21/16,1/2,-11/16]
    [11/2,-29/8,-2,19/8]
    [1/2,-1/8,0,-1/8]
    [-5/4,11/16,1/2,-5/16]
```

这是符号运算结果。

【例 13】 设 $\boldsymbol{A}=\begin{pmatrix}3&0&4&4\\2&1&3&3\\1&5&3&4\\1&2&1&5\end{pmatrix}$，$\boldsymbol{B}=\begin{pmatrix}0&3&2\\7&1&3\\1&3&3\\1&2&2\end{pmatrix}$，求 $\boldsymbol{A}^{-1}\boldsymbol{B}$。

输入：

```
A=[3,0,4,4;2,1,3,3;1,5,3,4;1,2,1,5];
B=[0,3,2;7,1,3;1,3,3;1,2,2];
det(A)
inv(sym(A))*B
```

输出为：

```
ans=3.0000
ans=
    [164,-97/3,30]
```

```
[48,-28/3,9]
[-89,18,-16]
[-34,7, -6]
```

对于线性方程组 $\boldsymbol{AX}=\boldsymbol{b}$，如果 $\boldsymbol{A}$ 是可逆矩阵，$\boldsymbol{X},\boldsymbol{b}$ 是列向量，则其解向量为 $\boldsymbol{A}^{-1}\boldsymbol{b}$。

【例 14】 求方程组 $\begin{cases}3x+2y+z=7\\x-y+3z=6\\2x+4y-4z=-2\end{cases}$ 的解。

输入：

```
A=[3,2,1;1,-1,3;2,4,- 4];
b=[7;6;-2];
det(A)
inv(A)*b
```

输出为：

```
ans=2
ans=
    1.0000
    1.0000
    2.0000
```

11.3 实验作业

1. 设 $\boldsymbol{A}=\begin{pmatrix}1&1&1\\1&1&-1\\1&-1&1\end{pmatrix}$，$\boldsymbol{B}=\begin{pmatrix}1&2&3\\-1&-2&4\\0&5&1\end{pmatrix}$，求 $3\boldsymbol{AB}-2\boldsymbol{A}$ 及 $\boldsymbol{A}^{\mathrm{T}}\boldsymbol{B}$。

2. 设 $\boldsymbol{A}=\begin{pmatrix}\lambda&1&0\\0&\lambda&1\\0&0&\lambda\end{pmatrix}$，求 $\boldsymbol{A}^2,\boldsymbol{A}^3,\boldsymbol{A}^4,\cdots,\boldsymbol{A}^{10}$，并由此推断出 $\boldsymbol{A}^k$ 的通用表达式（k 是正整数）。

3. 求 $\begin{pmatrix}1+a&1&1&1&1\\1&1+a&1&1&1\\1&1&1+a&1&1\\1&1&1&1+a&1\\1&1&1&1&1+a\end{pmatrix}$ 的逆。

4．设 $\boldsymbol{A}=\begin{pmatrix}4 & 2 & 3\\ 1 & 1 & 0\\ -1 & 2 & 3\end{pmatrix}$，且 $\boldsymbol{AB}=\boldsymbol{A}+2\boldsymbol{B}$，求 $\boldsymbol{B}$。

5．利用逆矩阵求线性方程组 $\begin{cases}x_1+2x_2+3x_3=1\\ 2x_1+2x_2+5x_3=2\\ 3x_1+5x_2+x_3=3\end{cases}$ 的解。

实验十二　矩阵的秩与向量组的最大无关组

实验目的

学习利用 MATLAB 命令求矩阵的秩，对矩阵进行初等行变换，求向量组的秩与最大无关组。

12.1　学习 MATLAB 命令

12.1.1　求矩阵的秩

矩阵的秩即矩阵不为零的子式的最高阶数。用命令 rank(A)可以求出矩阵 A 的秩。

12.1.2　用初等行变换求矩阵的行最简形

命令 rref(A) 返回矩阵 A 的行最简形。

12.2　实验内容

12.2.1　求矩阵的秩

【例 1】　设 $\boldsymbol{M}=\begin{pmatrix}3 & 2 & -1 & -3 & -2\\ 2 & -1 & 3 & 1 & -3\\ 7 & 0 & 5 & -1 & -8\end{pmatrix}$，求矩阵 $\boldsymbol{M}$ 的秩。

输入：

```
M=[3,2,-1,-3,-2; 2,-1,3,1,-3; 7,0,5,-1,-8];
rank(M)
```

输出为：

```
ans=
    2
```

【例 2】　已知矩阵 $\boldsymbol{M}=\begin{pmatrix}3 & 2 & -1 & -3\\ 2 & -1 & 3 & 1\\ 7 & 0 & t & -1\end{pmatrix}$ 的秩等于 2，求常数 t 的值。

左上角的二阶子式不等于 0。由于矩阵的秩为 2，因此其三阶子式应该都等于 0。输入：

```
syms t
M=[3,2,-1,-3; 2,-1,3,1; 7,0,t,-1];
det(M(1:3,1:3))
```

输出为：

```
ans=
   35 - 7*t
```

当 $t=5$ 时，有一个三阶子式等于 0，但是否所有的三阶子式都为 0 呢？输入：

```
M=[3,2,-1,-3; 2,-1,3,1; 7,0,5 ,-1];
rank(M)
```

输出为：

```
ans=
   2
```

说明此时矩阵的秩等于 2。

12.2.2 矩阵的初等行变换

命令 rref($\boldsymbol{A}$)把矩阵 $\boldsymbol{A}$ 化作行最简形，因此可以用初等行变换法求矩阵的秩和逆。

【例 3】　设矩阵 $\boldsymbol{A}=\begin{pmatrix}2 & -3 & 8 & 2\\ 2 & 12 & -2 & 12\\ 1 & 3 & 1 & 4\end{pmatrix}$，求 $\boldsymbol{A}$ 的秩。

输入：

```
A=[2,-3,8,2; 2,12,-2,12; 1,3,1,4];
rref(A)
```

输出为：

```
ans=
1.0000            0       3.0000     2.0000
     0       1.0000      -0.6667     0.6667
     0            0            0          0
```

因此，$\boldsymbol{A}$ 的秩为 2。

【例 4】 设 $A=\begin{pmatrix}1 & 2 & 3\\ 2 & 2 & 1\\ 3 & 4 & 3\end{pmatrix}$，证明矩阵 A 可逆，并用初等行变换求 A 的逆。

输入：

```
A=[1,2,3; 2,2,1; 3,4,3];
E=eye(3);                          %生成一个三阶单位矩阵
AE=[A E]
AENi=rref(AE)
```

输出为：

```
AE=
  1     2     3     1     0     0
  2     2     1     0     1     0
  3     4     3     0     0     1
AENi=
    1.0000         0         0    1.0000    3.0000   -2.0000
         0    1.0000         0   -1.5000   -3.0000    2.5000
         0         0    1.0000    1.0000    1.0000   -1.0000
```

可以看到，矩阵 A 的逆已经求出。为了取出 A 的逆，输入：

```
ANi=AENi(:,[4,5,6])              %只保留矩阵 AENi 的第四、五、六列
```

输出为：

```
ANi=
    1.0000    3.0000   -2.0000
   -1.5000   -3.0000    2.5000
    1.0000    1.0000   -1.0000
```

或输入：

```
AENi(:,[1,2,3])=[]               %删除矩阵 AENi 的第一、二、三列
```

输出为：

```
    1.0000    3.0000   -2.0000
   -1.5000   -3.0000    2.5000
    1.0000    1.0000   -1.0000
```

12.2.3 向量组的秩

矩阵的秩与它的行向量组，以及列向量组的秩相等，因此可以用命令 rref 求向量组的秩。

【例 5】　求向量组 $\alpha_1=(1,2,-1,1)$，$\alpha_2=(0,-4,5,-2)$，$\alpha_3=(2,0,3,0)$ 的秩。

将向量写作矩阵的行，输入：

```
A=[1,2,-1,1; 0,-4,5,-2; 2,0,3,0];
rref(A)
```

输出为：

```
ans=
    1.0000         0    1.5000         0
         0    1.0000   -1.2500    0.5000
         0         0         0         0
```

这里有两个非零行，因此矩阵的秩等于 2，它的行向量组的秩也等于 2。

【例 6】　向量组 $\boldsymbol{\alpha}_1=(1,1,2,3)$，$\boldsymbol{\alpha}_2=(1,-1,1,1)$，$\boldsymbol{\alpha}_3=(1,3,4,5)$，$\boldsymbol{\alpha}_4=(3,1,5,7)$ 是否线性相关?

向量组线性无关的充分必要条件是：它的秩等于其中的向量个数。

输入：

```
A=[1,1,2,3;1,-1,1,1;1,3,4,5;3,1,5,7];
rref(A)
```

输出为：

```
ans=
    1    0    0    2
    0    1    0    1
    0    0    1    0
    0    0    0    0
```

向量组的秩等于 3，而它包含 4 个向量，因此该向量组线性相关。

【例 7】　向量组 $\boldsymbol{\alpha}_1=(2,2,7)$，$\boldsymbol{\alpha}_2=(3,-1,2)$，$\boldsymbol{\alpha}_3=(1,1,3)$ 是否线性相关?

输入：

```
A=[2,2,7; 3,-1,2; 1,1,3];
rref(A)
```

输出为：

```
ans=
    1    0    0
    0    1    0
    0    0    1
```

向量组的秩等于 3，而它包含 3 个向量，因此该向量组线性无关。

12.2.4 向量组的最大无关组

用命令 rref 可以求向量组的最大无关组，并用最大无关组线性表示其他向量。此时，应将向量写作矩阵的列，做行初等变换。我们仍然将向量写作行，再用转置运算将行变成列。

【例 8】 求向量组 $\boldsymbol{\alpha}_1=(1,-1,2,4)$，$\boldsymbol{\alpha}_2=(0,3,1,2)$，$\boldsymbol{\alpha}_3=(3,0,7,14)$，$\boldsymbol{\alpha}_4=(1,-1,2,0)$，$\boldsymbol{\alpha}_5=(2,1,5,0)$ 的最大无关组，并将其他向量用最大无关组线性表示。

输入：

```
A=[1,-1,2,4;0,3,1,2;3,0,7,14;1,-1,2,0;2,1,5,0];
B=transpose(A);
rref(B)
```

输出为：

```
ans=
    1.0000         0    3.0000         0   -0.5000
         0    1.0000    1.0000         0    1.0000
         0         0         0    1.0000    2.5000
         0         0         0         0         0
```

在行最简形中有 3 个非零行，因此向量组的秩等于 3。非零行的首元素分别位于第一，二，四列，因此 $\boldsymbol{\alpha}_1,\boldsymbol{\alpha}_2,\boldsymbol{\alpha}_4$ 是向量组的一个最大无关组。第三列的前两个元素分别是 3, 1，于是 $\boldsymbol{\alpha}_3=3\boldsymbol{\alpha}_1+\boldsymbol{\alpha}_2$。第五列的前三个元素分别是-0.5,1,2.5，于是 $\alpha_5=-0.5\alpha_1+\alpha_2+2.5\alpha_4$。

12.2.5 向量组的等价

可以证明，两个向量组等价的充分必要条件是：以它们为行向量构成的矩阵的行最简形具有相同的非零行，因此，还可以用命令 rref 证明两个向量组等价。

【例 9】 设 $\boldsymbol{\alpha}_1=(2,1,-1,3)$，$\boldsymbol{\alpha}_2=(3,-2,1,-2)$，$\boldsymbol{\beta}_1=(-5,8,-5,12)$，$\boldsymbol{\beta}_2=(4,-5,3,-7)$，证明向量组 $\boldsymbol{\alpha}_1,\boldsymbol{\alpha}_2$ 与 $\boldsymbol{\beta}_1,\boldsymbol{\beta}_2$ 等价。

将向量组分别写作矩阵 $\boldsymbol{A},\boldsymbol{B}$ 的行向量组，输入：

```
A=[2,1,-1,3;3,-2,1,-2];
B=[-5,8,-5,12;4,-5,3,-7];
A1=rref(A)
B1=rref(B)
```

输出为：

```
A1=
   1.0000         0   -0.1429    0.5714
        0    1.0000   -0.7143    1.8571
```

```
B1=
   1.0000         0   -0.1429    0.5714
        0    1.0000   -0.7143    1.8571
```

两个向量组的行最简形相同，因此，两个向量组等价。

12.3 实验作业

1. 求矩阵 $\boldsymbol{A}=\begin{pmatrix}1 & -1 & 2 & 1 & 0\\ 2 & -2 & 4 & -2 & 0\\ 3 & 0 & 6 & -1 & 1\\ 2 & 1 & 4 & 2 & 1\end{pmatrix}$ 的秩。

2. 求 t，使得矩阵 $\boldsymbol{A}=\begin{pmatrix}1 & 3 & 2\\ 2 & -1 & 3\\ 3 & 2 & t\end{pmatrix}$ 的秩等于2。

3. 求向量组 $\boldsymbol{\alpha}_1=(0,0,1)$，$\boldsymbol{\alpha}_2=(0,1,1)$，$\boldsymbol{\alpha}_3=(1,1,1)$，$\boldsymbol{\alpha}_4=(1,0,0)$ 的秩。

4. 当 t 取何值时，向量组 $\boldsymbol{\alpha}_1=(1,1,1)$，$\boldsymbol{\alpha}_2=(1,2,3)$，$\boldsymbol{\alpha}_3=(1,3,t)$ 的秩最小？

5. 向量组 $\boldsymbol{\alpha}_1=(1,1,1,1)$，$\boldsymbol{\alpha}_2=(1,-1,-1,1)$，$\boldsymbol{\alpha}_3=(1,-1,1,-1)$，$\boldsymbol{\alpha}_4=(1,1,-1,1)$ 是否线性相关？

6. 求向量组 $\boldsymbol{\alpha}_1=(1,2,3,4)$，$\boldsymbol{\alpha}_2=(2,3,4,5)$，$\boldsymbol{\alpha}_3=(3,4,5,6)$ 的最大线性无关组。并用最大无关组线性表示其他向量。

7. 设向量 $\boldsymbol{\alpha}_1=(-1,3,6,0)$，$\boldsymbol{\alpha}_2=(8,3,-3,18)$，$\boldsymbol{\beta}_1=(3,0,-3,6)$，$\boldsymbol{\beta}_2=(2,3,3,6)$，求证：向量组 $\boldsymbol{\alpha}_1,\boldsymbol{\alpha}_2$ 与 $\boldsymbol{\beta}_1,\boldsymbol{\beta}_2$ 等价。

实验十三　线性方程组

实验目的

学习利用 MATLAB 命令求线性方程组的解，以及解决有关问题。

13.1　学习 MATLAB 命令

1．命令 null($\boldsymbol{A}$)，给出齐次方程组 $\boldsymbol{AX}=0$ 的一个基础解系。

2．命令 $\boldsymbol{A}\backslash b$ 给出非齐次线性方程组 $\boldsymbol{AX}=b$ 的一个特解。

(1) 当 $\boldsymbol{A}$ 是方阵时，$\boldsymbol{A}\backslash b$ 给出非齐次线性方程组 $\boldsymbol{AX}=b$ 的解，如果矩阵 $\boldsymbol{A}$ 接近奇异的话，会输出一个警告信息。A\eye(size(A)) 输出 A 的逆矩阵；

(2) 当 $\boldsymbol{A}$ 是 $m\times n$ 矩阵且 $m>n$ 时，$\boldsymbol{A}\backslash b$ 给出非齐次线性方程组 $\boldsymbol{AX}=b$ 最小二乘意义下的解。而 $m\leqslant n$ 时且方程组 $\boldsymbol{AX}=b$ 不是唯一解的情形，输出有时没有意义。但可以在原方程组的基础上添加若干 0=0 的方程，使新的方程组的系数矩阵满足 $m>n$，再使用 $\boldsymbol{A}\backslash b$，可求得最小二乘解。

3．命令 rref 可以化矩阵为行最简形，因此 rref([$\boldsymbol{A}$,b]) 可以化增广矩阵为行最简形。这个方法提供了解线性方程组的最可行和最常用方法。

4．解一般方程或方程组的 solve 命令，见实验七的 7.1.3 节。

13.2　实验内容

13.2.1　求齐次线性方程组的解空间

给定线性齐次方程组 $\boldsymbol{AX}=0$（这里，$\boldsymbol{A}$ 为 $m\times n$ 矩阵，$\boldsymbol{X}$ 为 n 维列向量），该方程组必定有解。如果矩阵 $\boldsymbol{A}$ 的秩等于 n，则只有零解；如果矩阵 $\boldsymbol{A}$ 的秩小于 n，则有非零解，且所有解构成一向量空间。在 MATLAB 中，可利用命令 null 给出齐次方程组的解空间的一个正交规范基。

【例 1】　求解线性方程组：

$$\begin{cases} x_1+x_2-2x_3-x_4=0 \\ 3x_1-2x_2-x_3+2x_4=0 \\ 5x_2+7x_3+3x_4=0 \\ 2x_1-3x_2-5x_3-x_4=0 \end{cases}$$

输入：

```
clear;
A=[1,1,-2,-1; 3,-2,-1,2; 0,5,7,3; 2,-3,-5,-1];
D=det(A)
x=null(A)
```

输出为：

```
D=0
x=
   0.4714
  -0.2357
   0.4714
  -0.7071
```

说明该齐次线性方程组的解空间是一维向量空间，且向量：

$$(0.4714, -0.2357, 0.4714, -0.7071)^{\mathrm{T}}$$

是解空间的一个正交规范基。假如输入：

```
A=sym(A);    % 把A变成符号矩阵
x=null(A)    % 这是null(A)输出A的一个基础解系，但不是正交规范基
```

输出为：

```
x=
 -2/3
  1/3
 -2/3
    1
```

【例 2】 求解线性方程组：

$$\begin{cases} x_1 + x_2 + 2x_3 - x_4 = 0 \\ 3x_1 - 2x_2 - 3x_3 + 2x_4 = 0 \\ 5x_2 + 7x_3 + 3x_4 = 0 \\ 2x_1 - 3x_2 - 5x_3 - x_4 = 0 \end{cases}$$

输入：

```
clear;
A=[1,1,2,-1; 3,-2,-3,2; 0,5,7,3; 2,-3,-5,-1];
D=det(A)
null(A)
```

输出为：

```
D=-40.0000
ans=
   Empty matrix: 4-by-0
```

因此解空间的基是一个空集，说明该线性方程组只有零解。

【例3】 向量组 $\boldsymbol{\alpha}_1=(1,1,2,3)$，$\boldsymbol{\alpha}_2=(1,-1,1,1)$，$\boldsymbol{\alpha}_3=(1,3,4,5)$，$\boldsymbol{\alpha}_4=(3,1,5,7)$ 是否线性相关?

根据定义，如果向量组线性相关，则齐次线性方程组：

$$x_1\boldsymbol{\alpha}_1^{\mathrm{T}}+x_2\boldsymbol{\alpha}_2^{\mathrm{T}}+x_3\boldsymbol{\alpha}_3^{\mathrm{T}}+x_4\boldsymbol{\alpha}_4^{\mathrm{T}}=0$$

有非零解。

输入：

```
clear;
A=[1,1,2,3; 1,-1,1,1; 1,3,4,5; 3,1,5,7]; A=sym(A);
D=det(A)
B=transpose(A);
null(B)
```

输出为：

```
D=0
ans=
      -2
      -1
       0
       1
```

说明向量组线性相关，且 $-2\boldsymbol{\alpha}_1^{\mathrm{T}}-\boldsymbol{\alpha}_2^{\mathrm{T}}+\boldsymbol{\alpha}_4^{\mathrm{T}}=0$。

13.2.2 非齐次线性方程组的特解

【例 4】 求线性方程组：

$$\begin{cases}x_1+x_2-2x_3-x_4=4\\3x_1-2x_2-x_3+2x_4=2\\5x_2+7x_3+3x_4=-2\\2x_1-3x_2-5x_3-x_4=4\end{cases}$$

的特解。

输入：

```
clear;
```

```
A=[1,1,-2,-1;3,-2,-1,2;0,5,7,3;2,-3,-5,-1];
D=det(A)
b=transpose([4,2,-2,4]);
rank(A)
rank([A b])
```

输出为：

```
D=0
ans=
   3
ans=
   3
```

说明系数矩阵与增广矩阵的秩都是3，方程组有解。输入：

```
format rat   %指定有理式格式输出
rref([A b])
```

输出为：

```
ans=
     1        0        0      2/3       1
     0        1        0     -1/3       1
     0        0        1      2/3      -1
     0        0        0        0       0
```

因此$(1,1,-1,0)^{\mathrm{T}}$是方程组的一个特解。

【例5】 求线性方程组：

$$\begin{cases} x_1+x_2-2x_3-x_4=4 \\ 3x_1-2x_2-x_3+2x_4=2 \\ 5x_2+7x_3+3x_4=2 \\ 2x_1-3x_2-5x_3-x_4=4 \end{cases}$$

的特解。

输入：

```
clear;
A=[1,1,-2,-1;3,-2,-1,2;0,5,7,3;2,-3,-5,-1];A=sym(A);
b=transpose([4,2,2,4]);b=sym(b);
rref([A b])
```

输出为：

```
[ 1, 0, 0,  2/3, 0]
[ 0, 1, 0, -1/3, 0]
[ 0, 0, 1,  2/3, 0]
[ 0, 0, 0,    0, 1]
```

说明系数矩阵的秩小于增广矩阵的秩，该方程组无解。

【例 6】 向量 $\boldsymbol{\beta}=(2,-1,3,4)$ 是否可以由向量 $\boldsymbol{\alpha}_1=(1,2,-3,1)$，$\boldsymbol{\alpha}_2=(5,-5,12,11)$，$\boldsymbol{\alpha}_3=(1,-3,6,3)$ 线性表示?

根据定义，如果向量 $\boldsymbol{\beta}$ 可以由向量组 $\boldsymbol{\alpha}_1,\boldsymbol{\alpha}_2,\boldsymbol{\alpha}_3$ 线性表示，则非齐次线性方程组：

$$x_1\boldsymbol{\alpha}_1'+x_2\boldsymbol{\alpha}_2'+x_3\boldsymbol{\alpha}_3'=\boldsymbol{\beta}'$$

有解。

输入：

```
clear;
A=([1,2,-3,1;5,-5,12,11;1,-3,6,3])';
B=([2,-1,3,4])';
format rat   %指定有理式格式输出
A\B
```

输出为：

```
Warning: Rank deficient, rank = 2, tol =  7.881802e-15.
ans=
    1/3
    1/3
     0
```

因此，非齐次线性方程组 $x_1\boldsymbol{\alpha}_1'+x_2\boldsymbol{\alpha}_2'+x_3\boldsymbol{\alpha}_3'=\boldsymbol{\beta}'$ 有一个特解 $\left(\frac{1}{3},\frac{1}{3},0\right)^{\mathrm{T}}$，说明 $\boldsymbol{\beta}$ 可以由 $\boldsymbol{\alpha}_1,\boldsymbol{\alpha}_2,\boldsymbol{\alpha}_3$ 线性表示，且 $\boldsymbol{\beta}=\frac{1}{3}(\boldsymbol{\alpha}_1+\boldsymbol{\alpha}_2)$。

13.2.3 非齐次线性方程组的通解

【例 7】 求方程组 $\begin{cases}x_1-2x_2+3x_3-4x_4=4\\x_2-x_3+x_4=-3\\x_1+3x_2+x_4=1\\-7x_2+3x_3+x_4=-3\end{cases}$ 的解。

解 1 用 solve 命令。

输入：

```
clear; format rat
[w,x,y,z]=solve('w-2*x+3*y-4*z=4','x-y+z=-3','w+3*x +z=1','-7*x+3*y+
z=-3')
```

输出为：

```
w=-8
x=3
y=6
z=0
```

即方程组有唯一解 $x_1=-8$，$x_2=3$，$x_3=6$，$x_4=0$。

解 2 这个线性方程组中方程的个数等于未知数的个数，而且有唯一解，此解可以表示为 $\boldsymbol{x}=\boldsymbol{A}^{-1}\boldsymbol{b}$。其中，$\boldsymbol{A}$ 是线性方程组的系数矩阵，而 $\boldsymbol{b}$ 是右边常数向量。于是，可以用逆阵计算唯一解。

输入：

```
clear;
A=[1,-2,3,-4; 0,1,-1,1; 1,3,0,1; 0,-7,3,1];
b=transpose([4,-3,1,-3]);
A=sym(A);
D=det(A)
x=inv(A)*b
```

输出为：

```
D=16
x=
   -8.0000
   3.0000
   6.0000
   0.0000
```

解 3 还可以用克莱姆法则计算这个线性方程组的唯一解。为计算各行列式，输入未知数的系数向量，即系数矩阵的列向量。

输入：

```
clear;
a=transpose([1,0,1,0]);
b=transpose([-2,1,3,-7]);
c=transpose([3,-1,0,3]);
d=transpose([-4,1,1,1]);
e=transpose([4,-3,1,-3]);
x1=det([e,b,c,d])/det([a,b,c,d])
x2=det([a,e,c,d])/det([a,b,c,d])
```

```
x3=det([a,b,e,d])/det([a,b,c,d])
x4=det(sym([a,b,c,e]))/det(sym([a,b,c,d]))
```

输出为：

```
x1=-8
x2=3
x3=6
x4=0
```

【例 8】　求方程组$\begin{cases} x_1 - x_2 + 2x_3 + x_4 = 1 \\ 2x_1 - x_2 + x_3 + 2x_4 = 3 \\ x_1 - x_3 + x_4 = 2 \\ 3x_1 - x_2 + 3x_4 = 5 \end{cases}$的解。

解 1　考虑用符号运算解方程组。先用命令 $\boldsymbol{A} \backslash b$ 给出线性方程组的一个特解，再用 null($\boldsymbol{A}$)给出对应齐次方程组的基础解系。

输入：

```
clear;
A=[1,-1,2,1; 2,-1,1,2; 1,0,-1,1; 3,-1,0,3];
b=transpose([1,3,2,5]);
A=sym(A);b=sym(b);
x0=A\b
x=null(A)
```

输出为：

```
x0=
  2
  1
  0
  0
x=
 [ 1,-1]
 [ 3, 0]
 [ 1, 0]
 [ 0, 1]
```

所以，原方程组的通解为 $(2,1,0,0)^{\mathrm{T}} + k_1(1,3,1,0)^{\mathrm{T}} + k_2(-1,0,0,1)^{\mathrm{T}}$。

解 2　输入：

```
clear;
A=[1,-1,2,1; 2,-1,1,2; 1,0,-1,1; 3,-1,0,3];
D=det(A)
```

```
b=[1,3,2,5]';
B=[A,b];
R1=rank(A)
R2=rank(B)
RR=rref(B)
```

输出为：

```
D=0
R1=2
R2=2
RR=
    1     0    -1     1     2
    0     1    -3     0     1
    0     0     0     0     0
    0     0     0     0     0
```

即有同解方程组$x_1=2-x_4+x_3$，$x_2=1+3x_3$。于是，非齐次线性方程组的一个特解为$(2,1,0,0)^{\mathrm{T}}$，对应的齐次线性方程组的等价线性方程组为$x_1=-x_4+x_3$，$x_2=3x_3$，它的一个基础解系为$(1,3,1,0)^{\mathrm{T}}$与$(-1,0,0,1)^{\mathrm{T}}$，原方程组的通解为$(2,1,0,0)^{\mathrm{T}}+k_1(1,3,1,0)^{\mathrm{T}}+\ k_2(-1,0,0,1)^{\mathrm{T}}$。

【例 9】 当a分别为何值时，方程组$\begin{cases}ax_1+x_2+x_3=1\\x_1+ax_2+x_3=1\\x_1+x_2+ax_3=1\end{cases}$分别无解、有唯一解和有无穷多解？当方程组有解时，求通解。

先计算系数行列式，并求a，使行列式等于0。

输入：

```
clear;
syms a;
A=[a,1,1; 1,a,1; 1,1,a];
D=det(A)
```

输出为：

```
D=
 a^3-3*a+2
```

再输入：

```
a=solve('a^3-3*a+2=0')
```

输出为：

```
a=
  1
```

```
 1
-2
```

当$a \neq -2, a \neq 1$时，方程组有唯一解。

输入：

```
clear;
[x,y,z]=solve('a*x+y+z=1','x+a*y+z=1','x+y+a*z=1')
```

输出为：

```
x=1/(a+2)
y=1/(a+2)
z=1/(a+2)
```

当$a = -2$时，输入：

```
clear;
[x,y,z]=solve('-2*x+y+z=1','x-2*y+z=1','x+y-2*z=1')
```

输出为：

```
x=[empty sym ]
y=[]
z=[]
```

说明方程组无解。

当$a = 1$时，输入：

```
clear;
[x,y,z]=solve('x+y+z=1','x+y+z=1','x+y+z=1')
```

输出为：

```
x =1 - z11 - z2
y =z2
z =z11
```

说明方程组有无穷多个解。非齐次线性方程组的特解为$(1,0,0)^{\mathrm{T}}$，对应的齐次线性方程组的基础解系为$(-1,1,0)^{\mathrm{T}}$与$(-1,0,1)^{\mathrm{T}}$。

13.3 实验作业

1． 求方程组$\begin{cases} 2x_1 - x_2 + 3x_3 = 0 \\ 2x_1 + x_2 + x_3 = 0 \\ 4x_1 + x_2 + 2x_3 = 0 \end{cases}$的解。

2．求方程组$\begin{cases} 2x_1 - 4x_2 + 5x_3 + 3x_4 = 0 \\ 3x_1 - 6x_2 + 4x_3 + 2x_4 = 0 \\ 4x_1 - 8x_2 + 17x_3 + 11x_4 = 0 \end{cases}$的解。

3．求方程组$\begin{cases} x_1 - 2x_2 + 3x_3 - 4x_4 = 4 \\ x_2 - x_3 + x_4 = -3 \\ x_1 + x_3 - 2x_4 = -2 \end{cases}$的解。

4．求方程组$\begin{cases} x_1 + 2x_2 + x_3 - x_4 = 2 \\ x_1 + x_2 + 2x_3 + x_4 = 3 \\ x_1 - x_2 + 4x_3 + 5x_4 = 2 \end{cases}$的解。

5．用三种方法求方程组$\begin{cases} 2x_1 + 5x_2 - 8x_3 = 8 \\ 4x_1 + 3x_2 - 9x_3 = 9 \\ 2x_1 + 3x_2 - 5x_3 = 7 \\ x_1 + 8x_2 - 7x_3 = 12 \end{cases}$的唯一解。

6．当a,b为何值时，方程组$\begin{cases} x_1 + x_2 + x_3 + x_4 = 0 \\ x_2 + 2x_3 + 2x_4 = 1 \\ -x_2 + (a-3)x_3 - 2x_4 = b \\ 3x_1 + 2x_2 + x_3 + ax_4 = -1 \end{cases}$有唯一解、无解、有无穷多解？并对后者求通解。

7．求方程组$\begin{cases} x_1 - 2x_2 + 3x_3 - 4x_4 = 4 \\ x_2 - x_3 + x_4 = -3 \\ x_1 + 3x_2 + x_4 = 1 \end{cases}$和$\begin{cases} x_1 - 2x_2 + 3x_3 = 4 \\ x_2 - x_3 = -3 \\ x_1 + 3x_2 = 1 \\ -7x_2 + 3x_3 = -3 \end{cases}$的解，并与例 7 的解进行比较，思考它们之间的关系。

实验十四　矩阵的特征值与特征向量，相似变换，二次型

实验目的

学习利用 MATLAB 命令求方阵的特征值和特征向量，利用特征值求二次型的标准形。

14.1　学习 MATLAB 命令

命令：

```
eig(A)
```

输出方阵 $\boldsymbol{A}$ 的特征值组成的向量。

命令：

```
[P,X]=eig(A)
```

输出的 $\boldsymbol{X}$ 为以特征值为对角线元素的对角阵；$\boldsymbol{P}$ 为以相应的特征向量为列向量的矩阵，并且有 $\boldsymbol{A}\times\boldsymbol{P}=\boldsymbol{P}\times\boldsymbol{X}$。在数值运算中，该命令求得的每个特征向量都是单位向量，并且属于同一特征值的线性无关特征向量已经正交化。

命令：

```
[P,X]=eigs(A)
```

输出 $\boldsymbol{X}$ 为以前 6 个最大特征值为对角线元素的对角阵；$\boldsymbol{P}$ 为以相应的特征向量为列向量的矩阵。

命令：

```
jordan(A)
```

输出方阵 $\boldsymbol{A}$ 的 Jordan 标准形，输入方阵的元素必须是整数或分数。一般情况下，命令：

```
[P,J]=jordan(A)
```

输出相似变换矩阵 $\boldsymbol{P}$ 及 Jordan 标准形 $\boldsymbol{J}$，即 $\boldsymbol{P}^{-1}\boldsymbol{A}\boldsymbol{P}=\boldsymbol{J}$ 。

14.2 实验内容

14.2.1 求方阵的特征值与特征向量

【例 1】 求方阵$A=\begin{pmatrix}1 & 2 & 3\\ 2 & 1 & 3\\ 3 & 3 & 6\end{pmatrix}$的特征值与特征向量。

解 输入：

```
clear;
A=[1,2,3; 2,1,3; 3,3,6];
v=eig(A)
[P,X]=eig(A)
```

输出为：

```
v=
  -1.0000
  -0.0000
   9.0000
P=
   0.7071    0.5774    0.4082
  -0.7071    0.5774    0.4082
        0   -0.5774    0.8165
X=
  -1.0000         0         0
        0   -0.0000         0
        0         0    9.0000
```

其中，$\boldsymbol{v}$为特征值向量，$\boldsymbol{P}$为特征向量矩阵，$\boldsymbol{X}$为特征值矩阵。

输入：

```
A=sym(A);          % 作符号运算
v=eig(A)
[P,X]=eig(A)       % 输出的特征向量没有单位化
```

输出为：

```
v =
 -1
  0
  9
```

```
P =
[ -1, -1, 1/2]
[ -1,  1, 1/2]
[  1,  0,   1]
X =
[ 0,  0, 0]
[ 0, -1, 0]
[ 0,  0, 9]
```

【例 2】 求方阵 $A=\begin{pmatrix}1/3 & 1/3 & -1/2\\ 1/5 & 1 & -1/3\\ 6 & 1 & -2\end{pmatrix}$ 的特征值与特征向量。

解 输入：

```
clear;
A=[1/3,1/3,-1/2; 1/5,1,-1/3; 6,1,-2];
[P,X]=eigs(A)
```

输出为：

```
P =
   0.1799 - 0.1922i   0.1799 + 0.1922i  -0.0872 + 0.0000i
   0.1161 - 0.0625i   0.1161 + 0.0625i  -0.8668 + 0.0000i
   0.9557 + 0.0000i   0.9557 + 0.0000i  -0.4910 + 0.0000i
X =
  -0.7490 - 1.2719i   0.0000 + 0.0000i   0.0000 + 0.0000i
   0.0000 + 0.0000i  -0.7490 + 1.2719i   0.0000 + 0.0000i
   0.0000 + 0.0000i   0.0000 + 0.0000i   0.8313 + 0.0000i
```

可以看到，A 有两个复特征值与一个实特征值。属于复特征值的特征向量也是复数值，属于实特征值的特征向量是实数值。

【例 3】 已知 $x=(1,1,-1)$ 是方阵 $A=\begin{pmatrix}2 & -1 & 2\\ 5 & a & 3\\ -1 & b & -2\end{pmatrix}$ 的一个特征向量，求参数 a,b 及特征向量 x 所属的特征值。

解 设特征值为 t，输入：

```
clear;
A=sym('[t-2,1,-2; -5,t-a,-3; 1,-b,t+2]');
v=[1,1,-1]';
B=A*v;
[a,b,t]=solve(B(1),B(2),B(3))
```

输出为：

```
a=-3
b=0
t=-1
```

即，$a=-3$，$b=0$ 时，向量 $\boldsymbol{x}=(1,1,-1)$ 是方阵 $\boldsymbol{A}$ 的属于特征值 -1 的特征向量。

14.2.2 矩阵的相似变换

若 n 阶方阵 $\boldsymbol{A}$ 有 n 个线性无关的特征向量，则 $\boldsymbol{A}$ 与对角阵相似。实对称阵一定与对角阵相似，且存在正交阵 $\boldsymbol{P}$，使 $\boldsymbol{P}^{-1}\boldsymbol{AP}$ 为对角阵。

【例 4】 设方阵 $\boldsymbol{A}=\begin{pmatrix}4 & 1 & 1\\ 2 & 2 & 2\\ 2 & 2 & 2\end{pmatrix}$，求一个可逆阵 $\boldsymbol{P}$，使 $\boldsymbol{P}^{-1}\boldsymbol{AP}$ 为对角阵。

解 1 用命令[P,X]=eig(A)，输入：

```
clear;
A=[4,1,1; 2,2,2; 2,2,2];
A=sym(A); [P,X]=eig(A)  % 输出的特征向量没有单位化
```

输出为：

```
P =
[  0, -1, 1]
[ -1,  1, 1]
[  1,  1, 1]
X =
[ 0, 0, 0]
[ 0, 2, 0]
[ 0, 0, 6]
```

因此，特征值是 0, 2, 6。特征向量是 $\begin{pmatrix}0\\ -1\\ 1\end{pmatrix}$，$\begin{pmatrix}-1\\ 1\\ 1\end{pmatrix}$ 与 $\begin{pmatrix}1\\ 1\\ 1\end{pmatrix}$。

矩阵 $\boldsymbol{P}=\begin{pmatrix}1 & 0 & -1\\ 1 & -1 & 1\\ 1 & 1 & 1\end{pmatrix}$ 就是要求的相似变换矩阵。为了验证 $\boldsymbol{P}^{-1}\boldsymbol{AP}$ 为对角阵，输入：

```
inv(P)*A*P
```

输出为：

```
ans =
   [ 0, 0, 0]
   [ 0, 2, 0]
   [ 0, 0, 6]
```

因此，方阵 $\boldsymbol{A}$ 在相似变换矩阵 $\boldsymbol{P}$ 的作用下，可化作对角阵。

解 2 直接用 jordan 命令。

输入：

```
[P,X]=jordan(A)
```

输出为：

```
P =
[  0, -1, 1]
[ -1,  1, 1]
[  1,  1, 1]
X=
 [ 0,0,0]
 [ 0,2,0]
 [ 0,0,6]
```

从输出结果看，输出的相似变换矩阵 $\boldsymbol{P}$ 的列向量未经单位化。可以输入：

```
inv(P)*A*P
```

来验证 $\boldsymbol{P}^{-1}\boldsymbol{AP}$ 为对角阵。

【例 5】 设方阵 $\boldsymbol{A}=\begin{pmatrix}1 & 1/4 & 0\\ 0 & 1/2 & 0\\ 0 & 1/4 & 1\end{pmatrix}$，求 $\lim\limits_{n\to\infty}\boldsymbol{A}^n$。

解 先求一可逆阵 $\boldsymbol{P}$ 及对角阵 $\boldsymbol{X}$，使 $\boldsymbol{P}^{-1}\boldsymbol{AP}=\boldsymbol{X}$。

输入：

```
clear;
A=[1,1/4,0; 0,1/2,0; 0,1/4,1];
format rat    %有理数形式计算
[P,X]=eig(A)
```

输出为：

```
P=
 1          0        -881/2158
 0          0         881/1079
 0          1        -881/2158
```

```
X=
  1            0            0
  0            1            0
  0            0            1/2
```

再求 A^n 的表达式及 $\lim\limits_{n\to\infty} A^n$ 。由于三个特征向量线性无关，从而 A 可相似对角化，即 $P^{-1}AP = X$ 。那么 $A = PXP^{-1}$，$A^n = (PXP^{-1})^n = PX^nP^{-1}$，$\lim\limits_{n\to\infty} A^n = P(\lim\limits_{n\to\infty} X^n)P^{-1} =$

$$P\lim_{n\to\infty}\begin{pmatrix}1 & 0 & 0\\ 0 & 1 & 0\\ 0 & 0 & \dfrac{1}{2^n}\end{pmatrix}P^{-1} = P\begin{pmatrix}1 & 0 & 0\\ 0 & 1 & 0\\ 0 & 0 & 0\end{pmatrix}P^{-1}$$

输入：

```
P*diag([1,1,0])*inv(P)
```

输出为：

```
ans=
  1          1/2          0
  0           0           0
  0          1/2          1
```

这就是 $\lim\limits_{n\to\infty} A^n$ 。

【例 6】 方阵 $A = \begin{pmatrix}1 & 0\\ 2 & 1\end{pmatrix}$ 是否与对角阵相似?

解 只需检查矩阵 A 的线性无关的特征向量的数目即可。

输入：

```
clear;
A=[1,0; 2,1];
[P,X]=eigs(A)
```

输出为：

```
P =
     *     0
    -1     1


X=
    1     0
    0     1
```

可见，1 是二重特征值，但是两个特征向量线性相关，因此矩阵 $\boldsymbol{A}$ 不与对角阵相似，虽然 $\boldsymbol{A}\times\boldsymbol{P}=\boldsymbol{P}\times\boldsymbol{A}$ 仍然成立。

【例 7】 已知方阵 $\boldsymbol{A}=\begin{pmatrix}-2&0&0\\2&x&2\\3&1&1\end{pmatrix}$ 与 $\boldsymbol{B}=\begin{pmatrix}-1&0&0\\0&2&0\\0&0&y\end{pmatrix}$ 相似，求 x,y。

解 注意矩阵 $\boldsymbol{B}$ 是对角阵，特征值是 $-1,2,y$。矩阵 $\boldsymbol{A}$ 是分块下三角阵，-2 是矩阵 $\boldsymbol{A}$ 的特征值。矩阵 $\boldsymbol{A}$ 与 $\boldsymbol{B}$ 相似，则 $y=-2$，且 $-1,2$ 也是矩阵 $\boldsymbol{A}$ 的特征值。

输入：

```
clear;
syms x;
v=[2-(-2),0,0; -2,2-x,-2; -3,-1,2-1];   % 计算 2E-A
det(v)
```

输出为：

```
ans=
   -4*x
```

显然，$x=0$ 时特征方阵的行列式为 0。即 $x=0,y=-2$。

【例 8】 对于实对称矩阵 $\boldsymbol{A}=\begin{pmatrix}0&1&1&0\\1&0&1&0\\1&1&0&0\\0&0&0&2\end{pmatrix}$，求一个正交阵 $\boldsymbol{P}$，使 $\boldsymbol{P}^{-1}\boldsymbol{AP}$ 为对角阵。

解 输入：

```
clear;
A=[0,1,1,0; 1,0,1,0; 1,1,0,0; 0,0,0,2];
[P,X]=eigs(A)
```

输出为：

```
P=
           0     0.5774    -0.7152     0.3938
           0     0.5774     0.0166    -0.8163
           0     0.5774     0.6987     0.4225
      1.0000          0          0          0
X=
      2.0000          0          0          0
           0     2.0000          0          0
           0          0    -1.0000          0
           0          0          0    -1.0000
```

为了验证 P 是正交阵，以及 $\boldsymbol{P}^{-1}\boldsymbol{AP}=\boldsymbol{P}^{\mathrm{T}}\boldsymbol{AP}$ 是对角阵，输入：

```
transpose(P)*P
X1=inv(P)*A*P
X2=transpose(P)* A*P
```

输出为：

```
        1.0000           0           0           0
             0      1.0000           0      0.0000
             0           0      1.0000           0
             0      0.0000           0      1.0000
 X1=
        2.0000           0           0           0
             0      2.0000     -0.0000      0.0000
             0     -0.0000     -1.0000     -0.0000
             0     -0.0000      0.0000     -1.0000
 X2=
         2.000           0           0           0
             0
             0      2.0000     -0.0000     -0.0000
             0     -0.0000     -1.0000           0
             0      0.0000           0     -1.0000
```

第一个结果说明 $\boldsymbol{P}^{\mathrm{T}}\boldsymbol{P}=\boldsymbol{E}$，因此 $\boldsymbol{P}$ 是正交阵。第二个与第三个结果说明：

$$\boldsymbol{P}^{-1}\boldsymbol{AP}=\boldsymbol{P}^{\mathrm{T}}\boldsymbol{AP}=\begin{pmatrix}2 & & & \\ & 2 & & \\ & & -1 & \\ & & & -1\end{pmatrix}$$

以上解法是求数值解。如果要求精确解，则输入：

```
A=[0,1,1,0; 1,0,1,0; 1,1,0,0; 0,0,0,2];
[P,D]=eig(sym(A,'r'))
```

输出为：

```
P=
 [ -1,-1,1,0]
 [  1,0,1,0]
 [  0,1,1,0]
 [  0,0,0,1]
D=
 [ -1, 0,0,0]
 [  0,-1,0,0]
```

```
[  0,  0,2,0]
[  0,  0,0,2]
```

其中，$\boldsymbol{P}$ 的列向量还没有正交化。再输入：

```
P(:,2)=P(:,2)-(P(:,1)'*P(:,2)/(P(:,1)'*P(:,1)))*P(:,1)
```

输出为已经正交化的矩阵：

```
P=
 [   -1,-1/2,1,0]
 [    1,-1/2,1,0]
 [    0,    1,1,0]
 [    0,    0,0,1]
```

再输入：

```
P(:,1)=P(:,1)/sqrt(sum(P(:,1).^2));
P(:,2)=P(:,2)/sqrt(sum(P(:,2).^2));
P(:,3)=P(:,3)/sqrt(sum(P(:,3).^2));
P(:,4)=P(:,4)/sqrt(sum(P(:,4).^2));
P
```

输出为单位化的特征向量矩阵 $\boldsymbol{P}$:

```
P=
[ -2^(1/2)/2, -(2^(1/2)*3^(1/2))/6, 3^(1/2)/3, 0]
[  2^(1/2)/2, -(2^(1/2)*3^(1/2))/6, 3^(1/2)/3, 0]
[         0,  (2^(1/2)*3^(1/2))/3, 3^(1/2)/3, 0]
[         0,                    0,         0, 1]
```

为了验证 $\boldsymbol{P}$ 是正交阵，以及 $\boldsymbol{P}^{-1}\boldsymbol{A}\boldsymbol{P}=\boldsymbol{P}^{\mathrm{T}}\boldsymbol{A}\boldsymbol{P}$ 是对角阵，输入：

```
P'*P
inv(P)*A*P
```

输出略。同样说明 $\boldsymbol{P}^{\mathrm{T}}\boldsymbol{P}=\boldsymbol{E}$，及 $\boldsymbol{P}^{-1}\boldsymbol{A}\boldsymbol{P}=\boldsymbol{P}^{\mathrm{T}}\boldsymbol{A}\boldsymbol{P}=\begin{pmatrix}-1&&&\\&-1&&\\&&2&\\&&&2\end{pmatrix}$成立。

【例 9】 求一个正交变换，化二次型 $f=2x_1x_2+2x_1x_3+2x_2x_3+2x_4^2$ 为标准型。

解 二次型的矩阵为：

$$\boldsymbol{A}=\begin{pmatrix}0&1&1&0\\1&0&1&0\\1&1&0&0\\0&0&0&2\end{pmatrix}$$

这正好是例 8 的矩阵，因此用例 8 中的正交矩阵 $\boldsymbol{P}$，作正交变换 $\boldsymbol{X}=\boldsymbol{PY}$ ，即：

$$\begin{pmatrix} x_1 \\ x_2 \\ x_3 \\ x_4 \end{pmatrix} = \begin{pmatrix} 0 & 0.5774 & -0.7152 & 0.3938 \\ 0 & 0.5774 & 0.0166 & -0.8163 \\ 0 & 0.5774 & 0.6987 & 0.4225 \\ 1 & 0 & 0 & 0 \end{pmatrix} \begin{pmatrix} y_1 \\ y_2 \\ y_3 \\ y_4 \end{pmatrix}$$

将 f 化作标准型 $2y_1^2+2y_2^2-y_3^2-y_4^2$ 。

14.3 实验作业

1. 求方阵 $\boldsymbol{A}=\begin{pmatrix} -1 & 2 & 2 \\ 2 & -1 & -2 \\ 2 & -2 & -1 \end{pmatrix}$ 的特征值与特征向量。

2. 求方阵 $\boldsymbol{A}=\begin{pmatrix} 1 & 1 & 1 & 1 \\ 1 & 1 & -1 & -1 \\ 1 & -1 & 1 & -1 \\ 1 & -1 & -1 & 1 \end{pmatrix}$ 的特征值与特征向量。

3. 已知 0 是方阵 $\begin{pmatrix} 1 & 0 & 1 \\ 0 & 2 & 0 \\ 1 & 0 & t \end{pmatrix}$ 的特征值，求 t 。

4. 设向量 $\boldsymbol{x}=(1,k,1)'$ 是方阵 $\boldsymbol{A}=\begin{pmatrix} 2 & 1 & 1 \\ 1 & 2 & 1 \\ 1 & 1 & 2 \end{pmatrix}$ 的特征向量，求 k 。

5. 方阵 $\boldsymbol{A}=\begin{pmatrix} 0 & -1 & 2 \\ 0 & 1 & 0 \\ 1 & -1 & 1 \end{pmatrix}$ 是否与对角阵相似?

6. 已知方阵 $\boldsymbol{A}=\begin{pmatrix} 2 & 0 & 0 \\ 0 & 0 & 1 \\ 0 & 1 & x \end{pmatrix}$ 与 $\boldsymbol{B}=\begin{pmatrix} 2 & 0 & 0 \\ 0 & y & 0 \\ 0 & 0 & -1 \end{pmatrix}$ 相似。

(1) 求 x 与 y 。

(2) 求一个满足关系 $\boldsymbol{P}^{-1}\boldsymbol{AP}=\boldsymbol{B}$ 的方阵 $\boldsymbol{P}$。

7. 设方阵 $\boldsymbol{A}=\begin{pmatrix} 1 & 2 & 4 \\ 2 & -2 & 2 \\ 4 & 2 & 1 \end{pmatrix}$，求正交阵 $\boldsymbol{C}$，使得 $\boldsymbol{B}=\boldsymbol{C}'\boldsymbol{AC}$ 是对角阵。

第四篇 概率统计实验

实验十五 统计数据的概括

实验目的

学习 MATLAB 有关数据统计、随机变量分布和统计作图的指令，学会用 MATLAB 求解概率统计问题以及相关操作。

15.1 学习 MATLAB 命令

15.1.1 数据描述

MATLAB 的统计工具箱（statistics toolbox）提供了许多统计计算的程序，用于数据描述的常用命令（实际上，求均值、标准差等的命令在 MATLAB 中而不在统计工具箱中）。

设 $\boldsymbol{X}$ 为向量或矩阵。

求均值命令是 mean(X)，当 $\boldsymbol{X}$ 为向量时，返回向量的均值；当 $\boldsymbol{X}$ 为矩阵时，返回由矩阵每一列的均值构成的行向量（这里的均值、方差等都是指样本均值、样本方差等）。

求中位数的命令是 median(X)；

求标准差的命令是 std(X)；

求方差的命令是 var(X)；

求极差的命令是 range(X)；

求偏度的命令是 skewness(X)；

求峰度的命令是 kurtosis(X)；

求元素之和的命令是 sum(X)，求元素累积和的命令是 cumsum(X)；

求元素之积的命令是 prod(X)，求元素累积积的命令是 cumprod(X)；

对数组排序的命令是 sort，其格式为：

$[Y,I]$ = sort(X)，当 $\boldsymbol{X}$ 为向量，$\boldsymbol{Y}$ 返回 $\boldsymbol{X}$ 的升序排列，I 返回 $\boldsymbol{Y}$ 对应的 $\boldsymbol{X}$ 各元素原来的编址，即 $\boldsymbol{Y}=\boldsymbol{X}(I)$；当 $\boldsymbol{X}$ 为矩阵，分别对各列排序；

求数组的上分位数命令是 prctile，其格式为：

Y=prctile(X,p)，当 $\boldsymbol{X}$ 为向量，$\boldsymbol{Y}$ 返回 X 的上 p%分位数；当 $\boldsymbol{X}$ 为矩阵，分别返回各列的上 p%分位数；

命令 trimmean(X, p)是求 $\boldsymbol{X}$ 在剔除上下各(p/2)%数据以后的均值；

设 $\boldsymbol{X},\boldsymbol{Y}$ 为向量，求 $\boldsymbol{X},\boldsymbol{Y}$ 的样本协方差命令是 cov(X, Y)；

设 $\boldsymbol{X}$ 为矩阵，求 $\boldsymbol{X}$ 的样本协方差矩阵命令是 cov(X)；

命令 corrcoef 用法与 cov 类似，得到的是相关系数；

命令 moment(X, n)返回 $\boldsymbol{X}$ 的 $\boldsymbol{n}$ 阶中心矩；当 $\boldsymbol{X}$ 为矩阵，返回矩阵每列元素的 $\boldsymbol{n}$ 阶中心矩。

在 sort，median，std，var，range，skewness，kurtosis，min，max，sum，prod，cumsum，cumprod 等命令中，当 $\boldsymbol{X}$ 为矩阵时，返回结果的解释与 mean 类似，即返回 $\boldsymbol{X}$ 的每一列的相应统计计算结果。

例如，同一车间的三台机器所轧的薄板厚度分别是：

机器 1：0.236　0.238　0.248　0.245　0.243

机器 2：0.257　0.253　0.255　0.254　0.261

机器 3：0.258　0.264　0.259　0.267　0.262

输入：

```
    data=[0.236  0.238  0.248  0.245  0.243; 0.257  0.253  0.255  0.254
0.261; 0.258  0.264  0.259  0.267  0.262];
    data=data';
    mean(data)
    median(data)                                  %注意 mean,median 的区别
```

输出为：

```
    ans=
        0.2420    0.2560    0.2620
    ans=
        0.2430    0.2550    0.2620
```

输入：

```
    std(data),sqrt(var(data))                     %var 是 std 的平方
```

输出为：

```
    ans=
       0.0049    0.0032    0.0037
```

```
ans=
  0.0049    0.0032    0.0037
```

输入：

```
sum(data),cumsum(data)            %注意 sum 和 cumsum 的区别
```

输出为：

```
ans=
  1.2100    1.2800    1.3100
ans=
  0.2360    0.2570    0.2580
  0.4740    0.5100    0.5220
  0.7220    0.7650    0.7810
  0.9670    1.0190    1.0480
  1.2100    1.2800    1.3100
```

输入：

```
corrcoef(data)            %将三列看成三个随机变量，得相关系数矩阵
```

输出为：

```
ans=
  1.0000   -0.0160    0.1787
 -0.0160    1.0000   -0.3658
  0.1787   -0.3658    1.0000
```

输入：

```
[Y,I]=sort(data)            %排序
```

输出为：

```
Y=
  0.2360    0.2530    0.2580
  0.2380    0.2540    0.2590
  0.2430    0.2550    0.2620
  0.2450    0.2570    0.2640
  0.2480    0.2610    0.2670
I=
  1     2     1
  2     4     3
  5     3     5
  4     1     2
  3     5     4
```

输入：

```
prctile(data,[25 50])       %prctile(data,50)等于median(data)
```

输出为：

```
ans=
   0.2375    0.2538    0.2588    %返回25%上分位数
   0.2430    0.2550    0.2620    %返回50%上分位数
```

输入：

```
trimmean(data,20)                  %注意与mean的区别
```

输出为：

```
ans=
   0.2420    0.2560    0.2620
```

15.1.2 常用概率分布

MATLAB 统计工具箱提供 20 种概率分布，我们介绍 8 种常见分布的 MATLAB 命令，见表 15.1。

表 15.1

分布	均匀分布	指数分布	正态分布	χ^2 分布	t 分布	F 分布	二项分布	泊松分布
命令	unif	exp	norm	chi2	t	f	bino	poiss

对每一种分布提供 5 类运算功能，采用表 15.2 所示的字符。

表 15.2

功能	概率函数	分布函数	逆概率分布	均值与方差	随机数生成
命令	pdf	cdf	inv	stat	rnd

当需要某一分布的某类运算功能时，将分布字符与功能字符连接起来，就得到所要的命令，我们来举例说明。

(1) 概率函数

输入：

```
y=normpdf(2.5,2,3)   %N(2, 9)，在x=2.5处的概率密度（标准正态的μ, σ²可省略）
```

输出为：

```
y=0.1311
```

输入：

```
y=binopdf(3:7,10,0.3)                %二项分布B(10,0.3),k=3,4,5,6,7的概率
```

输出为：

```
y=
   0.2668    0.2001    0.1029    0.0368    0.0090
```

(2) 分布函数

输入：

```
y=normcdf([-1 0 1.5],0,2)            %N(0,2^2),x=-1,0,1.5处的分布函数
```

输出为：

```
y=
 0.3085    0.5000    0.7734
```

输入：

```
y=fcdf(1,10,50)                      %F(10,50)在x=1处的分布函数
```

输出为：

```
y=0.5436
```

(3) 逆概率函数

逆概率函数是分布函数$F(x)$的反函数，即给定概率α，求满足$\alpha = F(x_\alpha) = \int_{-\infty}^{x_\alpha} p(x)\mathrm{d}x$的$x_\alpha$，也称$x_\alpha$为该分布的下$\alpha$分位数。

输入：

```
y=norminv(0.7724,0,2)                %N(0,2^2)的0.7724下分位数
```

输出为：

```
y=1.4935
```

输入：

```
y=tinv([0.3,0.999],10)               %t(10)的0.3,0.999下分位数
```

输出为：

```
y=-0.5415    4.1437
```

(4) 均望与方差

输入：

```
[m,v]=normstat(1,4)                  %计算N(1,4^2)的期望和方差
```

输出为：

```
m=1      v=16
```

输入：

```
[m,v]=fstat(3,5)                %计算F(3,5)的期望和方差
```

输出为：

```
m=1.6667  v=11.1111
```

15.1.3 随机数

常用的生成随机数的命令及格式有：

```
rand(m,n)                 %生成(0,1)上均匀分布的m行n列随机数矩阵
randn(m,n)                %生成标准正态分布N(0,1)的m行n列随机数矩阵
randperm(N)               %生成1,2,…,N的一个随机排列
random(dist,p1,p2,…,N)    %生成以p1,p2,…为参数的m行n列dist类分布随机数矩
                           阵，dist是表示分布类型的字符串
unidrnd(N,m,n)            %生成1,2,…,N的等概率m行n列随机数矩阵
binornd(k,p,m,n)          %生成参数为k,p的m行n列二项分布随机数矩阵
unifrnd(a,b,m,n)          %生成[a,b]区间上连续型均匀分布m行n列随机数矩阵
normrnd(mu,sigma,m,n)     %生成均值为mu，均方差为sigma的m行n列正态分布随机
                           数矩阵
mvnrnd(mu,sigma,m)        %生成n维正态分布数据，这里mu为n维均值向量，sigma
                           为n阶协方差矩阵，输出为m×n矩阵，每行代表一个n维
                           正态分布随机数。
```

通常随机数生成函数random可适用的分布类型包括：'Discrete Uniform'（离散均匀分布），'Binomial'（二项分布），'Uniform'（均匀分布），'Normal'（正态分布），'Poisson'（泊松分布），'Chisquare'（χ^2分布），'t'（t分布），'f '（F分布），'Geometric'（几何分布），'Hypergeometric'（超几何分布），'Exponential'（指数分布），'Gamma'（Γ分布），'Weibull'（Weibull分布）等。

例如：

```
random('Binomial',10,0.5,1,10) %生成1行10列服从B(10,0.5)分布的随机数
random('Uniform',1,3,2,6)      %生成2行6列服从U[1,3]分布的随机数
unidrnd(20,1,8)                %生成1行8列服从1～20均匀分布的随机数
binornd(10,0.5,1,10)           %同random('Binomial',10,0.5,1,10)
normrnd(-5,6,1,10)             %生成1行10列服从N(-5,6^2)的随机数
mvnrnd([0;0],[1,0.9;0.9,1],10);%生成10个服从N(0,0,1,1,0.9)的二维正态
                                随机数
```

15.1.4 统计图

常用的统计作图命令及格式有：

```
bar(X)                 %作向量 Y 的条形图
hist(X,k)              %将向量 X 中数据等分为 k 组，并作频数直方图，k 的缺省值为 10
bar(Y,X)               %作向量 Y 相对于 X 的条形图
[N,X]=hist(Y,k)        %不作图，N 返回各组数据频数，X 返回各组的中心位置
boxplot(Y)             %作向量 Y 的箱形图
```

例如，输入：

```
v=randn(1,100);                    %100 个标准正态分布随机数
subplot(1,3,1);hist(v,5);          %作出 5 组频数直方图，见图 15.1(a)
[n,x]=hist(v,5)
```

输出为：

```
n=
   10    26    40    22     2                 %各组频数
x=
  -1.6232   -0.6621    0.2991    1.2602    2.2213   %各组中心
```

输入：

```
subplot(1,3,2);bar(x,n/100);       %作出 5 组频数条形图，见图 15.1(b)
subplot(1,3,3);boxplot(v);         %作出箱型图，见图 15.1(c)
```

箱型图的箱中包含了从 25%上分位数到 75%上分位数的数据，中间线为中位数。

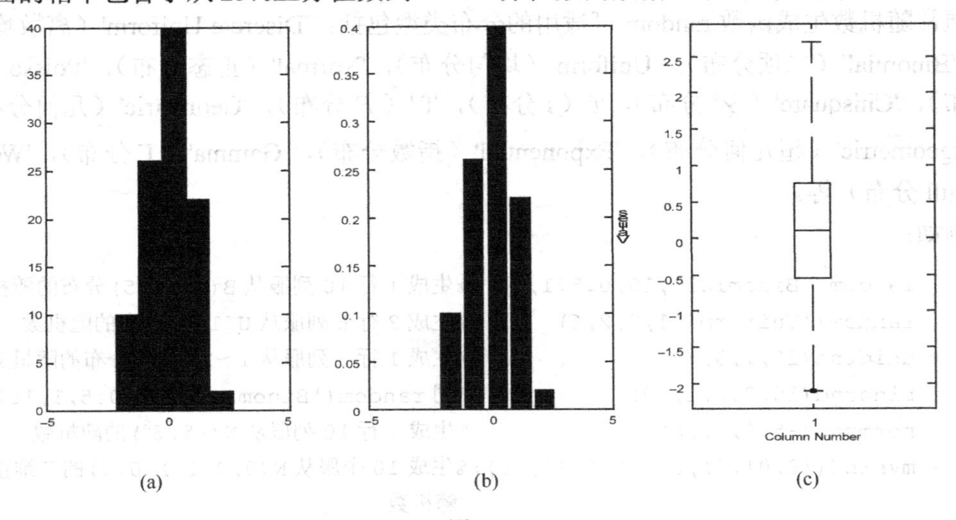

图 15.1

15.2 实验内容

15.2.1 样本的位置统计，分散性统计，样本中心矩，分布的形状统计，数据的变换

【例 1】 从某厂生产的某种型号的细轴中任取 20 个，测得其直径数据如下：

13.26,13.63,13.13,13.47,13.40,13.56,13.35,13.56,13.38,13.20,13.48,13.58,13.57,13.37,13.48,13.46,13.51,13.29,13.42,13.69

求以上数据的样本均值，中位数，0.25 分位数；样本方差，样本标准差，极差，偏度，峰度；变异系数，二阶、三阶和四阶中心矩，并将数据中心化和标准化。

解 输入：

```
vdata=[13.26,13.63,13.13,13.47,13.40,13.56,13.35,13.56,13.38,13.20,
13.48,13.58,13.57,13.37,13.48,13.46,13.51,13.29,13.42,13.69];
[mean(vdata),median(vdata),prctile(vdata,25)]
```

输出为：

```
13.4395   13.4650   13.3600
```

因此，样本均值为 13.4395，样本中位数为 13.4650，样本的 0.25 分位数为 13.3600。

输入：

```
[var(vdata),std(vdata),range(vdata),skewness(vdata),kurtosis(vdata)]
```

输出为：

```
0.0211   0.1452   0.5600   -0.3916   2.5553
```

因此样本方差 $S^2 = 0.0211$，注意 var 给出的是无偏估计时的方差。其计算公式为 $S^2 = \frac{1}{n-1}\sum_{i=1}^{n}(x_i - \bar{x})^2$，样本标准差 $S = 0.1452\,(S = \sqrt{S^2})$，极差 $R = 0.56$，偏度（Skewness）为 –0.3916，而负的偏度表明总体分布密度有较长的右尾，即分布向左偏斜。峰度（Kurtosis）为 2.5553。峰度大于 3 时表明总体的分布密度比有相同方差的正态分布的密度更尖锐和有更重的尾部。峰度小于 3 时表明总体的分布密度比正态分布的密度更平坦或者有更粗的腰部。

输入：

```
std(vdata)/mean(vdata)        %变异系数的定义是样本标准差与样本均值之比
```

输出变异系数为：

```
0.0108
```

输入：

```
[moment(vdata,2),moment(vdata,3),moment(vdata,4)]    %二、三、四阶中心矩
```

输出二、三、四阶中心矩分别为：

```
0.0200   -0.0011   0.0010
```

输入：

```
(vdata-mean(vdata))/std(vdata) %数据标准化，即每个数据减去均值，再除以标准差
```

输出标准化后的数据：

```
  Columns 1 through 6
  -1.2364    1.3121   -2.1318    0.2101   -0.2721    0.8300
  Columns 7 through 12
  -0.6165    0.8300   -0.4098   -1.6496    0.2790    0.9677
  Columns 13 through 18
   0.8989   -0.4787    0.2790    0.1412    0.4856   -1.0297
  Columns 19 through 20
  -0.1343    1.7254
```

可以验算新的数据的均值是 0，标准差是 1。

15.2.2 已知分布，计算事件的概率

【例 2】 已知机床加工得到的某零件的尺寸服从期望为 20 cm，均方差为 1.5 cm 的正态分布。

(1) 任意抽取一个零件，求它的尺寸在[19,22]区间内的概率。

(2) 若规定尺寸不小于某一标准值的零件为合格品，要使合格品的概率为 0.9，如何确定这个标准值？

(3) 独立地取 25 个组成一个样本，求样本均值在[19,22]区间内的概率。

解 零件尺寸服从 $N(20,1.5^2)$，用 $p(x)$ 和 $F(x)$ 分别表示 $N(20,1.5^2)$ 的概率密度和分布函数。

(1) 零件尺寸在[19,22]区间内的概率为 $P=\int_{19}^{22} p(x)\mathrm{d}x = F(22)-F(19)$。

MATLAB 编程计算，输入：

```
P=normcdf(22,20,1.5)-normcdf(19,20,1.5)
```

输出为：

```
P=0.6563
```

(2) 零件为合格品的标准值 x_0 应满足：

$$\int_{x_0}^{+\infty} p(x)\mathrm{d}x = 0.9 \quad 或 \quad \int_{-\infty}^{x_0} p(x)\mathrm{d}x = 0.1$$

MATLAB 编程计算，输入：

```
X0=norminv(0.1,20,1.5)
```

输出为：

```
X0=18.0777
```

(3) 样本均值是相互独立的正态分布随机变量的线性组合，仍服从正态分布，其期望和方差为：

$$E\overline{X} = 20, D\overline{X} = \frac{1.5^2}{25}$$

样本均值在[19,22]区间内的概率 $P1$ 可以类似(1)中的公式求出。

用 MATLAB 编程计算，输入：

```
P1=normcdf(22,20,1.5/5)-normcdf(19,20,1.5/5)
```

输出为：

```
P1=0.9996
```

从 P 和 $P1$ 可以看出，与 1 个零件相比，样本均值落在总体均值附近的概率要大得多。

15.2.3 作样本的直方图，为分布的 χ^2 检验作准备

【例 3】 下面列出了 84 个伊特拉斯坎（Etruscan）人男子的头颅的最大宽度（mm），对数据分组，并作直方图。为检验这些数据是否来自正态总体（$\alpha = 0.1$）作准备。

```
141 148 132 138 154 142 150 146 155 158
150 140 147 148 144 150 149 145 149 158
143 141 144 144 126 140 144 142 141 140
145 135 147 146 141 136 140 146 142 137
148 154 137 139 143 140 131 143 141 149
148 135 148 152 143 144 141 143 147 146
150 132 142 142 143 153 149 146 149 138
142 149 142 137 134 144 146 147 140 142
140 137 152 145
```

解

MATLAB 编程，指令如下：

```
vdata=[141,148,132,138,154,142,150,146,155,158,150,140,147,148,144,
150,149,145,149,158,143,141,144,144,126,140,144,142,141,140,145,135,147
,146,141,136,140,146,142,137,148,154,137,139,143,140,131,143,141,149,14
8,135,148,152,143,144,141,143,147,146,150,132,142,142,143,153,149,146,1
49,138,142,149,142,137,134,144,146,147,140,142,140,137,152,145] ;
subplot(1,2,1); hist(vdata,6);
[n,x]=hist(vdata,6)
subplot(1,2,2); bar(x,n/84)
```

输出为：

```
n=      2      6     28     25     17      6
x=  128.6667  134.0000  139.3333  144.6667  150.0000  155.3333
```

并得到如图 15.2(a)所示的直方图和图 15.2(b)所示的条形图。

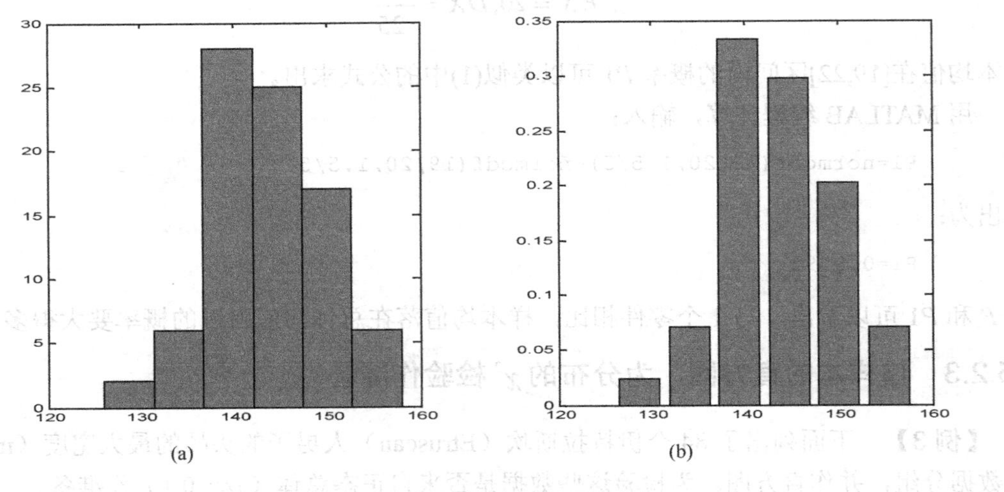

图 15.2

15.3　实验作业

1. 在某地的一项“夫妻对电视传播媒介观念差距的研究”中，访问了 30 对夫妻，其中丈夫所受教育年限 x（单位：年）的数据如下：

```
18,20,16,6,16,17,12,14,16,18,14,14,16,9,20,18,12,15,13,16,16,21,
21,9,16,20,14,14,16,16
```

求样本均值，中位数，四分位数；样本方差，样本标准差，极差，变异系数，二阶、三阶和四阶中心矩；求偏度，峰度。

将数据分组，使组中值分别为 6，9，12，15，18，21，作出 x 的频数分布表；作出频率分布的直方图。

将数据分成 5 组，作频率直方图。

2．下面的数据是有 50 名大学新生的一个专业在数学素质测验中所得到的分数：

88,74,67,49,69,38,86,77,66,75,94,67,78,69,84,50,39,58,79,70,90,79,97,75,98,77,64,69,82,71,65,68,84,73,58,78,75,89,91,62,72,74,81,79,81,86,78,90,81,62。

将这组数据分成 6～8 个组，画出频率直方图，并求出样本均值、样本方差；同时求偏度，峰度。

实验十六　统 计 推 断

实验目的

学习用 MATLAB 求解正态总体的均值、方差等未知参数的点估计、置信区间和假设检验的方法。

16.1　学习 MATLAB 命令

16.1.1　参数估计

MATLAB 用于参数估计的命令及格式主要有：

```
[muhat,sigmahat,muci,sigmaci]=normfit(X)
```

%X 是正态总体 $N(\mu, \sigma^2)$ 的样本，指令返回总体均值和标准差的点估计分别为 μ =muhat 和 σ =sigmahat，均值的区间估计 muci，方差的区间估计 sigmaci，默认置信水平为 0.95

```
[muhat,sigmahat,muci,sigmaci]=normfit(X,alpha)
```

%置信水平为 100(1 − α) % 的置信区间 muci 和 sigmaci，其中 X 是样本，1-alpha 是置信水平

expfit，binofit，unifit，poissfit，betafit，gamfit 的用法类似 normfit，返回的参数估计为极大似然估计（MLE）。

例如，输入：

```
x=[12.21 10.48 10.33 10.81 12.43 12.89  7.94 10.41 11.17  9.47 14.99];
[muhat,sigmahat,muci,sigmaci]=normfit(x)
%求 x 的期望和标准差的点估计和区间估计
```

则输出：

```
muhat=
     11.1936
sigmahat=
        1.8822
muci=
    9.9292
    12.4581
```

```
sigmaci=
      1.3151
      3.3031
```

需要说明的是，上面的参数估计是在正态总体的假设下做出的。如果无法保证这个假设成立，则有两种处理办法，一是取容量充分大的样本，仍可按照正态假设下的公式计算。因为根据概率的中心极限定理，只要样本容量足够大，样本均值就渐近地服从正态分布；二是 MATLAB 统计箱工具提供了一些常见分布总体的参数估计的命令，如 expfit 等。

16.1.2 假设检验

MATLAB 用于假设检验的命令及格式主要有以下 4 个。

(1) σ^2 已知时单个总体均值 mu 的检验命令 ztest

```
h=ztest(x,mu,sigma)                                %最简形式
[h,sig,ci,zval]=ztest(x,mu,sigma,alpha,tail)      %完整形式
```

输入参数的意义如下：x 是样本（n 维数组），mu 是 H_0 中的 μ_0，sigma 是总体标准差 σ（已知），alpha 是显著性水平 α（默认值为 0.05），tail 是双侧假设检验和两个单侧假设检验的标识，由备择假设 H_1 确定：H_1 为 $\mu \neq \mu_0$ 时令 tail = 'both'（可默认）；H_1 为 $\mu > \mu_0$ 时令 tail = 'right'；H_1 为 $\mu < \mu_0$ 时令 tail = 'left'。

输出参数的意义如下：$h=0$ 表示不能拒绝 H_0，$h=1$ 表示拒绝 H_0，sig 是假设检验的 P-值，ci 给出 μ_0 的置信区间，zval 是检验统计量 z 的值。

> **注** tail 的具体形式也可以分别用 0、1、−1 表示双边检验、右边检验和左边检验。
>
> 假设检验的 p-值是指检验统计量取其观察值以及比观察值更极端的值（沿着备择假设方向）的概率。

(2) σ^2 未知时单个正态总体均值 mu 的检验命令 ttest

```
h=ttest(x,mu)
[h,sig,ci]=ttest(x,mu,alpha,tail)
[h,sig,ci,stats]=ttest(x,mu,alpha,tail)
```

输入、输出参数的意义可参照 ztest 命令。

(3) 两个正态总体方差未知但相等时（$\sigma_1^2=\sigma_2^2$ 未知），关于两个总体均值是否相等的检验命令 ttest2

```
h=ttest2(x,y)    %x,y 的样本容量可以不同
[h,sig,ci]=ttest2(x,y,alpha,tail)
[h,sig,ci,stats]=ttest2(x,y,alpha,tail)
```

输入、输出参数的意义也参照 ztest 命令。

(4) 单个正态总体方差检验的命令 vartest

```
h=vartest(x,v,alpha,tail)
[h,p,ci,stats]= vartest(x,v,alpha,tail)
```

(5) 两个正态总体方差检验的命令 vartest2

```
h=vartest2(x,y,alpha,tail)
[h,p,ci,stats]= vartest2(x,y,alpha,tail)
```

(6) 检验总体分布的正态性命令 jbtest、kstest 和 lillietest

```
h=jbtest(x)                       %检验H0: 总体服从N(μ, σ^2)
[h,p,jbstat,cv]=jbtest(x)         %同上
h=kstest(x)                       %检验H0: 总体服从N(0,1)
h=lillietest(x)                   %检验H0: 总体服从N(μ, σ^2)
[h,p,lstat,cv]=lillietest(x)      %同上
```

16.2 实验内容

16.2.1 参数估计

a) σ^2已知，关于均值μ的点估计、置信区间

【例 1】 某车间生产滚珠，从长期实践中知道，滚珠直径可以认为服从正态分布。从某天产品中任取 6 个测得直径如下（单位：mm）：

```
14.6    15.1    14.9    14.8    15.2    15.1
```

若已知直径的方差是 0.06，试求总体均值μ的置信度为 0.95 的置信区间与置信度为 0.90 的置信区间。

解 (1) 不区分σ^2已知否。

输入：

```
X=[14.6,15.1,14.9,14.8,15.2,15.1];
[muhat,sigmahat,muci,sigmaci]=normfit(X)
```

部分输出是：

```
muhat=
      14.9500
muci=
     14.7130
     15.1870
```

故在没有使用题目中所给 $\sigma^2 = 0.06$ 信息时，μ 的估计值为 14.9500，μ 的置信度为 0.95 的置信区间为[14.7130,15.1870]。

(2) 依题意，利用 σ^2 的信息 μ 的置信度为 0.95 的置信区间为 $\left[\overline{x} - u_{1-\alpha/2}\dfrac{\sigma}{\sqrt{n}}, \overline{x} + u_{1-\alpha/2}\dfrac{\sigma}{\sqrt{n}}\right]$，已知 $\sigma^2 = 0.06$ 。

输入：

```
x=mean(X);
muci=[x-1.96*sqrt(0.06/6),x+1.96*sqrt(0.06/6)]
```

输出为：

```
muci=
    14.7540   15.1460
```

使用 $\sigma^2 = 0.06$ 信息时，μ 的置信度为 0.95 的置信区间为[14.7540, 15.1460]。

比较（1）和（2）易见，利用方差信息，在置信水平相同的条件下，得到的置信区间的长度要小于忽略方差信息得到的置信区间。因此若对置信区间要求较高时，应尽量多使用题目所给信息。

b) σ^2 未知，关于均值 μ 的点估计、置信区间

【例 2】 对某种型号飞机的飞行速度进行 15 次试验，测得最大飞行速度如下：

```
422.2, 417.2, 425.6, 420.3, 425.8, 423.1, 418.7, 428.2
438.3, 434.0, 312.3, 431.5, 413.5, 441.3, 423.0
```

假设最大飞行速度服从正态分布，试求总体均值 μ（最大飞行速度的期望）的置信区间（$\alpha = 0.05$ 与 $\alpha = 0.10$）。

解 输入：

```
X=[422.2,417.2,425.6,420.3,425.8,423.1,418.7,428.2,438.3,434.0,312.3,
431.5,413.5,441.3,423.0];
[muhat,sigmahat,muci,sigmaci]=normfit(X)
```

部分输出是：

```
muhat=
    418.3333
muci=
   401.5350
   435.1317
```

因此，μ 的估计值为 418.3333，置信度为 0.95 的置信区间是(401.5350,435.1317)。

输入：

```
[muhat,sigmahat,muci,sigmaci]=normfit(X,0.1)
```

部分输出是：

```
muci=
     404.5384
     432.1282
```

因此，μ 的置信度为 0.90 的置信区间是(404.5384,432.1282)。

16.2.2 假设检验

单个总体 $N(\mu,\sigma^2)$ 均值 μ 的检验

a) σ^2 已知，关于 μ 的检验

【例 3】 测定矿石中的铁，根据长期测定积累的资料，已知方差为 0.083，现对矿石样品进行分析，测得铁的含量为：

```
x(%)    63.27, 63.30, 64.41, 63.62
```

设测定值服从正态分布，问能否接受这批矿石的含铁量为 63.62？

解 这是正态总体方差已知时对均值的双边检验，需要检验假设：

$$H_0:\ \mu=63.62 \qquad H_1:\ \mu\neq 63.62$$

输入：

```
x=[63.27,63.30,64.41,63.62];
[h,sig,ci,zval]=ztest(x,63.62,sqrt(0.083)) %方差σ = √0.083 = 0.2881
```

输出为：

```
h=
 0
sig=
   0.8350
ci=
  63.3677   63.9323
zval=
     0.2083
```

结果表明：所用的检验统计量为 μ 统计量（正态分布），在显著性水平 $\alpha=0.05$ 时，接受原假设，即认为这批矿石的含铁量为 63.62。双边检验的 P-值为 0.8350，检验统计量的观测值为 0.2083，由样本对总体均值 μ 的区间估计为(63.3677, 63.9323)。

b) σ^2 未知，关于 μ 的检验

【例 4】　某种电子元件的寿命 x（以小时计）服从正态分布，μ,σ^2 均未知，现测得 16 只元件的寿命如下：

```
159    280    101    212    224    379    179    264
222    362    168    250    149    260    485    170
```

问是否有理由认为元件的平均寿命大于 225 小时?

解　这是正态总体方差未知时对均值的单边检验，需要检验假设：

$$H_0:\ \mu \leqslant 225 \qquad H_1:\ \mu > 225$$

输入：

```
x=[159,280,101,212,224,379,179,264,222,362,168,250,149,260,485,170];
[h,sig,ci,tval]=ttest(X,225,0.05,1)
```

输出为：

```
h=
 0
sig=
   0.2570
ci=
  198.2321       Inf
tval=
    tstat: 0.6685
       df: 15
```

结果给出检验报告：所用的检验统计量为自由度 15 的 T 分布（T 检验），检验统计量的观测值为 0.6685，单边检验的 P-值为 0.2570，μ 的置信为 95%的置信区间为 $(198.2321,+\infty)$。在显著性水平 $\alpha=0.05$ 下，接受原假设，即认为元件的平均寿命不大于 225 小时。

两个正态总体均值差的检验（方差未知但相等）

【例 5】　在平炉上进行一项试验以确定改变操作方法的建议是否会增加钢的得率。试验是在同一平炉上进行的，每炼一炉钢时除操作方法外，其他方法都尽可能做到相同。先用标准方法炼一炉，然后用建议的新方法炼一炉，以后交替进行，各炼了 10 炉，其得率分别为：

(1) 标准方法　78.1　72.4　76.2　74.3　77.4　78.4　76.0　75.5　76.7　77.3

(2) 新方法　79.1　81.0　77.3　79.1　80.0　79.1　79.1　77.3　80.2　82.1

设这两个样本相互独立，且分别来自正态总体 $N(\mu_1,\sigma^2)$ 和 $N(\mu_2,\sigma^2)$，μ_1,μ_2 和 σ^2 均未知。问建议的新操作方法能否提高得率?（取 $\alpha=0.05$）

解 这是两个正态总体在方差相等但未知时，对其均值差的单边检验，需要检验假设：

$$H_0: \mu_1 \geqslant \mu_2 \quad H_1: \mu_1 < \mu_2$$

输入：

```
X=[78.1,72.4,76.2,74.3,77.4,78.4,76.0,75.5,76.7,77.3];
Y=[79.1,81.0,77.3,79.1,80.0,79.1,79.1,77.3,80.2,82.1];
[h,sig,ci,t2val]=ttest2(X,Y,0.05,-1)
```

输出为：

```
h=
 1
sig=
   2.1759e-004
ci=
  -Inf   -1.9083
t2val=
     tstat: -4.2957
        df: 18
```

检验报告给出：检验统计量为自由度18的 T 分布（T 检验），检验统计量的观察值为 −4.29574，单边检验的 P-值为 0.00021759，$\mu_1 - \mu_2$ 的置信水平为 95%的置信区间为 $(-\infty, -1.9083)$，结果显示在显著性水平 $\alpha = 0.05$ 下拒绝 H_0，即认为建议的新操作方法较原来的方法为优。

【例6】 中国20多年来的经济发展使人民的生活水平得到了很大的提高，不少家长都觉得孩子这一代的身高比上一代有了很大变化。下面是近期在一个经济发展比较快的城市中学和一个农村中学收集到的17岁龄的学生身高数据：

50名17岁城市男性学生身高（单位：cm）

170.1 179.0 171.5 173.1 174.1 177.2 170.3 176.2 163.7 175.4

163.3 179.0 176.5 178.4 165.1 179.4 176.3 179.0 173.9 173.7

173.2 172.3 169.3 172.8 176.4 163.7 177.0 165.9 166.6 167.4

174.0 174.3 184.5 171.9 181.4 164.6 176.4 172.4 180.3 160.5

166.2 173.5 171.7 167.9 168.7 175.6 179.6 171.6 168.1 172.2

从100名农村同龄男性学生的身高（原始数据从略），计算出样本均值和标准差分别为168.9 cm和5.4 cm。

问题(1)：怎样对目前17岁城市男性学生的平均身高做出估计？

问题(2)：又查到20年前同一所学校同龄男生的平均身高为168 cm，根据上面的数据回答，20年来城市男性学生的身高是否发生了变化？

问题(3)：由收集的城市和农村中学的数据回答，两地区同龄男生的身高是否有差距？

分析 对问题(1)一个明显的、人们都能够接受的结论是：用 50 名城市男性学生的平均身高（样本均值）作为 17 岁城市男性学生的平均身高（总体均值）的估计值，大家也知道这个估计不可能完全可靠。需要进一步解决的问题是：学生的平均身高会在多大的范围内变化？其可靠程度如何？

对于问题(2)，不妨先假定学生的身高没有变化，即假设目前仍为 168 cm，再根据 50 名学生身高数据检验这个假设的正确性。显然，样本均值一般不会刚好等于 168 cm，但若样本均值只比 168 cm 高一点，人们将不认为总体均值发生了变化，即承认原来的假设。需要解决的问题是：样本均值要比 168 cm 高多少才有理由否认原来的假设？

问题(3)类似于问题(2)，要通过样本数据检验的假设是：两地区同龄男生的平均身高没有差距。需要解决的问题是：两个样本均值相差多少才有理由否认这个假设。

解 问题(1)。假定学生的平均身高服从正态分布，用 normfit 命令可得总体均值（城市男生的平均身高）和标准差点估计和区间估计。

输入：

```
    X=[170.1 179.0 171.5 173.1 174.1 177.2 170.3 176.2 163.7 175.4 163.3 179.0
176.5 178.4 165.1 179.4 176.3 179.0 173.9 173.7 173.2 172.3 169.3 172.8 176.4
163.7 177.0 165.9 166.6 167.4 174.0 174.3 184.5 171.9 181.4 164.6 176.4 172.4
180.3 160.5 166.2 173.5 171.7 167.9 168.7 175.6 179.6 171.6 168.1 172.2];
    [mu,sigma,muci,sigmaci]=normfit(X)
```

输出为：

```
mu=
  172.7040
sigma=
     5.3707
muci=
    171.1777
    174.2303
sigmaci=
      4.4863
      6.6926
```

由样本得到了总体均值 172.7040，其区间估计为(171.1777, 174.2303)。

问题(2)。已知 20 年前同一所学校同龄男生的平均身高为 168 cm，为回答学生身高是否发生了变化，作假设检验：

$$H_0:\mu=168;\qquad H_1:\mu\neq168.$$

先对样本作正态性检验，再用 T 检验，编程如下($\alpha=0.05$)。

输入 Bera-Jarque 正态性检验命令：

```
h1=jbtest(X)
```

输出为：

```
h1=
  0
```

检验结果是未拒绝原假设（总体服从正态分布）。再输入 Lilliefors 正态性检验命令：

```
h2=lillietest(X)
```

输出为：

```
h2=
  0
```

结果显示，通过了正态性检验。下面开始总体均值的检验。输入：

```
[h,sig,ci]=ttest(X)
```

输出为：

```
h=
 1
sig=
   0
ci=
  171.1777  174.2303
```

结果拒绝原假设，表明学生的身高的确发生了变化。

问题(3)。要求由收集的城市和农村中学的数据回答，两地区同龄男生的身高是否有差距，作假设检验：

$$H_0:\mu_1=\mu_2;\quad H_1:\mu_1\neq\mu_2。$$

这里 μ_1，μ_2 分别是城市和农村中学同龄男生的身高。题目中只给出了从 100 名同龄男生身高算出的样本均值 168 cm 和标准差 5.4，没有原始的样本数据。为了直接用 MATLAB 命令 ttest2 计算，需要索取原始数据。假定我们得到了这 100 个数据，并认为服从正态分布，用如下运算作检验($\alpha=0.05$)。

输入：

```
Y=normrnd(168.9,5.4,100,1) ;  %模拟产生 100 个正态分布 N(168.9, 5.4^2)的随机数
[h,sig,ci]=ttest2(X,Y)
```

输出为：

```
h=
 1
```

```
sig=
   4.9422e-005
ci=
  1.8912    5.2807
```

即拒绝原假设，表明城市与农村 17 岁年龄组学生（总体）的身高有显著差异。

16.3 实验作业

1. 从自动机床加工的同类零件中抽取 16 件，测得长度值为（单位：mm）：

```
12.15   12.12   12.01   12.08   12.09   12.16   12.03   12.06
12.06   12.13   12.07   12.11   12.08   12.01   12.03   12.01
```

求方差的置信区间（$\alpha = 0.05$）。

2. 随机地从某切割机加工的一批金属棒中抽取 15 段，测得其长度如下（单位：cm）：

```
10.4   10.6,10.1,10.4,10.5   10.3   10.3   10.2
10.9   10.6   10.8   10.5   10.7   10.2   10.7
```

设金属棒长度服从正态分布，求该批金属棒的平均长度 μ 的置信区间（$\alpha = 0.05$），若：(1) 已知 $\sigma = 0.15$ cm；(2) σ 未知。

3. 有一大批袋装化肥，现从中随机地取出 16 袋，称得重量如下（单位：kg）：

```
50.6   50.8   49.9   50.3   50.4   51.0   49.7   51.2
51.4   50.5   49.3   49.6   50.6   50.2   50.9   49.6
```

设袋装化肥的重量近似服从正态分布，试求总体均值 μ 的置信区间与总体方差 σ^2 的置信区间（分别在置信度为 0.95 与 0.90 两种情况下计算）。

4. 某种磁铁矿的磁化率近似服从正态分布。从中取出容量为 42 的样本测试，计算样本均值为 0.132，样本标准差为 0.0728，求磁化率的均值的区间估计($\alpha = 0.05$)。

5. 设某种电子元件的寿命 X（单位：小时）服从正态分布 $N(\mu,\sigma^2)$。μ,σ^2 均未知，现测得 16 只元件的寿命如下：

```
159  280  101  212  224  379  179  264
222  362  168  250  149  260  485  170
```

问是否有理由认为元件的平均寿命为 225 小时?是否有理由认为这种元件寿命的方差$\leqslant 85^2$？

6. 某化肥厂采用自动流水生产线，装袋记录表明，实际包重 $X \sim N(100,2^2)$，打包机必须定期进行检查，确定机器是否需要调整，以确保所打的包不至过轻或过重。现随机抽取 9 包，测得数据如下（单位：kg）：

102,100,105,103,98,99,100,97,105

若要求完好率为 95%，问机器是否需要调整？

7. 机器包装食盐，假设每袋盐的净重服从正态分布。规定每袋盐的标准重量为 1 市斤，标准差不能超过 0.02 市斤。某天开工后，为检验机械工作是否正常，从装好的食盐中随机地抽取 9 袋，测得其净重为（单位：市斤）：

0.994　1.014　1.02　0.95　0.968
0.968　1.048　0.982　1.03

问这天包装机工作是否正常（$\alpha=0.05$）？

8. (1) 某切割机在正常工作时，切割每段金属棒的平均长度为 10.5 cm，标准差是 0.15 cm，今从一批产品中随机地抽取 15 段，测得其长度如下（单位：cm）：

10.4,10.6,10.1,10.4,10.5,10.3,10.3,10.2,10.9,10.6,10.8,10.5,10.7,0.2,10.7

设金属棒长度服从正态分布，且标准差没有变化，该机工作是否正常($\alpha=0.05$)?

(2) 上题中只假定切割的长度服从正态分布，问该机切割的金属棒的平均长度有无显著变化（$\alpha=0.05$）？

(3) 如果只假定切割的长度服从正态分布，问该机切割的金属棒长度的标准差有无显著变化（$\alpha=0.05$）？

9. 某自动机床加工同一种类型的零件。现从甲、乙两班加工的零件中各抽验了 5 个，测得它们的直径分别为（单位：cm）：

甲　2.066,2.063,2.068,2.060,2.067
乙　2.058,2.057,2.063,2.059,2.060

已知甲、乙二车床加工的零件其直径分别为 $X\sim N(\mu_1,\sigma^2)$, $Y\sim N(\mu_2,\sigma^2)$，试根据抽样结果来说明两车床加工的零件的平均直径有无显著性差异（$\alpha=0.05$）？

实验十七 回 归 分 析

实验目的

学习用 MATLAB 求解一元线性回归问题。学会正确使用命令 regress，并从输出表中读懂线性回归模型中各参数的估计、回归方程，线性假设的显著性检验结果，因变量 Y 在观察点 x_0 的预测区间等。

17.1 实验准备

17.1.1 多元线性回归的数学模型

$$\begin{cases} Y = X\beta + \varepsilon \\ \varepsilon \sim N(0,\sigma^2 I) \end{cases}，其中 X = \begin{bmatrix} 1 & x_{11} & x_{21} & \cdots & x_{p1} \\ 1 & x_{12} & x_{22} & \cdots & x_{p2} \\ \cdots & \cdots & \cdots & \cdots & \cdots \\ 1 & x_{1n} & x_{2n} & \cdots & x_{pn} \end{bmatrix}，Y = \begin{bmatrix} y_1 \\ y_2 \\ \vdots \\ y_n \end{bmatrix}，\varepsilon = \begin{bmatrix} \varepsilon_1 \\ \varepsilon_2 \\ \vdots \\ \varepsilon_n \end{bmatrix}，$$

$\beta = (\beta_0, \beta_1, \cdots, \beta_p)^{\mathrm{T}}$ 为参数。记 $\hat{y}_i = \hat{\beta}_0 + \hat{\beta}_1 x_{i1} + \cdots + \hat{\beta}_p x_{ip}$，残差的每一分量定义为 $r_i = y_i - \hat{y}_i$，$i = 1, 2, \cdots, n$。

残差平方和为 $Q = \sum_{i=1}^{n} r_i^2 = \sum_{i=1}^{n} (y_i - \hat{y}_i)^2$，最小二乘估计就是选择参数 $\beta = (\beta_0, \beta_1, \cdots, \beta_p)^{\mathrm{T}}$，使残差平方和最小。

$S = S_{yy} = \sum_{i=1}^{n} (y_i - \overline{y})^2$ 称为总的偏差平方和，$U = \sum_{i=1}^{n} (\hat{y}_i - \overline{y})^2$ 称为回归平方和。可以证明平方和的分解公式：$S = Q + U$。

决定系数 $R^2 = U/S$ 是反映模型是否有效的指标之一，且 $0 < R^2 < 1$。R^2 越接近于 1，模型的有效性越好。

$F = \dfrac{U/p}{Q/(n-p-1)} \sim F(p, n-p-1)$，是检验 $H_0: \beta_0 = \beta_1 = \cdots = \beta_p = 0$ 的检验统计量，在 F 的值偏大时拒绝 H_0。

$s^2 = \frac{Q}{n-p-1} = \frac{\sum_{i=1}^{n} r_i^2}{n-p-1}$ 是回归模型中 σ^2 的无偏估计。

一元线性回归是多元线性回归的特例，只要令 $p=1$ 即可。

17.1.2 一元线性回归模型中个值 y_0 的预测区间

当 H_0 被拒绝，即判断模型有效后，就可以从自变量 x 的一个给定值 x_0 预测因变量的理论值 y_0，预测值实际上是一个点估计，记作 $\hat{y}_0$。显然可取：

$$\hat{y}_0 = \hat{\beta}_0 + \hat{\beta}_1 x_0 \tag{1}$$

这里的 $\hat{y}_0$ 有如下的统计意义：$\hat{y}_0$ 是无偏估计，即 $E\hat{y}_0 = y_0$。在给定显著性水平 α 下，y_0 预测区间（$\alpha = 0.05$ 时，y_0 有 95%的可能在此区间）为：

$$\left[\hat{y}_0 - t_{1-\alpha/2}(n-2)s\sqrt{1+\frac{1}{n}+\frac{(x_0-\overline{x})^2}{s_{xx}}},\ \hat{y}_0 + t_{1-\alpha/2}(n-2)s\sqrt{1+\frac{1}{n}+\frac{(x_0-\overline{x})^2}{s_{xx}}}\right] \tag{2}$$

其中，$s^2 = \frac{\sum_{i=1}^{n}(y_i - \hat{y}_i)^2}{n-2} = \frac{Q}{n-2}$，$s_{xx} = \sum_{i=1}^{n}(x_0 - \overline{x})^2$。虽然这个结果比较复杂，但是当 n 很大且 x_0 接近 $\overline{x}$ 时，可以忽视上式根号内的后两项，且 $t_{1-\alpha/2}(n-2)$ 接近于 $N(0,1)$ 的 $1-\alpha/2$ 分位数 $z_{1-\alpha/2}$。上述预测区间简化为：

$$[\hat{y}_0 - z_{1-\alpha/2}s, \hat{y}_0 + z_{1-\alpha/2}s] \tag{3}$$

如果因为 $F < F_{1-\alpha}(1, n-2)$ 或 β_1 的置信区间包含零点而接受 H_0，那也只是说明 y 与 x 之间没有合适的线性模型，但是两者之间可能存在其他关系。

17.1.3 多元线性回归模型中个值 y_0 的预测区间

当模型通过有效性检验后，可由自变量的任一给定值 $x_0 = (x_{01}, \cdots, x_{0p})$ 预测因变量的理论值 y_0，记作 $\hat{y}_0$。显然：

$$\hat{y}_0 = \hat{\beta}_0 + \hat{\beta}_1 x_{01} + \cdots + \hat{\beta}_p x_{0p} \tag{4}$$

在给定显著性水平 α 下 y 的预测区间为：

$$[\hat{y} - \delta(x),\ \hat{y} + \delta(x)],\quad \delta(x) = t_{1-\alpha/2}(n-p-1)s\sqrt{1 + x_0^{\mathrm{T}}(X^{\mathrm{T}}X)^{-1}x_0} \tag{5}$$

其中，$s^2=\frac{Q}{n-p-1}=\frac{\sum_{i=1}^{n}r_i^2}{n-p-1}$。当$n$很大且$x_0$接近$\bar{x}$时，上述预测区间也可简化为：

$$[\hat{y}_0 - z_{1-\alpha/2}s, \hat{y}_0 + z_{1-\alpha/2}s] \tag{6}$$

17.2 学习 MATLAB 命令

17.2.1 regress

MATLAB 用于一元或多元线性回归的命令是 regress，其格式为：

```
b=regress(y,X)                                    %简单形式
[b,bint,r,rint,stats]=regress(y,X,alpha)   %完整形式
```

输入参数及含义如下：因变量y（列向量），矩阵X（n行$p+1$列，左边第一列为 1，这时回归模型中有常数项），*alpha* 是显著性水平α（默认时设定为 0.05）。

输出参数及含义如下：$b=(\beta_0,\beta_1,\cdots,\beta_p)^{\mathrm{T}}$为$p+1$个模型参数的最小二乘估计，*bint* 是参数$(\beta_0,\beta_1,\cdots,\beta_p)^{\mathrm{T}}$的置信区间，*r* 是残差（列向量），*rint* 是残差的置信区间，*stats* 包含 4 个统计量：第 1 个是决定系数R^2；第 2 个是作回归方程的显著性检验的$F(p,n-p-1)$统计量的值；第 3 个是$F(p,n-p-1)$分布大于F值的概率p（检验的 P-值），$p<\alpha$时拒绝H_0，回归模型有效；第 4 个是s^2（剩余方差，MATLAB 7.0 以前版本没有第 4 个统计量），s^2可由 sum(*r*.^2)/(*n*-*p*-1)计算。

17.2.2 polyfit

多项式回归命令为 polyfit，其格式是：

```
a=polyfit(x,y,m)
```

输入参数及含义如下：x, y是要拟合的数据组（长度相同的向量），*m* 为拟合多项式的次数。

输出 *a* 为拟合多项式：

$$y=a_1x^m+a_2x^{m-1}+\cdots+a_mx+a_{m+1}$$

的系数$a=[a_1,a_2,\cdots,a_m,a_{m+1}]$（降幂排列）。注意：顺序与 regress 的输出相反。

下面的命令常与 polyfit 连用，计算上述多项式在x处的值y：

```
y=polyval(a,x)
```

17.2.3 nlinfit

非线性回归命令为 nlinfit，其格式为：

```
[b,R,J]=nlinfit(x,y,'model',b0)
```

输入参数及含义如下：x 是自变量数据矩阵，每列一个变量；y 是因变量数据向量；*model* 是模型的函数名（M 文件或 inline 形式的函数），形式为 $y=f(b,x)$，其中 b 为参数，$b0$ 为参数迭代初始值。

输出参数及含义如下：b 是参数的估计值，R 是残差，J 返回用于估计预测误差的 Jacobi 矩阵。

17.3 实验内容

17.3.1 一元线性回归

【例 1】 表 17.1 列出了 18 名 5～8 岁儿童的体重（这是容易测得的）和体积（这是难以测量的）。

表 17.1

体重 x（千克）	17.1	10.5	13.8	15.7	11.9	10.4	15.0	16.0	17.8
体积 y（立方分米）	16.7	10.4	13.5	15.7	11.6	10.2	14.5	15.8	17.6
体重 x（千克）	15.8	15.1	12.1	18.4	17.1	16.7	16.5	15.1	15.1
体积 y（立方分米）	15.2	14.8	11.9	18.3	16.7	16.6	15.9	15.1	14.5

(1) 画出散点图。(2) 求 y 关于 x 的线性回归方程 $\hat{y}=\hat{a}+\hat{b}x$，并作回归分析。(3) 求 $x=14.0$ 时 y 的置信水平为 0.95 的预测区间。

解 (1) 输入数据，并输入作散点图命令：

```
x=[17.1 10.5 13.8 15.7 11.9 10.4 15.0 16.0 17.8 15.8 15.1 12.1 18.4 17.1
16.7 16.5 15.1 15.1];          %输入自变量 x 的观察值
y=[16.7 10.4 13.5 15.7 11.6 10.2 14.5 15.8 17.6 15.2 14.8 11.9 18.3 16.7
16.6 15.9 15.1 14.5];          %输入因变量 y 的观察值
plot(x,y,'*')                  %作散点图
```

输出结果见图 17.1。

(2) 作一元回归分析，输入：

```
n=length(y);
X=[ones(n,1),x'];            %1 与自变量 x 组成的输入矩阵
[b,bint,r,rint,s]=regress(y',X);
```

```
b,bint,s
rcoplot(r,rint)          %残差及其置信区间作图
```

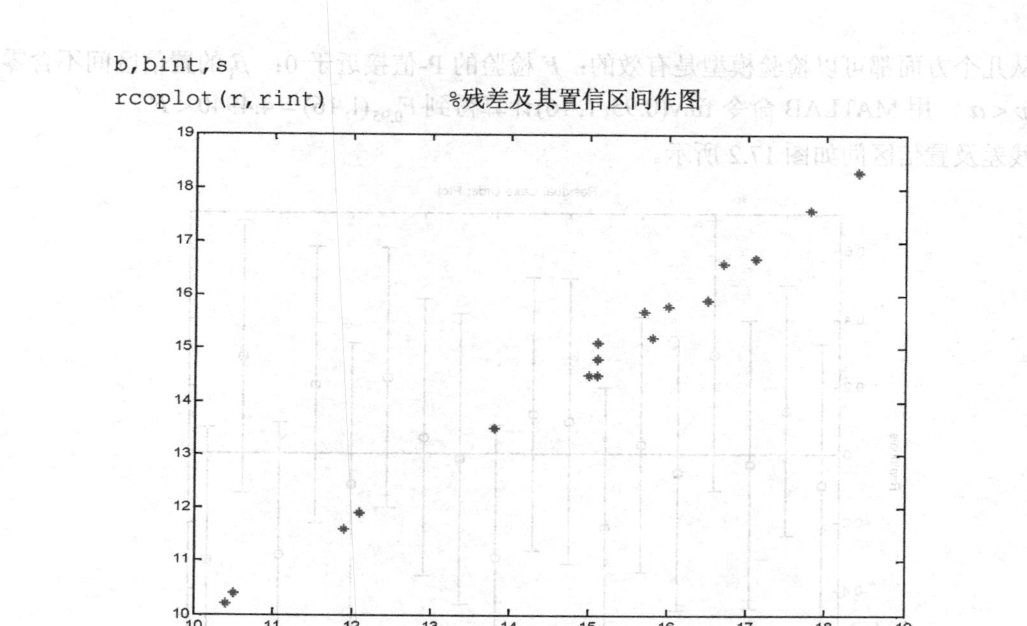

图 17.1

执行后得到输出结果：

```
b=
 -0.1040
 0.9881
bint=
    -0.7655    0.5574
     0.9445    1.0316
s=
 1.0e+003 *
 0.0010    2.3119        0
```

这个结果可整理成表 17.2 所示的形式。

表 17.2

回 归 系 数	回归系数估计值	回归系数置信区间
β_0	–0.1040	[–0.7655,0.5574]
β_1	0.9881	[0.9445,1.0316]
$R^2 \approx 1 \quad F = 2311.9 \quad p < 0.001$		

一元回归方程为：

$$y = -0.1040 + 0.9881x$$

从几个方面都可以检验模型是有效的：F 检验的 P-值接近于 0；β_1 的置信区间不含零点；$p<\alpha$；用 MATLAB 命令 finv(0.95, 1, 16)计算得到 $F_{0.95}(1,16)=4.4940<F$。

残差及置信区间如图 17.2 所示。

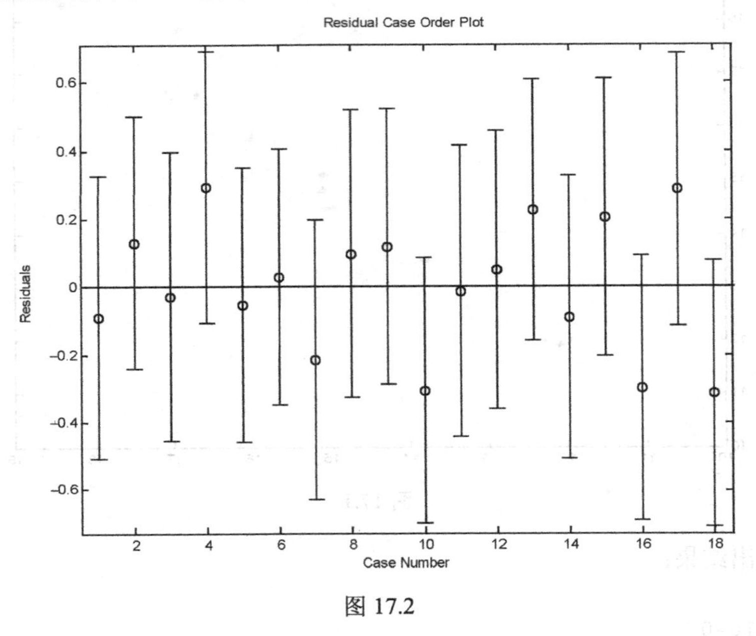

图 17.2

(3) 将上面的回归系数估计值 $\hat{\beta}_0=-0.1040, \hat{\beta}_1=0.9881$ 代入回归方程，对体重为 14.0 kg 的儿童的体积（个值）进行预测，得 $\hat{y}_0=13.7287$。

在 $\alpha=0.05$ 下，体积预测区间简化为 $[\hat{y}_0-u_{1-\alpha/2}s, \hat{y}_0+u_{1-\alpha/2}s]$，输入计算指令：

```
t1=13.7287-norminv(0.975,0,1)*sqrt(sum(r.^2)/16)
t2=13.7287+norminv(0.975,0,1)*sqrt(sum(r.^2)/16)
```

输出为：

```
t1=13.3333
t2=14.1241
```

即，14.0 kg 的儿童的体积（个值）的置信度为 0.95 的预测区间为[13.3340,14.1248]。也可以用命令：

```
polytool(x,y,1,0.05)
```

作出散点图及拟合直线，并对 $x=14.0$ 时的 y 进行预报（输出结果略，详见例 4）。

【例 2】 为了了解血压随年龄的增长而升高的关系，调查了 30 个成年人的血压（收缩压 mmHg），如表 17.3 所示。我们希望用这组数据确定血压与年龄（岁）的关系，并且由此从年龄预测血压可能的变化范围，回答“平均说来60岁比50岁的人血压高多少”的问题。

表 17.3

序号	血压	年龄	序号	血压	年龄	序号	血压	年龄
1	144	39	11	162	64	21	136	36
2	215	47	12	150	56	22	142	50
3	138	45	13	140	59	23	120	39
4	145	47	14	110	34	24	120	21
5	162	65	15	128	42	25	160	44
6	142	46	16	130	48	26	158	53
7	170	67	17	135	45	27	144	63
8	124	42	18	114	18	28	130	29
9	158	67	19	116	20	29	125	25
10	154	56	20	124	19	30	175	69

解 记血压（因变量）为 y，年龄（自变量）为 x，表 17.3 的数据为 (x_i, y_i) $(i=1,2,\cdots,30)$。用 MATLAB 将它们作图，如图 17.3 所示。从图形直观地看，y 与 x 大致呈线性关系，即 $y=\beta_0+\beta_1 x$。根据试验数据从统计推断的角度讨论 β_0，β_1 的置信区间和假设检验，进而对任意的年龄 x 给出 y 的预测区间，这属于一元线性回归分析。

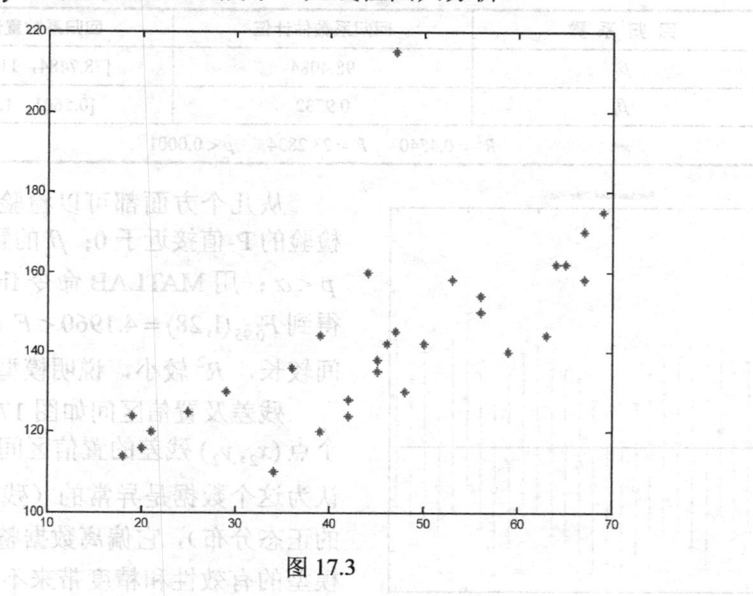

图 17.3

MATLAB 编程如下：

```
y=[144 215 138 145 162 142 170 124 158 154 162 150 140 110 128 130 135
114 116 124 136 142 120 120 160 158 144 130 125 175];
```

```
    x=[39 47 45 47 65 46 67 42 67 56 64 56 59 34 42 48 45 18 20 19 36 50 39
21 44 53 63 29 25 69];
    n=30;
    X=[ones(n,1),x'];                              %1 与自变量组成的输入矩阵
    [b,bint,r,rint,s]=regress(y',X);
    plot(x,y,'*')                                  %血压与年龄的散点图
    b,bint,s
    rcoplot(r,rint)                                %残差及其置信区间作图
```

输出:

```
    b=
     98.4084
     0.9732
    bint=
         78.7484  118.0683
          0.5601    1.3864
    s=
     0.4540    23.2834    0.0000
```

这个结果可以整理成表 17.4。

表 17.4

回 归 系 数	回归系数估计值	回归系数置信区间
β_0	98.4084	[78.7484，118.0683]
β_1	0.9732	[0.5601，1.3864]
$R^2 = 0.4540$ $F = 23.2834$ $p < 0.0001$		

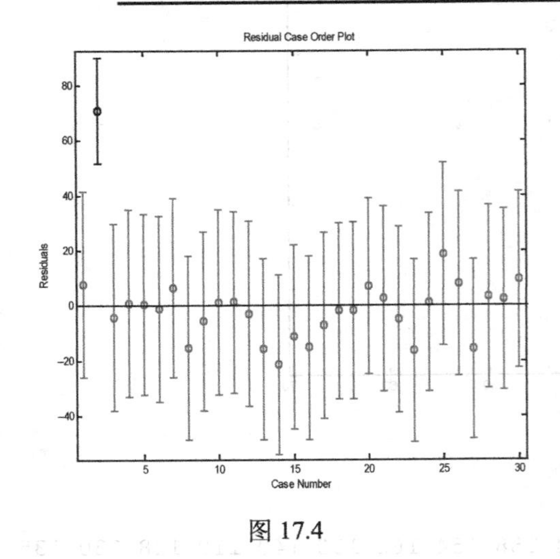

图 17.4

从几个方面都可以检验模型是有效的：F 检验的 P-值接近于 0；β_1 的置信区间不含零点；$p < \alpha$；用 MATLAB 命令 finv(0.95, 1, 28)计算得到 $F_{0.95}(1,28) = 4.1960 < F$ 。但是 β_1 的置信区间较长，R^2 较小，说明模型精度不高。

残差及置信区间如图 17.4 所示，图中第二个点 (x_2, y_2) 残差的置信区间不包括零点，可以认为这个数据是异常的（残差应服从均值为 0 的正态分布），它偏离数据整体的变化趋势，给模型的有效性和精度带来不利的影响，称为异常点或离群点，应予以剔除。

将原始数据中的第二个剔除后重新计算得到表 17.5。

可以看出 $\hat{\beta}_0, \hat{\beta}_1$ 变化不大，但置信区间变短，R^2 和 F 变大，说明模型精度提高。残差及其置信区间见图 17.5。从图 17.5 又发现两个新的异常点（思考一下，为什么会出现），剔除它们后模型会有什么改进？

表 17.5

回 归 系 数	回归系数估计值	回归系数置信区间
β_0	96.8665	[85.4771，108.2559]
β_1	0.9533	[0.7140，1.1925]
$R^2=0.7123$　$F=66.8358$　$p<0.0001$		

将上面得到的回归系数的估计值 $\hat{\beta}_0=96.8665$，$\hat{\beta}_1=0.9533$ 代入回归方程，对 50 岁（$x_0=50$）的人的血压进行预测，得 $\hat{y}_0=144.5298$。在 $\alpha=0.05$ 下按照式(2)计算的预测区间为[124.5406, 164.5190]，按照简化的式(3)计算的预测区间为[125.7887, 163.2708]。

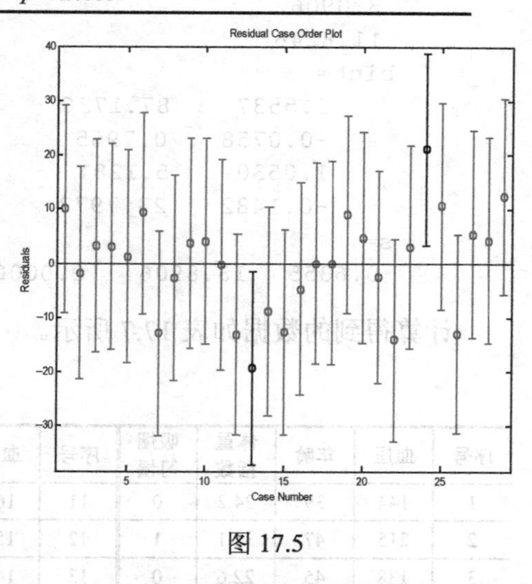

图 17.5

17.3.2　多元线性回归

【例 3】　世界卫生组织颁布的“体重指数”的定义是体重除以身高的平方，显然它比体重本身更能反映人的胖瘦。对表 17.3 给出的 30 个人又测量了他（她）们的体重指数，如表 17.6 所示。试建立血压与年龄（岁）和体重指数之间的模型，作回归分析。如果还记录了他（她）们的吸烟习惯（表 17.6 中 0 表示不吸烟，1 表示吸烟），怎样在模型中考虑这个因素，吸烟会使血压升高吗？对 50 岁、体重指数 25 的吸烟者的血压作预测。

解　记血压为 y，年龄为 x_1，体重指数为 x_2，吸烟习惯为 x_3，用 MATLAB 将 y 与 x_2 的数据作散点图（略），看出大致也呈线性关系，建立模型 $y=\beta_0+\beta_1x_1+\beta_2x_2+\beta_3x_3$，由数据估计系数 $\beta_0,\beta_1,\beta_2,\beta_3$ 也可以看作曲线（曲面）拟合。

仍然用命令 regress(*y*,*X*)，只需注意输入矩阵 *X* 的构成。编程如下：

```
    y=[144 215 138 145 162 142 170 124 158 154 162 150 140 110 128 130 135
114 116 124 136 142 120 120 160 158 144 130 125 175];
    x1=[39 47 45 47 65 46 67 42 67 56 64 56 59 34 42 48 45 18 20 19 36 50
39 21 44 53 63 29 25 69];
    x2=[24.2 31.1 22.6 24.0 25.9 25.1 29.5 19.7 27.2 19.3 28.0 25.8 27.3 20.1
21.7 22.2 27.4 18.8 22.6 21.5 25.0 26.2 23.5 20.3 27.1 28.6 28.3 22.0 25.3
27.4];
```

```
x3=[0 1 0 1 1 0 1 0 1 0 1 0 0 0 0 1 0 0 0 0 0 1 0 0 1 1 0 1 0 1];
n=length(y);
X=[ones(n,1),x1',x2',x3'];               %输入矩阵
[b bint r rint s]=regress(y',X);
b,bint,s,rcoplot(r,rint)
```

输出为：

```
b=
 45.3636
 0.3604
 3.0906
 11.8246
bint=
     3.5537    87.1736
     -0.0758    0.7965
     1.0530     5.1281
     -0.1482    23.7973
s=
 0.6855   18.8906   0.0000   169.7917
```

计算得到的数据如表 17.7 所示。

表 17.6

序号	血压	年龄	体重指数	吸烟习惯	序号	血压	年龄	体重指数	吸烟习惯	序号	血压	年龄	体重指数	吸烟习惯
1	144	39	24.2	0	11	162	64	28.0	1	21	136	36	25.0	0
2	215	47	31.1	1	12	150	56	25.8	0	22	142	50	26.2	1
3	138	45	22.6	0	13	140	59	27.3	0	23	120	39	23.5	0
4	145	47	24.0	1	14	110	34	20.1	0	24	120	21	20.3	0
5	162	65	25.9	1	15	128	42	21.7	0	25	160	44	27.1	1
6	142	46	25.1	0	16	130	48	22.2	1	26	158	53	28.6	1
7	170	67	29.5	1	17	135	45	27.4	0	27	144	63	28.3	0
8	124	42	19.7	0	18	114	18	18.8	0	28	130	29	22.0	1
9	158	67	27.2	1	19	116	20	22.6	0	29	125	25	25.3	0
10	154	56	19.3	0	20	124	19	21.5	0	30	175	69	27.4	1

表 17.7

回 归 系 数	回归系数估计值	回归系数置信区间
β_0	45.3636	[3.5537，87.1736]
β_1	0.3604	[−0.0758，0.7965]
β_2	3.0906	[1.0530，5.1281]
β_3	11.8246	[−0.1482，23.7973]
$R^2 = 0.6855 \quad F = 18.8906 \quad p < 0.0001$		

从残差及其置信区间的图（略）发现第 2 个和第 10 个点为异常点，剔除它们重新计算得到表 17.8。

表 17.8

回 归 系 数	回归系数估计值	回归系数置信区间
β_0	58.5101	[29.9064，87.1138]
β_1	0.4303	[0.1273，0.7332]
β_2	2.3449	[0.8509，3.8389]
β_3	10.3065	[3.3878，17.2253]
$R^2 = 0.8462$　$F = 44.0087$　$p < 0.0001$		

由剔除异常点后数据得到的预测模型为：

$$\hat{y} = 58.5101 + 0.4303x_1 + 2.3499x_2 + 10.3065x_3$$

由这个结果可知，年龄和体重指数相同的人，吸烟者比不吸烟者的血压（平均）高 10.3。

对 50 岁、体重指数 25 的吸烟者的血压作预测：将 $x_1 = 50, x_2 = 25, x_3 = 1$ 代入上面的预测模型得 $\hat{y} = 148.9525$，在 $\alpha = 0.05$ 下按照式(5)计算得预测区间为[133.1716,164.7334]，按照简化的式(6)计算得预测区间为[134.5951,163.3099]。

17.3.3 多项式回归

【例 4】 一种合金在某种添加剂的不同浓度下，各做三次试验，得到数据如下。

浓度 x	10.0	15.0	20.0	25.0	30.0
抗压强度 y	25.2	29.8	31.2	31.7	29.4
	27.3	31.1	32.6	30.1	30.8
	28.7	27.8	29.7	32.3	32.8

(1) 作散点图。(2) 以模型 $Y = b_0 + b_1x + b_2x^2 + \varepsilon$， $\varepsilon \sim N(0,\sigma^2)$ 拟合数据，其中 b_0, b_1, b_2, σ^2 与 x 无关。求回归方程 $\hat{Y} = \hat{b}_0 + \hat{b}_1x + \hat{b}_2x^2$，并作回归分析。

解 (1) 输入数据与作散点图命令：

```
x=[10.0 10.0 10.0 15.0 15.0 15.0 20.0 20.0 20.0 25.0 25.0 25.0 30.0 30.0 30.0];
y=[25.2 27.3 28.7 29.8 31.1 27.8 31.2 32.6 29.7 31.7 30.1 32.3 29.4 30.8 32.8];
plot(x,y,'*')
```

输出如图 17.6 所示。

从图 17.6 可以看出， y 与 x 没有明显的线性关系。

(2) 依题意，建立回归模型：

$$Y = b_0 + b_1 x + b_2 x^2 + \varepsilon \quad (7)$$

若记 $x_1 = x, x_2 = x^2$，上述回归模型仍属于多元线性模型，可以用 MATLAB 命令 regress 求解。输入：

```
n=length(x);
X=[ones(n,1),x',(x.^2)'];
[b,bint,r,rint,s]=regress(y',X);
b,bint,s
```

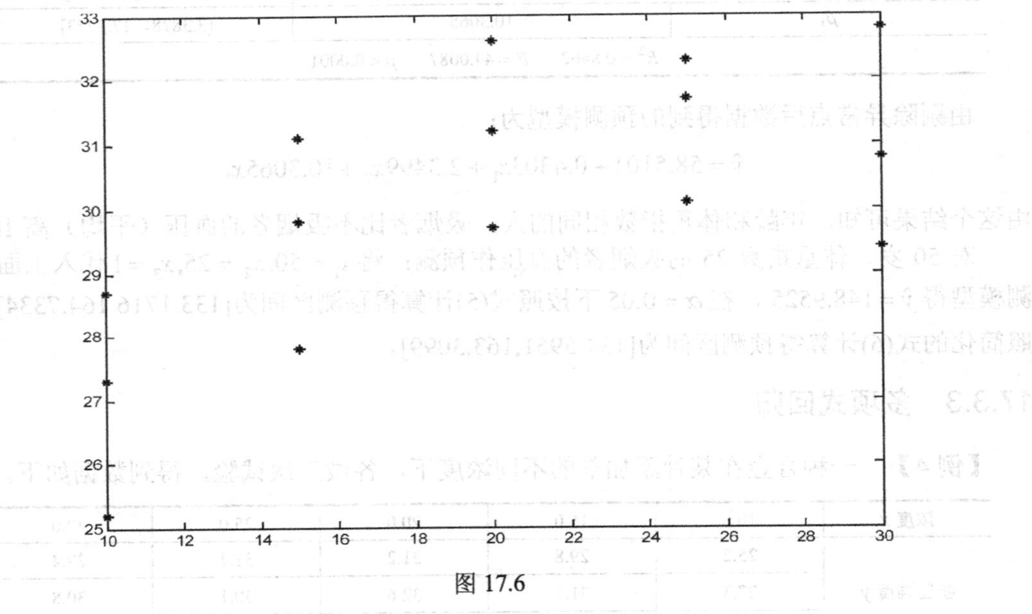

图 17.6

输出为：

```
b=
 19.0333
 1.0086
 -0.0204
bint=
     11.8922   26.1745
     0.2320    1.7852
     -0.0396   -0.0012
s=
 0.6140    9.5449    0.0033    2.0397
```

将回归系数的估计值直接代入式(7)，得到 y 的预测方程为：

$$y = 19.0333 + 1.0086x - 0.0204x^2$$

回归系数置信区间和统计量等输出从略（检验结果模型是有效的）。

式(7)又称为二项式回归，一元多项式回归模型的一般形式为：

$$y = \beta_0 + \beta_1 x + \cdots + \beta_m x^m + \varepsilon$$

可以直接使用 MATLAB 多项式回归命令 polyfit 计算。输入：

```
a=polyfit(x,y,2)   %2 是多项式次数
```

输出为：

```
a=
 -0.0204    1.0086   19.0333
```

可见多项式回归和多元线性回归得到同样的预测方程。

用 MATLAB 求解一元多项式回归，除了 polyfit(*x*,*y*,*m*)外，还有更方便的命令：

```
polytool(x,y,2,0.05)
```

输入参数 *x*, *y*, *m* 同 polyfit。alpha 是显著性水平 α（默认时设定为 0.05），输出一个如图 17.7 所示的交互式画面，实线为多项式的回归曲线 *y*，它两侧的虚线表出 *y* 的置信区间。*x* 的数值可以用鼠标移动来改变，也可在图下的窗口内输入，图左边相应地给出 *y* 的预测值及其置信区间。通过图左下方的 Export 下拉菜单，还可以输出回归系数估计值及其置信区间、残差等。

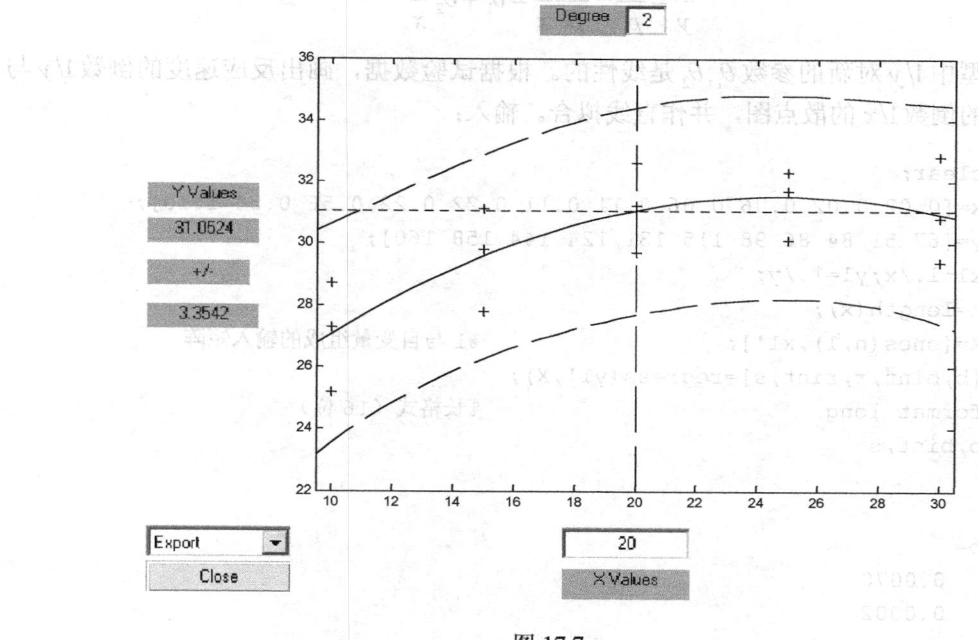

图 17.7

17.3.4 非线性回归

【例 5】 酶是一种高效生物催化剂，催化条件温和，经过酶催化的化学反应称为酶促反应。酶促反应中的反应速度主要取决于反应物（称为底物）的浓度，浓度较低时反应物速度大致与底物浓度成正比（称为一级反应），浓度较高、渐进饱和时反应速度趋向于常数（称为零级反应），二者之间有一过渡。根据酶促反应的这种性质，描述反应速度与底物浓度关系的一类模型是 Michaelis-Menten 模型：

$$y=\frac{\beta_1 x}{\beta_2+x}$$

其中，y 为反应速度，x 为底物浓度，β_1,β_2 为待定参数。容易知道 β_1 是饱和浓度下的速度，称为最终反应速度，而 β_2 是达到最终反应速度一半时的底物浓度，称为半速度点。试估计模型中的参数 β_1,β_2。酶促反应试验中反应速度与底物浓度数据如下。

底物浓度	0.02		0.06		0.11		0.22		0.56		1.10
反应速度	67	51	84	86	98	115	131	124	144	158	160

解 (1) Michaelis-Menten 模型对参数 β_1,β_2 是非线性的，但是可以通过下面的变量代换化为线性模型：

$$\frac{1}{y}=\frac{1}{\beta_1}+\frac{\beta_2}{\beta_1}\frac{1}{x}=\theta_1+\theta_2\frac{1}{x}$$

此模型中 $1/y$ 对新的参数 θ_1,θ_2 是线性的。根据试验数据，画出反应速度的倒数 $1/y$ 与底物浓度的倒数 $1/x$ 的散点图，并作直线拟合。输入：

```
clear;
x=[0.02 0.02 0.06 0.06 0.11 0.11 0.22 0.22 0.56 0.56 1.10];
y=[67 51 84 86 98 115 131 124 144 158 160];
x1=1./x;y1=1./y;
n=length(x);
X=[ones(n,1),x1'];                          %1 与自变量组成的输入矩阵
[b,bint,r,rint,s]=regress(y1',X);
format long                                 %长格式（16 位）
b,bint,s
```

输出为：

```
b=
   0.0070
   0.0002
bint=
```

```
    0.0057    0.0083
    0.0002    0.0003
s=
    0.8931   75.1937    0.0000    0.0000
```

得到θ_1,θ_2的估计值分别为6.972×10^{-3}，0.215×10^{-3}。为了作散点图与拟合的直线，输入：

```
xx=0:0.01:50;
yy=b(1)+b(2)*xx;
plot(x1,y1,'+',xx,yy)
```

输出散点与拟合的直线图（见图 17.8），可以发现$1/x$较小时拟合较好，$1/x$较大时出现较大的分散。由$\beta_1=\dfrac{1}{\theta_1},\beta_2=\dfrac{\theta_2}{\theta_1}$，将$\beta_1,\beta_2$代入 Michaelis-Menten 模型，得到与原始数据比较的拟合图。输入：

```
xx=0:0.01:1.2;
yy2=1/b(1)*xx./(b(2)/b(1)+xx);  %β1=1/θ1，β2=θ2/θ1，β1，β2的估计值分别为
                                  143.43和0.0308
plot(x,y,'+',xx,yy2)
```

输出拟合图（见图 17.9），可以发现，在x较大时y的计算值比实际值要小，这是因为在对线性化模型作参数估计时，底物浓度x较小的数据在很大程度上控制了参数的确定，从而对底物浓度较大数据的拟合，出现较大的偏差。

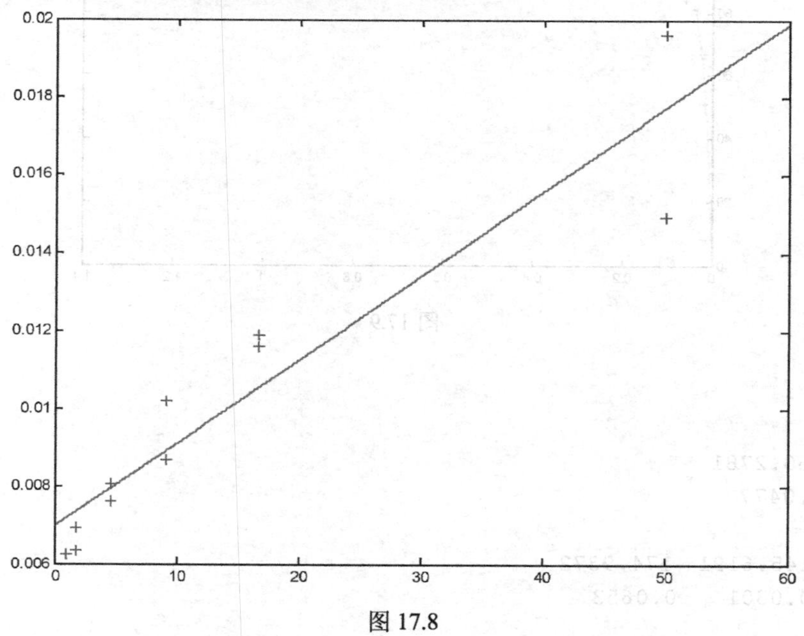

图 17.8

为解决线性化模型中拟合欠佳的问题，需要直接考虑拟合非线性模型（Michaelis-Menten 模型）。

(2) 用非线性拟合求解，编程如下：

```
x=[0.02 0.02 0.06 0.06 0.11 0.11 0.22 0.22 0.56 0.56 1.10];
y=[67 51 84 86 98 115 131 124 144 158 160];
b0=[143 0.03];
fun=inline('b(1)*x./(b(2)+x)','b','x');
[b,R,J]=nlinfit(x,y,fun,b0);
bi=nlparci(b,R,J);
xx=0:0.01:1.2;
yy=b(1)*xx./(b(2)+xx);
plot(x,y,'+',xx,yy),pause          %数据散点图和预测曲线
nlintool(x,y,fun,b)                %交互式画面
b,bi
```

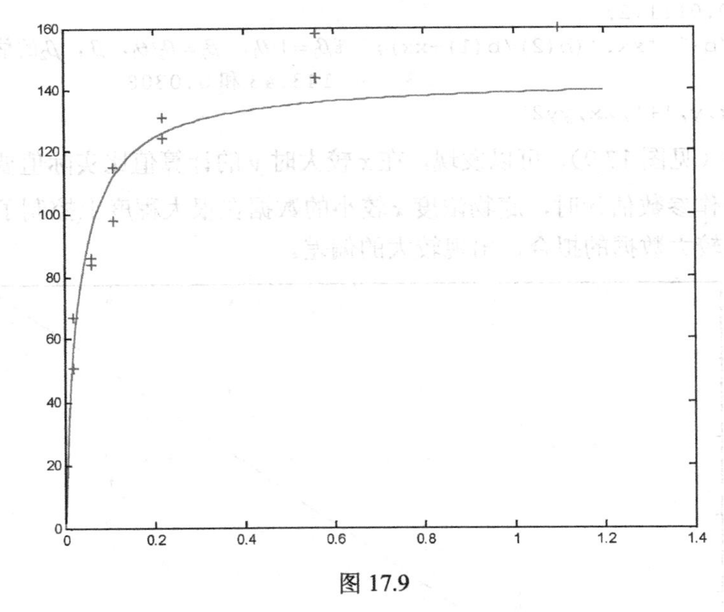

图 17.9

输出为：

```
b=
 160.2781
 0.0477
bi=
  145.6191  174.9372
  0.0301    0.0653
```

数据散点图和预测（拟合）曲线见图 17.10，可与图 17.9 比较。交互式画面见图 17.11。利用交互式画面也可以进行预报。

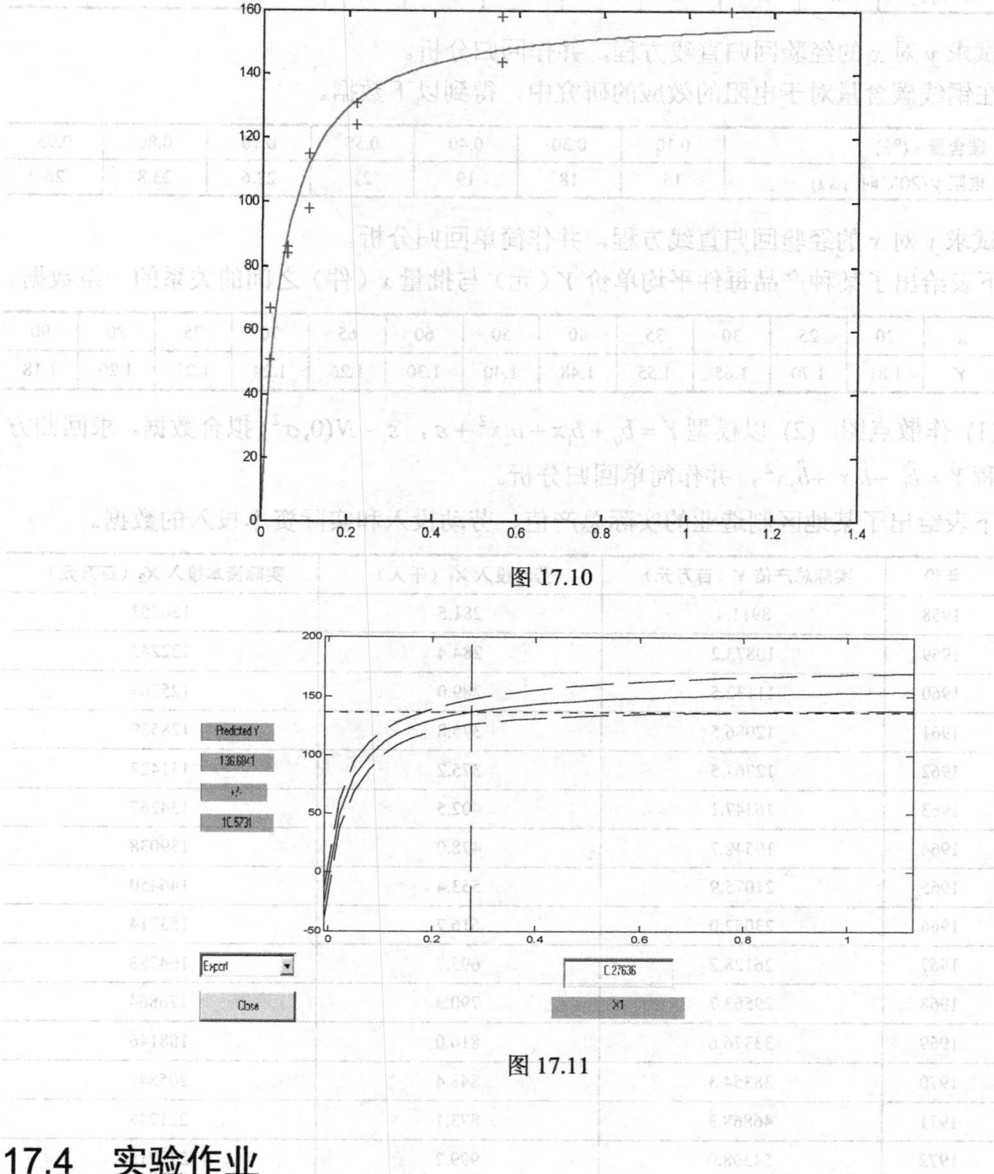

图 17.10

图 17.11

17.4 实验作业

1. 某乡镇企业办的小加工厂其产品年销售额 x 与所获纯利润 y 从 1984 年到 1994 年的数据如下（单位：百万元）。

年度	84	85	86	87	88	89	90	91	92	93	94
销售额 x	6.1	7.5	9.4	10.7	14.6	17.4	21.1	24.4	29.8	32.9	34.3
纯利润 y	4.5	6.4	8.3	8.4	9.7	11.5	13.7	15.4	17.7	20.5	22.3

试求 y 对 x 的经验回归直线方程，并作回归分析。

2. 在钢线碳含量对于电阻的效应的研究中，得到以下数据。

碳含量 x(%)	0.10	0.30	0.40	0.55	0.70	0.80	0.95
电阻 y(20℃时, $\mu\Omega$)	15	18	19	21	22.6	23.8	26

试求 y 对 x 的经验回归直线方程，并作简单回归分析。

3. 下表给出了某种产品每件平均单价 Y（元）与批量 x（件）之间的关系的一组数据。

x	20	25	30	35	40	50	60	65	70	75	80	90
Y	1.81	1.70	1.65	1.55	1.48	1.40	1.30	1.26	1.24	1.21	1.20	1.18

(1) 作散点图。(2) 以模型 $Y = b_0 + b_1 x + b_2 x^2 + \varepsilon$，$\varepsilon \sim N(0, \sigma^2)$ 拟合数据，求回归方程 $\hat{Y} = \hat{b}_0 + \hat{b}_1 x + \hat{b}_2 x^2$，并作简单回归分析。

4. 下表给出了某地区制造业的实际总产值、劳动投入和实际资本投入的数据。

年份	实际总产值 Y（百万元）	劳动投入 X_1（千人）	实际资本投入 X_2（百万元）
1958	8911.4	281.5	120753
1959	10873.2	284.4	122242
1960	11132.5	289.0	125263
1961	12086.5	375.8	128539
1962	12767.5	375.2	131427
1963	16347.1	402.5	134267
1964	19542.7	478.0	139038
1965	21075.9	553.4	146450
1966	23052.0	616.7	153714
1967	26128.2	695.7	164783
1968	29563.7	790.3	176864
1969	33376.6	816.0	188146
1970	38354.3	848.4	205841
1971	46868.3	873.1	221748
1972	54308.0	999.2	239715

(1) 用以下模型拟合上面的数据。

$$Y_t = \beta_0 + \beta_1 X_{1t} + \beta_2 X_{2t} + \varepsilon_t$$

$$\ln Y_t = \alpha_0 + \alpha_1 \ln X_{1t} + \alpha_2 \ln X_{2t} + \varepsilon_t$$

(2) 哪个模型的拟合较好？为什么？

5. 万州某工厂每年所获利润主要取决于 A、B 两种产品的销售量。根据调查获得该企业 1994～2003 年两种产品的销售量及每年所获利润统计资料如下表。

年份	利润 Y（百万元）	A 产品销售量 X_1（万吨）	B 产品销售量 X_2（万吨）
1994	29	45	16
1995	24	42	14
1996	27	44	15
1997	25	45	13
1998	26	43	13
1999	28	46	14
2000	30	44	16
2001	28	45	16
2002	28	44	15
2003	27	43	15

求：(1) 利用调查所得资料求利润 Y 与两种产品的销售量 X_1，X_2 的回归方程，并说明参数估计量的经济含义。

(2) 据预测，2004 年 A 产品的销售量为 50 万吨，B 产品的销售量为 18 万吨，请预测（点估计）2004 年该工厂可获得的利润为多少百万元？

实验十八　方 差 分 析

实验目的

学习用 MATLAB 求方差分析的方法。

18.1　学习 MATLAB 命令

18.1.1　单因素方差分析命令

命令 anova1 的使用格式是：

```
p=anova1(X)
  %X 的各列为彼此独立的样本观察值，其元素个数相同，p 为检验统计量的 P-值，若 P-值接
  近于 0，则原假设受到怀疑，说明至少有一列均值与其余列均值有明显不同
p=anova1(X,group)
  %group 为分组向量，group 要与 X 对应
p=anova1(X,group,'displayopt')
  %displayopt=on/off 表示显示与隐藏方差分析表图和盒图
[p,table]=anova1(…)
  %table 为方差分析表
[p,table,stats]=anova1(…)
  %stats 为分析结果的构造
```

anova1 函数会产生两个图：标准的方差分析表图和盒图。

方差分析表中有 6 列：第 1 列(source)显示：X 中数据可变性的来源；第 2 列(SS)显示：用于每一列的平方和；第 3 列(df)显示：与每一种可变性来源有关的自由度；第 4 列(MS)显示：SS/df 的比值；第 5 列(F)显示：F 统计量数值，它是 MS 的比率；第 6 列显示：从 F 累积分布中得到的概率，当 F 增加时，p 值减少。

18.1.2　双因素方差分析命令

命令 anova2 的使用格式：

```
p=anova2(X,reps)
  %p 为检验统计量的 P-值（有 3 个），reps 为因素 A 的每一个水平所包含的行数，X 的每一
```

```
    列对应因素 B 的一个水平
p=anova2(X,reps,'displayopt')
  %输出参数 displayopt 意义同 anova1
[p,table]=anova2(…)
  %输出参数 table 意义同 anova1
[p,table,stats]=anova2(…)
  %输出参数 stats 意义同 anova1
```

输入参数进一步说明：执行平衡的双因素试验的方差分析来比较 X 中两个或多个列（行）的均值，不同列的数据表示因素 B 的差异，不同行的数据表示另一因素 A 的差异。如果行列之对有多于一个的观察点，则变量 reps 指出每一单元观察点的数目，每一单元包含 reps 行，如：

$$\begin{matrix} B_1 & B_2 & \\ \left[\begin{matrix} x_{111} & x_{112} \\ x_{121} & x_{122} \\ x_{211} & x_{212} \\ x_{221} & x_{222} \\ x_{311} & x_{312} \\ x_{321} & x_{322} \end{matrix}\right] & & \begin{matrix} \}A_1 \\ \\ \}A_2 \\ \\ \}A_3 \\ \end{matrix} \end{matrix}$$

对应 reps = 2。

18.2 实验内容

18.2.1 单因素方差分析

X 每列元素个数相同

【例 1】 今有某种型号的电池三批，它们分别是 A、B、C 三个工厂所生产的。为评比其质量，各随机抽取 5 只电池为样品，经试验得其寿命如下（单位：小时）。

A	40	42	48	45	38
B	26	28	34	32	30
C	39	50	40	50	43

试在显著性水平 0.05 下检验电池的平均寿命有无显著差异。

解 输入命令：

```
X=[40 42 48 45 38;26 28 34 32 30;39 50 40 50 43];
[p,table,stats]=anova1(X')
```

输出为：

```
p=
  3.0960e-004
table=
  Columns 1 through 5
    'Source'    'SS'              'df'  'MS'      'F'          'Prob>F'
    'Columns'   [615.6000]  [ 2]  [307.8000][17.0684]    [3.0960e-004]
    'Error'     [216.4000]  [12]  [ 18.0333]        []               []
    'Total'     [      832]  [14]          []        []               []
stats=
    gnames: [3x1 char]
         n: [5 5 5]
    source: 'anova1'
     means: [42.6000 30 44.4000]
        df: 12
         s: 4.2466
```

从方差分析表知平方和的分解结果是：总的平方和为 832.0，模型引起的平方和（效应平方和）为 615.6，误差平方和为 216.4。统计量 F 的观察值为 17.0684，F 的 P 值为 3.0960e–004，检验结果显然否定原假设，即三个工厂生产的电池的平均寿命有显著差异，它们所生产电池的寿命均值分别为 42.6，30，44.4 小时。

上述命令同时得到的图形为方差分析表图和方差分析盒图，分别见图 18.1 和图 18.2。

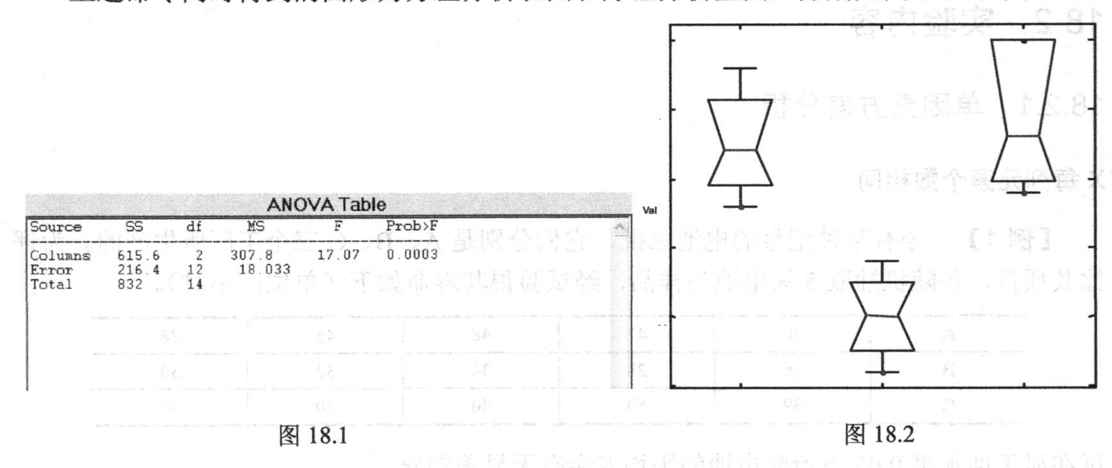

ANOVA Table

Source	SS	df	MS	F	Prob>F
Columns	615.6	2	307.8	17.07	0.0003
Error	216.4	12	18.033		
Total	832	14			

图 18.1　　　　图 18.2

【例 2】 将抗生素注入人体会产生抗生素与血浆蛋白质结合的现象，以致减少了药效。下表列出了 5 种常用的抗生素注入到牛的体内时，抗生素与血浆蛋白质结合的百分比。试在水平 $\alpha=0.05$ 下检验这些百分比的均值有无显著的差异。

青霉素	四环素	链霉素	红霉素	氯霉素
29.6	27.3	5.8	21.6	29.2
24.3	32.6	6.2	17.4	32.8
28.5	30.8	11.0	18.3	25.0
32.0	34.8	8.3	19.0	24.2

解 这也是单因素方差分析问题。输入：

```
X=[29.6 24.3 28.5 32.0; 27.3 32.6 30.8 34.8; 5.8 6.2 11.0 8.3; 21.6 17.4
18.3 19.0; 29.2 32.8 25.0 24.2];
[p,table,stats]=anova1(X')
```

输出为：

```
p=
  6.7398e-008
table=
  Columns 1 through 5
    'Source'     'SS'               'df'  'MS'        F'          'Prob>F'
    'Columns'    [1.4808e+003]      [ 4]  [370.2058][40.8849][6.7398e-008]
    'Error'      [    135.8225]     [15]  [   9.0548]        []            []
    'Total'      [1.6166e+003]      [19]         []          []            []
stats=
    gnames: [5x1 char]
         n: [4 4 4 4 4]
    source: 'anova1'
     means: [28.6000 31.3750 7.8250 19.0750 27.8000]
        df: 15
         s: 3.0091
```

因为F检验的P-值非常小，所以这些百分比的均值有显著差异。并且此时5种抗生素的平均百分比分别为28.6，31.375，7.825，19.075和27.8。

得到方差分析表（见图18.3）和方差分析盒（见图18.4），从中可清晰地看出5种抗生素百分比有明显差别。

ANOVA Table

Source	SS	df	MS	F	Prob>F
Columns	615.6	2	307.8	17.07	0.0003
Error	216.4	12	18.033		
Total	832	14			

图18.3

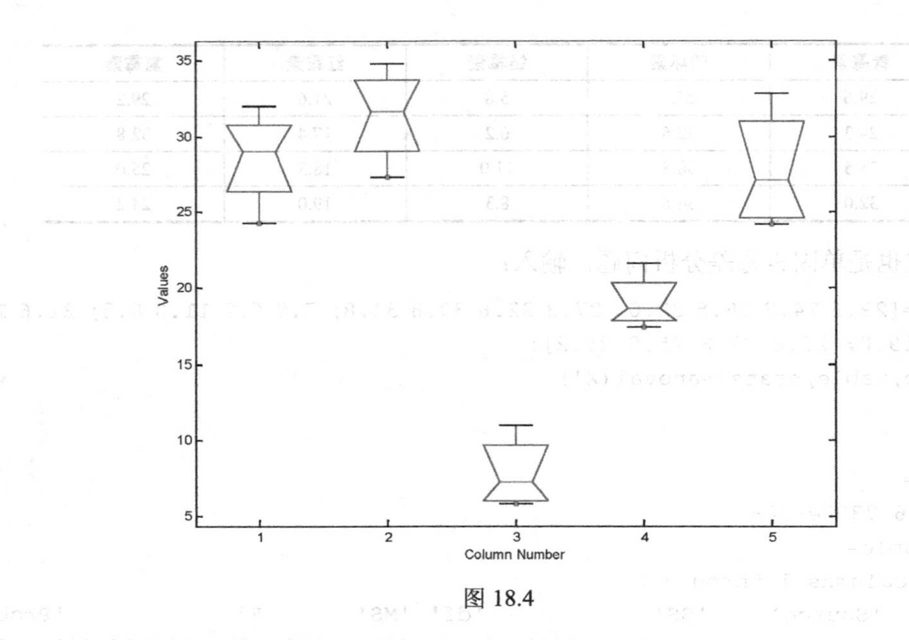

图 18.4

X 每列元素个数不相同

【例 3】 建筑横梁强度的研究：3000 磅力量作用在 1 英寸的横梁上来测量横梁的挠度，钢筋横梁的测试强度分别是：82, 86, 79, 83, 84, 85, 86 和 87，其余两种更贵的合金横梁强度测试为合金 1：74, 82, 78, 75, 76, 77；合金 2：79, 79, 77, 78, 82, 79。检验这些合金强度有无明显差异。

解 应注意此时进行方差分析的三组数据长度不同。

输入：

```
strength=[82 86 79 83 84 85 86 87 74 82 78 75 76 77 79 79 77 78 82 79];
alloy={'st','st','st','st','st','st','st','st','al1','al1','al1','al
1','al1','al1','al2','al2','al2','al2','al2','al2'};
[p,table,stats]=anova1(strength,alloy,'off') %选项 off 使不输出图形
```

输出为：

```
p=
  1.5264e-004
table=
  Columns 1 through 5
    'Source'    'SS'         'df'   'MS'         'F'           'Prob>F'
    'Groups'    [184.8000]   [ 2]   [92.4000]    [15.4000] [1.5264e-004]
    'Error'     [102.0000]   [17]   [ 6.0000]           []             []
    'Total'     [286.8000]   [19]          []           []             []
```

```
stats=
    gnames: {3x1 cell}
         n: [8 6 6]
    source: 'anova1'
     means: [84 77 79]
        df: 17
         s: 2.4495
```

分析结果表明钢筋及两种合金的强度有显著差异，其中钢筋较两种贵合金而言，强度更高。

说明：我们引入变量 alloy，对分析数据 strength 进行合理分组。

18.2.2 双因素方差分析

【例 4】 一火箭使用了 4 种燃料，3 种推进器作射程试验，每种燃料与每种推进器的组合各发射火箭 2 次，得到结果如下：

推进器(B)		B1	B2	B3
	A1	58.2000	56.2000	65.3000
		52.6000	41.2000	60.8000
	A2	49.1000	54.1000	51.6000
燃料 A		42.8000	50.5000	48.4000
	A3	60.1000	70.9000	39.2000
		58.3000	73.2000	40.7000
	A4	75.8000	58.2000	48.7000
		71.5000	51.0000	41.4000

考察推进器和燃料这两个因素对射程是否有显著的影响？

解 输入：

```
X=[58.2000      56.2000      65.3000
   52.6000      41.2000      60.8000
   49.1000      54.1000      51.6000
   42.8000      50.5000      48.4000
   60.1000      70.9000      39.2000
   58.3000      73.2000      40.7000
   75.8000      58.2000      48.7000
   71.5000      51.0000      41.4000];
[p t s]=anova2(X,2)    %输出参数 p 有三个值，分别表示因素行、列与交互作用是否显著
                        的三个检验统计量的 p 值
```

输出为：

```
p=
 0.0035    0.0260    0.0001
t=
 'Source'      'SS'             'df'  'MS'         'F'        'Prob>F'
 'Columns'     [370.9808]       [2]   [185.4904]   [9.3939]   [0.0035]
 'Rows'        [261.6750]       [3]   [87.2250]    [4.4174]   [0.0260]
 'Interaction' [1.7687e+003]    [6]   [294.7821]   [14.9288]  [6.1511e-005]
 'Error'       [236.9500]       [12]  [19.7458]    [ ]        [ ]
 'Total'       [2.6383e+003]    [23]  [ ]          [ ]        [ ]
s=
    source: 'anova2'
  sigmasq: 19.7458
 colmeans: [58.5500 56.9125 49.5125]
     coln: 8
 rowmeans: [55.7167 49.4167 57.0667 57.7667]
     rown: 6
    inter: 1
     pval: 6.1511e-005
       df: 12
```

结果表明燃料、推进器对射程的影响均显著，且燃料与推进器的交互作用高度显著。输出的方差分析表图见图 18.5。

ANOVA Table

Source	SS	df	MS	F	Prob>F
Columns	370.98	2	185.49	9.39	0.0035
Rows	261.68	3	87.225	4.42	0.026
Interaction	1768.69	6	294.782	14.93	0.0001
Error	236.95	12	19.746		
Total	2638.3	23			

图 18.5

18.3 实验作业

1. 设有三台机器，用来生产规格相同的铝合金薄板。对薄板取样，测得的厚度如下表所示（精确至千分之一厘米）。

机器 1	机器 2	机器 3
0.236	0.257	0.258
0.238	0.253	0.264
0.248	0.255	0.259
0.245	0.254	0.267
0.243	0.261	0.262

考察不同的机器对薄板厚度有无显著的影响（$\alpha = 0.05$）。

2. 下表给出了小白鼠在接种 3 种不同菌型的伤寒杆菌后存活的天数。

菌　型	存活天数										
甲	2	4	3	2	4	7	7	2	5	4	
乙	5	6	8	5	10	7	12	6	6		
丙	7	11	6	6	7	9	5	10	6	3	10

试问，小白鼠在接种了不同菌型的伤寒杆菌后存活的天数是否有显著性差异？取显著性水平 $\alpha = 0.05$。

3. 为了考察水温（单位：℃）对某种布料的收缩率（单位：%）的影响，在 4 种不同水温下各做了 4 次试验，得数据如下表所示。

水　温	收缩率			
20	9.5	8.8	11.4	7.8
40	6.5	8.3	8.6	8.2
60	10.0	4.8	5.4	9.6
80	9.3	8.9	7.2	10.1

试问，水温对该种布料的收缩率有无显著影响。

4. 下表记录了 3 位操作工人分别在 4 台不同机器上操作 3 天的日产量（件），假定不同的操作工人在不同机器上的日产量服从等方差的正态分布，试问操作工人和机器对日产量是否存在显著影响？交互作用是否显著（显著性水平为 5%）？

操作工	B_1	B_2	B_3
机器 A_1	15　14　16	19　19　16	16　18　21
机器 A_2	17　17　17	15　15　15	19　22　22
机器 A_3	15　17　16	18　17　16	18　18　18
机器 A_4	18　20　22	15　16　17	18　17　16

第五篇 综 合 实 验

实验十九 列昂惕夫投入产出模型

实验目的

通过本实验，掌握线性代数中矩阵运算、线性方程组的解法（包括数值解法），掌握线性代数在经济理论中的应用。

19.1 实验理论与内容

在列昂惕夫获得诺贝尔奖的工作中，线性代数起着重要的作用。下面所叙述的模型是现在世界各国广泛使用模型的基础。

设某国的经济体系分为 n 个部门，这些部门生产商品和服务。设 $\boldsymbol{x}$ 为 R^n 中产出向量，它列出了每一部门一年中的产出。同时，设经济体系的另一部分（称为开放部门）不生产产品或服务，仅仅消费商品或服务，$\boldsymbol{d}$ 为最终需求向量。它列出经济体系中的各种非生产部门所需求的商品或服务。此向量代表消费者需求、政府消费、超额生产、出口或其他外部需求。

由于各部门生产商品以满足消费者需求，生产者本身创造了中间需求，需要这些产品作为生产部门的投入。部门之间的关系是很复杂的，而生产和最后需求之间的联系也还不清楚。列昂惕夫思考是否存在某一生产水平 $\boldsymbol{x}$ 恰好满足这一生产水平的总需求（$\boldsymbol{x}$ 称为供给），那么：

$$\{总产出\ x\} = \{中间需求\} + \{最终需求\ d\} \tag{19-1}$$

列昂惕夫的投入产出模型的基本假设是：对每个部门，有一个单位消费向量，它列出了该部门的单位产出所需的投入。所有的投入与产出都以百万美元作为单位，而不用具体的单位（如吨等），假设商品和服务的价格为常数。

作为一个简单的例子，设经济体系由三个部门组成——制造业、农业和服务业。单位消费向量为c_1,c_2,c_3，每单位产出消费的投入如表 19.1 所示。

表 19.1

	制造业	农业	服务业
c_1	0.50	0.40	0.20
c_2	0.20	0.30	0.10
c_3	0.10	0.10	0.30

表中显示消费向量：

$$\boldsymbol{c}_1=\begin{bmatrix}0.50\\0.20\\0.10\end{bmatrix},\boldsymbol{c}_2=\begin{bmatrix}0.40\\0.30\\0.10\end{bmatrix},\boldsymbol{c}_3=\begin{bmatrix}0.20\\0.10\\0.30\end{bmatrix}$$

【例 1】 如果制造业决定生产 100 单位产品，它将消费多少？

解 计算：

$$100\boldsymbol{c}_1=100\begin{bmatrix}0.50\\0.20\\0.10\end{bmatrix}=\begin{bmatrix}50\\20\\10\end{bmatrix}$$

因此，为了生产 100 单位产品的制造业产品，制造业需要消费制造业的其他部门的 50 单位产品，20 单位农业产品，10 单位服务业产品。

若制造业决定生产x_1单位产出，则在生产的过程中消费掉的中间需求是x_1c_1。类似地，若x_2和x_3表示农业和服务业的计划产出，则x_2c_2和x_3c_3为它们的对应中间需求。三个部门的中间需求为：

$$\{\text{中间需求}\}=x_1\boldsymbol{c}_1+x_2\boldsymbol{c}_2+x_3\boldsymbol{c}_3=\boldsymbol{C}\boldsymbol{x} \tag{19-2}$$

这里，$\boldsymbol{C}$是消耗矩阵$[c_1,c_2,c_3]$，即：

$$\boldsymbol{C}=\begin{bmatrix}0.50&0.40&0.20\\0.20&0.30&0.10\\0.10&0.10&0.30\end{bmatrix} \tag{19-3}$$

方程(1)和(2)产生列昂惕夫模型或生产方程：

$$\underset{\text{总产出}}{\boldsymbol{x}}=\underset{\text{中间需求}}{\boldsymbol{C}\boldsymbol{x}}+\underset{\text{最终需求}}{\boldsymbol{d}} \tag{19-4}$$

把$\boldsymbol{x}$写成$\boldsymbol{I}\boldsymbol{x}$，应用矩阵代数，可把(4)重写为：

$$(\boldsymbol{I}-\boldsymbol{C})\boldsymbol{x}=\boldsymbol{d} \tag{19-5}$$

【例 2】 考虑消耗矩阵为(3)的经济。假设最终需求是：制造业 50 单位，农业 30 单位，服务业 20 单位，求生产水平 $\boldsymbol{x}$。

解 式(19-5)中系数矩阵为：

$$\boldsymbol{I}-\boldsymbol{C}=\begin{bmatrix}1&0&0\\0&1&0\\0&0&1\end{bmatrix}-\begin{bmatrix}0.50&0.40&0.20\\0.20&0.30&0.10\\0.10&0.10&0.30\end{bmatrix}=\begin{bmatrix}0.5&-0.4&-0.2\\-0.2&0.7&-0.1\\-0.1&-0.1&0.7\end{bmatrix}$$

为解方程(1)，对增广矩阵进行行变换。

输入 MATLAB 命令：

```
zgzh=[0.5,-0.4,-0.2,50;-0.2,0.7,-0.1,30;-0.1,-0.1,0.7,20];
rref(zgzh)
```

输出为：

```
ans=
    1.0000         0         0  225.9259
         0    1.0000         0  118.5185
         0         0    1.0000   77.7778
```

最后一列四舍五入到整数，制造业需生产约 226 单位，农业 119 单位，服务业 78 单位。

若矩阵 $\boldsymbol{I}-\boldsymbol{C}$ 可逆，则：

$$\boldsymbol{x}=(\boldsymbol{I}-\boldsymbol{C})^{-1}\boldsymbol{d}$$

下面的定理说明在大部分情况下，$\boldsymbol{I}-\boldsymbol{C}$ 是可逆的。而且产出向量 $\boldsymbol{x}$ 是经济上可行的，亦即 $\boldsymbol{x}$ 中的元素是非负的。

定理 设 $\boldsymbol{C}$ 为某一经济的消耗矩阵，$\boldsymbol{d}$ 为最终需求．若 $\boldsymbol{C}$ 和 $\boldsymbol{d}$ 的元素非负，$\boldsymbol{C}$ 的每一列的和小于 1，则 $(\boldsymbol{I}-\boldsymbol{C})^{-1}$ 存在，而产出向量：

$$\boldsymbol{x}=(\boldsymbol{I}-\boldsymbol{C})^{-1}\boldsymbol{d}$$

有非负元素，且是下列方程的唯一解：

$$\boldsymbol{x}=\boldsymbol{C}\boldsymbol{x}+\boldsymbol{d}$$

在此定理中，列的和表示矩阵中某一列元素的和。在通常情况下，某一消耗矩阵的列的和小于 1，因为一个部门要生产 1 单位产出所需投入的总价值应该小于 1。

下列讨论说明定理成立的理由，且给出一种计算 $(\boldsymbol{I}-\boldsymbol{C})^{-1}$ 的新方法。

假设由 $\boldsymbol{d}$ 表示的需求在年初提供给各种产业，它们制定产业水平为 $\boldsymbol{x}=\boldsymbol{d}$ 的计划，它将恰好满足最终需求，由于这些产业准备的产出为 $\boldsymbol{d}$，它们将提出对原料及其他投入的要求。这就产生附加需求（中间需求）$\boldsymbol{Cd}$。

为满足附加需求 $\boldsymbol{Cd}$，这些工业又需要进一步的投入为 $\boldsymbol{C(Cd)=C^2d}$ 。当然，它又创造出第二轮的中间需求，当要满足这些需求时，它们又创造出第三轮需求，即 $\boldsymbol{C(C^2d)=C^3d}$ ，等等。

理论上，这个过程可无限延续下去，虽然实际上这样一系列事件不可能一直发生下去。我们可把这一假设的情形表示如表 19.2 所示。

为了满足所有这些需求，产出水平 x 应为：

$$\boldsymbol{x=d+Cd+C^2d+C^3d+\cdots=(I+C+C^2+C^3+\cdots)d} \tag{19-6}$$

表 19.2

	要满足的需求	为满足此需求需要的投入
最终需求	$\boldsymbol{d}$	$\boldsymbol{Cd}$
中间需求		
第一轮	$\boldsymbol{Cd}$	$\boldsymbol{C(Cd)=C^2d}$
第二轮	$\boldsymbol{C(Cd)=C^2d}$	$\boldsymbol{C(C^2d)=C^3d}$
第三轮	$\boldsymbol{C(C^2d)=C^3d}$	$\boldsymbol{C(C^3d)=C^4d}$
	⋮	⋮

使用下列代数恒等式：

$$\boldsymbol{(I-C)(I+C+C^2+C^3+\cdots+C^m)=I-C^{m+1}} \tag{19-7}$$

可以证明，若 $\boldsymbol{C}$ 的列的和都严格小于 1，则 $\boldsymbol{I-C}$ 是可逆的。当 m 趋于无穷时 $\boldsymbol{C}^m$ 趋于 0，而：

$$\boldsymbol{I-C^{m+1}\to I}$$

所以，当 $\boldsymbol{C}$ 的列的和都严格小于 1 时，有：

$$\boldsymbol{(I-C)^{-1}\approx I+C+C^2+C^3+\cdots+C^m} \tag{19-8}$$

令：

$$\boldsymbol{D_m=I+C+C^2+C^3+\cdots+C^m}$$

则：

$$\boldsymbol{D_{m+1}=I+D_mC}$$

由此可得 $\boldsymbol{(I-C)^{-1}}$ 的迭代算法。

将式(19-8)解释为当 m 充分大时，右边可以任意接近于 $\boldsymbol{(I-C)^{-1}}$ 。

在实际的投入产出模型中，消耗矩阵的幂迅速趋于 0，故式(19-8)实际上给出一种计算 $\boldsymbol{(I-C)^{-1}}$ 的方法。类似地，对任意 $\boldsymbol{d}$，向量 $\boldsymbol{C^m d}$ 迅速地趋于零向量，而式(19-6)给出了实际解 $\boldsymbol{(I-C)x=d}$ 的方法。若 $\boldsymbol{C}$ 和 $\boldsymbol{d}$ 中的元素是非负的，则式(19-6)说明 $\boldsymbol{x}$ 中的元素也是非负的。

$\boldsymbol{(I-C)^{-1}}$ 中的元素是有意义的，因为它们可用来预计当最终需求 d 改变时，产出向量

x 如何改变。事实上，$(\boldsymbol{I}-\boldsymbol{C})^{-1}$ 的第 j 列表示当第 j 个部门的最终需求增加 1 单位时，各部门需要增加产出的数量（见思考题 2）。

【例 3】 三名工程师——土木工程师 A、电机工程师 B 和机械工程师 C，各人都有一个技术咨询部。他们的咨询业务是综合性的，因此他们彼此间各买了对方的一部分业务。A 每做 1 元钱的咨询业务，就给 B 付 0.1 元咨询费，给 C 付 0.3 元咨询费。B 每做 1 元钱的咨询业务，就给 A 付 0.2 元咨询费，给 C 付 0.4 元咨询费。C 每做 1 元钱的咨询业务，就给 A 付 0.3 元咨询费，给 B 付 0.4 元咨询费。某个星期中，A 收到外来咨询定单 500 元，B 收到外来咨询定单 700 元，C 收到外来咨询定单 600 元，问每个工程师在这一星期中应完成的咨询金额为多少？

解 设产出向量为 $\boldsymbol{X}=\begin{pmatrix}x_1\\x_2\\x_3\end{pmatrix}$，其中 x_1，x_2，x_3 分别表示工程师 A，B，C 应完成的咨询总额，最后需求向量为：

$$\boldsymbol{d}=\begin{pmatrix}500\\700\\600\end{pmatrix}$$

消耗矩阵为：

$$\boldsymbol{C}=\begin{pmatrix}0 & 0.1 & 0.3\\0.2 & 0 & 0.4\\0.3 & 0.4 & 0\end{pmatrix}$$

由于每一列的元素和小于 1，于是线性方程组 $(\boldsymbol{I}-\boldsymbol{C})\boldsymbol{X}=\boldsymbol{d}$ 的解存在。

输入 MATLAB 命令：

```
jzhc=[0,0.1,0.3;0.2,0,0.4;0.3,0.4,0];
jzhi=eye(3);
d=[500;700;600];
x=inv(jzhi-jzhc)*d
```

执行后的输出为：

```
x=1.0e+003 *
  1.1210
  1.5461
  1.5548
```

所以，在这一星期内工程师 A 应完成咨询金额为 1121.04 元，工程师 B 应完成咨询金额为 1546.11 元，工程师 C 应完成咨询金额为 1554.76 元。

19.2 实验作业

1. 设有一个经济系统包括 4 个部门，在某一个生产周期内各部门间的直接消耗系数（消耗矩阵的元素）如下表所示（单位：万元）。

	A	B	C	D
A	0	0.15	0.55	0
B	0.25	0.05	0.1	0.25
C	0.15	0	0.05	0.35
D	0.1	0.15	0.15	0.1

当最终产品向量 $\boldsymbol{d} = (234,\ 310,\ 124,\ 180)^{\mathrm{T}}$ 时，求各部门的总产值。

2. 下列的消耗矩阵 $\boldsymbol{C}$ 是基于 1958 年美国经济的投入产出数据，把 81 个部门合并成 7 个大的部门：(1) 非金属家用及个人产品；(2) 最终金属产品（如汽车）；(3) 基础金属产品及矿业；(4) 基础非金属产品与农业；(5) 能源；(6) 服务业；(7) 娱乐与其他产品。求出满足最终需求 $\boldsymbol{d}$ 的产出水平（单位：百万美元）。

$$\boldsymbol{C}=\begin{pmatrix} 0.1588 & 0.0064 & 0.0025 & 0.0304 & 0.0014 & 0.0083 & 0.1594 \\ 0.0057 & 0.2645 & 0.0436 & 0.0099 & 0.0083 & 0.0201 & 0.3413 \\ 0.0264 & 0.1506 & 0.3557 & 0.0139 & 0.0142 & 0.0070 & 0.0236 \\ 0.3299 & 0.0565 & 0.0495 & 0.3636 & 0.0204 & 0.0483 & 0.0649 \\ 0.0089 & 0.0081 & 0.0333 & 0.0295 & 0.3412 & 0.0237 & 0.0020 \\ 0.1190 & 0.0901 & 0.0996 & 0.1260 & 0.1722 & 0.2368 & 0.3369 \\ 0.0063 & 0.0126 & 0.0196 & 0.0098 & 0.0064 & 0.0132 & 0.0012 \end{pmatrix}$$

$$\boldsymbol{d}=\begin{pmatrix} 74000 \\ 56000 \\ 10500 \\ 25000 \\ 17500 \\ 196000 \\ 5000 \end{pmatrix}$$

实验二十 线 性 规 划

实验目的

学会由实际问题建立线性规划模型，掌握用 MATLAB 软件求解线性规划问题。

20.1 实验理论与内容

20.1.1 线性规划模型

在人们的生产实践中，经常会遇到如何利用现有资源来安排生产，以取得最大经济效益的问题。此类问题构成了运筹学的一个重要分支——数学规划。线性规划问题是在一组线性约束条件的限制下，求一线性目标函数最大或最小的问题。线性规划（Linear Programming，LP）是数学规划的一个重要分支。

【例 1】（生产计划问题）某机床厂生产甲、乙两种机床，每种机床的利润分别为 4000 元和 3000 元。生产甲机床需用 A、B 机器加工，加工时间分别为每台 2 小时和 1 小时；生产乙机床需用 A、B、C 三种机器加工，加工时间为每台各 1 小时。若每天可用于加工的机器小时数分别为 A 机器 10 小时、B 机器 8 小时和 C 机器 7 小时，问该厂应生产甲、乙机床各几台，才能使总利润最大？

解 上述问题可抽象成数学模型：设该厂生产 x_1 台甲机床和 x_2 台乙机床时总利润最大，则 x_1, x_2 应满足：

$$\text{（目标函数）} \max \quad z = 4x_1 + 3x_2 \tag{20-1}$$

$$\text{s.t.（约束条件）} \begin{cases} 2x_1 + x_2 \leqslant 10 \\ x_1 + x_2 \leqslant 8 \\ x_2 \leqslant 7 \\ x_1, x_2 \geqslant 0 \end{cases} \tag{20-2}$$

这里变量 x_1, x_2 称为决策变量，式(20-1)称为问题的目标函数，式(20-2)中的几个不等式是问题的约束条件，记为 s.t.（即 subject to）。上述即为一规划问题数学模型的三个要素。由于上面的目标函数及约束条件均为线性函数，故称为线性规划问题。

总之，线性规划问题是在一组线性约束条件的限制下，求一线性目标函数最大或最小的问题。

线性规划的目标函数可以是求最大值，也可以是求最小值，约束条件的不等号可以是小于号也可以是大于号。为了避免这种形式多样性带来的不便，MATLAB 中规定线性规划的标准形式为：

$$\min_{x} \boldsymbol{c}^{\mathrm{T}}\boldsymbol{x} \quad \text{such that} \quad \boldsymbol{Ax} \leqslant \boldsymbol{b}$$

其中，$\boldsymbol{c}$ 和 $\boldsymbol{x}$ 为 n 维列向量，$\boldsymbol{b}$ 为 m 维列向量，$\boldsymbol{A}$ 为 $m \times n$ 矩阵。

例如，线性规划：

$$\max_{x} \boldsymbol{c}^{\mathrm{T}}\boldsymbol{x} \quad \text{such that} \quad \boldsymbol{Ax} \geqslant \boldsymbol{b}$$

的 MATLAB 标准型为：

$$\min_{x} -\boldsymbol{c}^{\mathrm{T}}\boldsymbol{x} \quad \text{such that} \quad -\boldsymbol{Ax} \leqslant -\boldsymbol{b}$$

20.1.2 线性规划模型的解法

一般线性规划问题的标准型为：

$$\min \ z = \sum_{j=1}^{n} c_j x_j \tag{20-3}$$

$$\text{s.t.} \ \sum_{j=1}^{n} a_{ij} x_j \leqslant b_i \quad i = 1, 2, \cdots, m \tag{20-4}$$

可行解。满足约束条件(4)的解 $x = (x_1, x_2, \cdots, x_n)$，称为线性规划问题的可行解，而使目标函数(3)达到最小值的可行解称为最优解。

可行域。所有可行解构成的集合称为问题的可行域，记为 R。

线性规划问题有多种求解方法，如图解法、单纯形算法、对偶算法等。理论上不难证明以下断言：

(1) 可行域 R 可能会出现多种情况。R 可能是空集也可能是非空集合。当 R 非空时，它必定是若干个半平面的交集（除非遇到空间维数的退化）。R 既可能是有界区域，也可能是无界区域。

(2) 在 R 非空时，线性规划既可以存在有限最优解，也可以不存在有限最优解（其目标函数值无界）。

(3) R 非空且 LP 有有限最优解时，最优解可以唯一或有无穷多个。

(4) 若线性规划有有限最优解，则必可找到具有最优目标函数值的可行域 R 的“顶点”。

单纯形法是求解线性规划问题的最常用、最有效的算法之一。单纯形法首先由 George Dantzig 于 1947 年提出，近 70 年来，虽有许多变形体已被开发，但却保持着同样的基本观念。由于有如下结论：若线性规划问题有有限最优解，则一定有某个最优解是可行区域的一个极点。基于此，单纯形法的基本思路是：先找出可行域的一个极点，据一定规则判断其是否最优；若否，则转换到与之相邻的另一极点，并使目标函数值更优；如此下去，直到找到某一最优解为止。这里我们不再详细介绍单纯形法，有兴趣的读者可以参考其他线性规划书籍。下面介绍线性规划的 MATLAB 解法。

MATLAB 解决的线性规划问题的标准形式为：

$$
\begin{aligned}
&\min \quad f' \quad x \quad x \in R^n \\
&\text{sub.to:}\ A \cdot x \leqslant b \\
&\qquad\quad Aeq \cdot x = beq \\
&\qquad\quad lb \leqslant x \leqslant ub
\end{aligned}
$$

其中 ***f*, *x*, *b*, *beq*, *lb*, *ub*** 为向量，***A*, *Aeq*** 为矩阵。

其他形式的线性规划问题都可经过适当变换化为此标准形式。

在 MATLAB 中，解线性规划问题（Linear Programming）的函数为 linprog，其使用格式如下：

函数 linprog

格式 x=linprog(f,A,b) %求 min f'*x sub.to $A\cdot x\leqslant b$ 线性规划的最优解

x=linprog(f,A,b,Aeq,beq) %等式约束 $Aeq\cdot x=beq$，若没有不等式约束 $A\cdot x\leqslant b$，则 A=[ ]，b=[ ]

x=linprog(f,A,b,Aeq,beq,lb,ub) %指定 x 的范围 $lb\leqslant x\leqslant ub$，若没有等式约束 $Aeq\cdot x=beq$，则 Aeq=[ ]，beq=[ ]

x=linprog(f,A,b,Aeq,beq,lb,ub,x0) %设置初值 x0

x=linprog(f,A,b,Aeq,beq,lb,ub,x0,options) %options 为指定的优化参数

[x,fval]=linprog(…) %返回目标函数最优值，即 fval=f'*x

[x,lambda,exitflag]=linprog(…) %lambda 为解 x 的 Lagrange 乘子

[x,lambda,fval,exitflag]=linprog(…) %exitflag 为终止迭代的错误条件

[x,fval,lambda,exitflag,output]=linprog(…) %output 为关于优化的一些信息

【例 2】 求解线性规划问题：

$$\min z = 2x_1 + 3x_2 + x_3$$

$$\text{s.t.}\ \begin{cases} x_1 + 4x_2 + 2x_3 \geqslant 8 \\ 3x_1 + 2x_2 \geqslant 6 \\ x_1, x_2, x_3 \geqslant 0 \end{cases}$$

解 (i) 编写 M 文件

```
c=[2;3;1];
a=[1,4,2;3,2,0];
b=[8;6];
[x,y]=linprog(c,-a,-b,[],[],zeros(3,1))
```

(ii) 将 M 文件存盘，并命名为 example2.m。

(iii) 在 MATLAB 指令窗运行 example2，即可得所求结果。

【例 3】 求解线性规划问题：

$$\max z = 2x_1 + 3x_2 - 5x_3$$

$$\text{s.t.} \begin{cases} x_1 + x_2 + x_3 = 7 \\ 2x_1 - 5x_2 + x_3 \geqslant 10 \\ x_1, x_2, x_3 \geqslant 0 \end{cases}$$

解 (i) 编写 M 文件

```
c=[2;3;-5];
a=[-2,5,-1]; b=-10;
aeq=[1,1,1];
beq=7;
x=linprog(-c,a,b,aeq,beq,zeros(3,1))
value=c'*x
```

(ii) 将 M 文件存盘，并命名为 example3.m。

(iii) 在 MATLAB 指令窗运行 example3，即可得所求结果。

【例 4】 把例 1 中的问题化为线性规划问题的标准形式，并用 MATLAB 软件求解。

解 例 1 中的问题化为线性规划问题为：

$$\max \ z = 4x_1 + 3x_2$$

$$\text{s.t.} \begin{cases} 2x_1 + x_2 \leqslant 10 \\ x_1 + x_2 \leqslant 8 \\ x_2 \leqslant 7 \\ x_1, x_2 \geqslant 0 \end{cases}$$

(i) 编写 M 文件

```
c=[4;3];
a=[2,1;1,1;0,1]; b=[10;8;7];
aeq=[];
beq=[];
```

```
vlb=[0;0];
vub=[ ];
x=linprog(-c,a,b,aeq,beq,vlb,vub)
value=c'*x
```

(ii) 将 M 文件存盘，并命名为 example1.m。

(iii) 在 MATLAB 指令窗运行 example1，即可得所求结果。

【例 5】（人员配置问题）某昼夜服务的公交线路每天各时间段所需司机和乘务人员数如表 20.1 所示。

表 20.1

班　次	时　间	所需人数
1	6:00～10:00	60
2	10:00～14:00	70
3	14:00～18:00	60
4	18:00～22:00	50
5	22:00～2:00	20
6	2:00～6:00	30

设司机和乘务人员分别在各时间段一开始上班，并连续工作 8 小时，问该公司怎样安排司机和乘务人员，既能满足工作需要，又配备最少的司机和乘务人员？

解　设 x_i 表示第 i 班次开始上班的司机和乘务人员数，则：

$$\min \quad z=\sum_{i=1}^{6} x_i$$

$$\text{s.t.} \quad \begin{cases} x_1+x_6 \geqslant 60 \\ x_1+x_2 \geqslant 70 \\ x_2+x_3 \geqslant 60 \\ x_3+x_4 \geqslant 50 \\ x_4+x_5 \geqslant 20 \\ x_5+x_6 \geqslant 30 \\ x_i \geqslant 0(i=1,2,\cdots,6) \end{cases}$$

(i) 编写 M 文件

```
c=[1,1,1,1,1,1];
a=[-1,0,0,0,0,-1;-1,-1,0,0,0,0;0,-1,-1,0,0,0;0,0,-1,-1,0,0;0,0,0,-1,
-1,0;0,0,0,0,-1,-1];
b=[-60;-70;-60;-50;-20;-30];
```

```
x=linprog(c,a,b)
minz=c*x
```

(ii) 将 M 文件存盘，并命名为 example5.m。

(iii) 在 MATLAB 指令窗运行 example5，即可得所求结果。

程序运行结果为：

```
x=35.2411
  34.7589
  28.7311
  21.2689
   1.1274
  28.8726
minz=150.0000
```

由此可得，至少需要司机和乘务人员的人数为 $36+35+29+22+2+29=153$。

注意，本问题中的 $x_1, x_2, \cdots, x_6$ 均应该取整数，即该问题属于整数规划问题。这里把它当成线性规划问题来解，如果求得的解正好是整数，则它就是整数规划问题的最优解。若用线性规划法解得的结果不是整数解，将其取整以后得到的结果不一定是整数规划的最优解。解整数规划问题的软件有 LINGO 8.0 等。

【例 6】 （最佳投资组合）设某投资者有 30000 元可供为期 4 年的投资。现有下列五项投资机会可供选择：

A：在 4 年内，投资者可在每年年初投资，每年每元投资可获利润 0.2 元，每年获利后可将本利重新投资。

B：在 4 年内，投资者应在第一年年初或第三年年初投资，每两年每元投资可获利润 0.5 元，两年后获利。然后可将本利重新投资。

C：在 4 年内，投资者应在第一年年初投资，三年后每元投资可获利润 0.8 元。获利后可将本利重新投资。这项投资最多不超过 20000 元。

D：在 4 年内，投资者应在第二年年初投资，两年后每元投资可获利润 0.6 元。获利后可将本利重新投资。这项投资最多不超过 15000 元。

E：在 4 年内，投资者应在第一年年初投资，4 年后每元投资可获利润 1.7 元。这项投资最多不超过 20000 元。

投资者在 4 年内应如何投资，使他在 4 年后所获利润达到最大?

解 简记 A, B, C, D, E 五个投资项目为 1, 2, 3, 4, 5。用 x_{ij} 表示第 i 年年初向第 j 个项目投资的数额。设 z 为投资所获利润，则有：

$$\begin{aligned}\max \quad z &= 0.2[x_{31}(1+0.2)+x_{13}(1+0.8)+x_{24}(1+0.6)]+0.5x_{32}+1.7x_{15} \\ &= 0.36x_{13}+1.7x_{15}+0.32x_{24}+0.24x_{31}+0.5x_{32}\end{aligned}$$

$$
\text{s.t.}\begin{cases}
x_{11}+x_{12}+x_{13}+x_{15}\leqslant 30000\\
x_{24}=x_{11}(1+0.2)-x_{21}\\
x_{32}=x_{21}(1+0.2)+x_{12}(1+0.5)-x_{31}\\
x_{13}\leqslant 20000\\
x_{24}\leqslant 15000\\
x_{15}\leqslant 20000\\
x_{ij}\leqslant 0(i=1,2,3;j=1,2,3,4,5)
\end{cases}
$$

上述模型中有 $x_{11}, x_{12}, x_{13}, x_{15}, x_{21}, x_{24}, x_{31}, x_{32}$ 共 8 个变量。依次把它们记成 $x_1, x_2, \cdots, x_8$。

(i) 编写 M 文件

```
c=[0,0,0.36,1.7,0,0.32,0.24,0.5];
a=[1,1,1,1,0,0,0,0;0,0,1,0,0,0,0,0;0,0,0,1,0,0,0,0;0,0,0,0,0,1,0,0];
b=[30000;20000;20000;15000];
aeq=[1.2,0,0,0,-1,-1,0,0;0,1.5,0,0,1.2,0,-1,-1];
beq=[0;0];
vlb=[0;0;0;0;0;0;0;0];
vub=[];
x=linprog(-c,a,b,aeq,beq,vlb,vub)
value=c*x
```

(ii) 将 M 文件存盘，并命名为 example6.m。

(iii) 在 MATLAB 指令窗运行 example6，即可得所求结果。

程序运行结果为：

```
x=1.0e+004 *
  0.0000
  1.0000
  0.0000
  2.0000
  0.0000
  0.0000
  0.0000
  1.5000
value=4.1500e+004
```

输出结果表示：最佳投资组合为第一年向第二个项目（即 B）投资 10000 元，向第五个项目（即 E）投资 20000 元；在第三年年初，把第一年向第二个项目（即 B）投资 10000 元所得的利润加上本金共 15000 元再向第二个项目（即 B）投资。这种投资组合能使总利润达到最大。最大利润为 41500 元（不算本金）。

【例 7】 （产销平衡的运输问题）某商品有 m 个产地、n 个销地，各产地的产量分别为$a_1,\cdots,a_m$，各销地的需求量分别为$b_1,\cdots,b_n$。若该商品由i产地运到j销地的单位运价为c_{ij}，问应该如何调运才能使总运费最省？

引入变量x_{ij}，其取值为由i产地运往j销地的该商品数量，数学模型为：

$$\min \sum_{i=1}^{m}\sum_{j=1}^{n} c_{ij}x_{ij}$$

$$\text{s.t.} \begin{cases} \sum_{j=1}^{n} x_{ij} = a_i, \ i=1,\cdots,m \\ \sum_{i=1}^{m} x_{ij} = b_j, \ j=1,2,\cdots,n \\ x_{ij} \geqslant 0 \end{cases}$$

因为是产销平衡的运输问题，所以有以下关系式存在：

$$\sum_{j=1}^{n} b_j = \sum_{i=1}^{m}\left(\sum_{j=1}^{n} x_{ij}\right) = \sum_{j=1}^{n}\left(\sum_{i=1}^{m} x_{ij}\right) = \sum_{i=1}^{m} a_i$$

显然是一个线性规划问题，当然可以用 MATLAB 求解。

下面有一个运输问题的实例。

已知运输问题的产销地、产销量及各产销地之间的单位运价如表 20.2 所示，试据此建立数学模型并用 MATLAB 求解。

表 20.2

产地 \ 销地	A	B	C	产量
1	10	16	32	15
2	14	22	40	7
3	22	24	34	16
销量	10	8	20	

解 设x_{ij}为由i产地运往j销地的该商品数量，数学模型为：

$$\min \quad z = 10x_{11} + 16x_{12} + 32x_{13} + 14x_{21} + 22x_{22} + 40x_{23} + 22x_{31} + 24x_{32} + 34x_{33}$$

$$\text{s.t.} \begin{cases} x_{11} + x_{12} + x_{13} = 15 \\ x_{21} + x_{22} + x_{23} = 7 \\ x_{31} + x_{32} + x_{33} = 16 \\ x_{11} + x_{21} + x_{31} = 10 \\ x_{12} + x_{22} + x_{32} = 8 \\ x_{13} + x_{23} + x_{33} = 20 \\ x_{ij} \geqslant 0 (i=1,2,3; j=1,2,3) \end{cases}$$

(i) 编写 M 文件

```
c=[10,16,32,14,22,40,22,24,34];
a=[ ];b=[ ];
aeq=[1,1,1,0,0,0,0,0,0;0,0,0,1,1,1,0,0,0;0,0,0,0,0,0,1,1,1;
1,0,0,1,0,0,1,0,0;0,1,0,0,1,0,0,1,0;0,0,1,0,0,1,0,0,1];
beq=[15;7;16;10;8;20];
vlb=[0;0;0;0;0;0;0;0;0];
vub=[];
x=linprog(c,a,b,aeq,beq,vlb,vub)
value=c*x
```

(ii) 将 M 文件存盘，并命名为 example7.m。

(iii) 在 MATLAB 指令窗运行 example7，即可得所求结果。

程序运行结果为：

```
x=3.0000
  8.0000
  4.0000
  7.0000
  0.0000
  0.0000
  0.0000
  0.0000
  16.0000
value=928.0000
```

归纳起来，该问题的最优解见表 20.3（i 产地运往 j 销地的该商品数量）。

表 20.3

销地 / 产地	A	B	C	产量
1	3	8	4	15
2	7	0	0	7
3	0	0	16	16
销量	10	8	20	

【例 8】 （指派问题）拟分配 n 人去完成 n 项工作，每人做且只做一项工作，若分配第 i 人去完成第 j 项工作，需花费 c_{ij} 单位时间，问应如何分配工作才能使工人花费的总时间最少？

容易看出，要给出一个指派问题的实例，只需给出矩阵 $\boldsymbol{C}=(c_{ij})$，$\boldsymbol{C}$ 被称为指派问题的系数矩阵。

引入变量 x_{ij}，若分配 i 完成 j 工作，则取 $x_{ij}=1$，否则取 $x_{ij}=0$。上述指派问题的数学模型为：

$$\min \sum_{i=1}^{n}\sum_{j=1}^{n} c_{ij}x_{ij}$$

$$\text{s.t.}\begin{cases}\sum_{j=1}^{n} x_{ij}=1, i=1,2,\cdots,n \\ \sum_{i=1}^{n} x_{ij}=1, j=1,2,\cdots,n \\ x_{ij}=0 \text{ 或 } 1, i,j=1,2,\cdots,n\end{cases}$$

运输问题中的变量只能取 0 或 1，从而是一个 0–1 规划问题。一般的 0–1 规划问题求解极为困难。但指派问题并不难解，约束 $x_{ij}=0$ 或 1 可改写为 $0 \leqslant x_{ij} \leqslant 1$ 而不改变其解。此时，指派问题被转化为一个特殊的运输问题，其中 $m=n$，$a_i=b_j=1$。也可以用 MATLAB 求解。

下面通过一个例子来说明。

求解指派问题，其系数矩阵为：

$$\boldsymbol{C}=\begin{bmatrix}16 & 15 & 19 & 22 \\ 17 & 21 & 19 & 18 \\ 24 & 22 & 18 & 17 \\ 17 & 19 & 22 & 16\end{bmatrix}$$

解 引入变量 x_{ij}，若分配 i 完成 j 工作，则取 $x_{ij}=1$，否则取 $x_{ij}=0$。数学模型为：

$$\begin{aligned}\min \quad z=&16x_{11}+15x_{12}+19x_{13}+22x_{14}+17x_{21}+21x_{22}+19x_{23}+18x_{24}+\\&24x_{31}+22x_{32}+18x_{33}+17x_{34}+17x_{41}+19x_{42}+22x_{43}+16x_{44}\end{aligned}$$

$$\text{s.t.}\begin{cases}x_{11}+x_{12}+x_{13}+x_{14}=1 \\ x_{21}+x_{22}+x_{23}+x_{24}=1 \\ x_{31}+x_{32}+x_{33}+x_{34}=1 \\ x_{41}+x_{42}+x_{43}+x_{44}=1 \\ x_{11}+x_{21}+x_{31}+x_{41}=1 \\ x_{12}+x_{22}+x_{32}+x_{42}=1 \\ x_{13}+x_{23}+x_{33}+x_{43}=1 \\ x_{14}+x_{24}+x_{34}+x_{44}=1 \\ x_{ij}=1 \text{ 或 } 0 (i=1,2,3,4; j=1,2,3,4)\end{cases}$$

(i) 编写 M 文件

```
c=[16,15,19,22,17,21,19,18,24,22,18,17,17,19,22,16];
a=[ ];b=[ ];
aeq=[1,1,1,1,0,0,0,0,0,0,0,0,0,0,0,0;
     0,0,0,0,1,1,1,1,0,0,0,0,0,0,0,0;
     0,0,0,0,0,0,0,0,1,1,1,1,0,0,0,0;
     0,0,0,0,0,0,0,0,0,0,0,0,1,1,1,1;
     1,0,0,0,1,0,0,0,1,0,0,0,1,0,0,0;
     0,1,0,0,0,1,0,0,0,1,0,0,0,1,0,0;
     0,0,1,0,0,0,1,0,0,0,1,0,0,0,1,0;
     0,0,0,1,0,0,0,1,0,0,0,1,0,0,0,1];
beq=[1;1;1;1;1;1;1;1];
vlb=[0;0;0;0;0;0;0;0;0;0;0;0;0;0;0;0];
vub=[1;1;1;1;1;1;1;1;1;1;1;1;1;1;1;1];
[x,fval]=linprog(c,a,b,aeq,beq,vlb,vub)
```

(ii) 将 M 文件存盘，并命名为 example8.m。

(iii) 在 MATLAB 指令窗运行 example8，即可得所求结果。

程序运行结果为：

```
x=0.0000
  1.0000
  0.0000
  0.0000
  1.0000
  0.0000
  0.0000
  0.0000
  0.0000
  0.0000
  1.0000
  0.0000
  0.0000
  0.0000
  0.0000
  1.0000
fval=66.0000
```

结果表明：工人 1 做第二件工作，工人 2 做第一件工作，工人 3 做第三件工作，工人 4 做第四件工作时花费的总时间最少，一共需要 66 小时。

20.2 实验作业

1. 某公司长期饲养实验用的动物以供出售，已知这些动物的生长对饲料中的蛋白质、矿物质、维生素这三种营养成分特别敏感，每个动物每天至少需要蛋白质 70 g、矿物质 3 g、维生素 10 mg。该公司能买到 5 种不同的饲料，每种饲料 1 kg 所含的营养成分如表 20.4 所示，每种饲料 1 kg 的成本如表 20.5 所示，试为公司制定相应的饲料配方，以满足动物生长的营养需要，并使投入的总成本最低。

表 20.4

饲料	蛋白质(g)	矿物质(g)	维生素(mg)
1	0.3	0.1	0.05
2	2	0.05	0.1
3	1	0.02	0.02
4	0.6	0.2	0.2
5	1.8	0.05	0.08

表 20.5

饲料	1	2	3	4	5
成本（元）	0.2	0.7	0.4	0.3	0.5

2. 某厂生产三种产品I, II, III。每种产品要经过 A，B 两道工序加工。设该厂有两种规格的设备能完成 A 工序，它们以 A_1, A_2 表示；有三种规格的设备能完成 B 工序，它们以 B_1, B_2, B_3 表示。产品I可在 A，B 任何一种规格设备上加工。产品II可在任何规格的 A 设备上加工，但完成 B 工序时，只能在 B_1 设备上加工；产品III只能在 A_2 与 B_2 设备上加工。已知在各种机床设备的单件工时，原材料费、产品销售价格、各种设备有效台时以及满负荷操作时机床设备的费用如表 20.6 所示，要求安排最优的生产计划，使该厂利润最大。

表 20.6

设备	产品			设备有效台时	满负荷时的设备费用（元）
	I	II	III		
A_1	5	10		6000	300
A_2	7	9	12	10000	321
B_1	6	8		4000	250
B_2	4		11	7000	783
B_3	7			4000	200
原料费（元/件）	0.25	0.35	0.50		
单价（元/件）	1.25	2.00	2.80		

3. 有 4 名工人，分别完成 4 项工作，每人做各项工作所消耗的时间见表 20.7。

表 20.7

工人＼工作	A	B	C	D
甲	15	18	21	24
乙	19	23	22	18
丙	26	17	16	19
丁	19	21	23	17

问指派哪个人去完成哪项工作，可使总的消耗时间最小？

4. 某部门在今后 5 年内考虑给下列项目投资，已知如下条件：

项目 A，从第一年到第四年每年年初均需投资，并于次年末回收本利 115%。

项目 B，第三年初需要投资，到第五年末回收本利 125%，但规定最大投资额不超过 4 万元。

项目 C，第二年初需要投资，到第五年末回收本利 140%，但规定最大投资额不超过 3 万元。

项目 D，五年内每年初可购买公债，于当年末归还，可获利息 6%。

该部门现有资金 10 万元，问它应如何确定给这些项目每年的投资额，使到第五年年末部门所拥有的资金的本利总额最大。

5. 有甲、乙、丙三块地，单位面积的产量（单位：kg）如表 20.8 所示。

表 20.8

	面积	水稻	大豆	玉米
甲	20	7500	4000	10000
乙	40	6500	4500	9000
丙	60	6000	3500	8500

种植水稻、大豆和玉米的单位面积投资分别是 200 元、500 元和 100 元。现要求最低产量分别是 25 万千克、8 万千克和 50 万千克时，如何制定种植计划才能使总产量最高，而总投资最少？试建立数学模型。

6. 某工厂计划生产甲、乙两种产品。需要在 A, B, C, D 四种设备上加工。有关数据如表 20.9 所示。

表 20.9

	A	B	C	D	利润（万元）
甲产品	2	1	4	0	2
乙产品	2	2	0	4	3
设备有效时数	12	8	16	12	

问如何安排生产计划，使得到的利润最大？

7. 某工厂计划生产 A，B 两种产品。已知制造 100 桶产品 A 需要原料 P, Q, R 分别为 5 千克、300 千克、12 千克，可得利润 8000 元。该厂现有原料 P 为 500 千克，Q 为 20000 千克，R 为 900 千克，问在现有条件下，生产 A、B 各多少才能使该厂利润最大？

8. 某工厂的车工分别为 A，B 两个等级。各级车工每天的加工能力、产品合格率及日工资如表 20.10 所示。

表 20.10

级别	加工能力	产品合格率	工资
A	240	0.97	5.6
B	160	0.995	3.5

工厂每天加工配件 2400 个，每出一个废品，工厂损失 2 元，现有 A 级车工 8 人，B 级车工 12 人，而且工厂至少安排 6 名 B 级车工。试安排车工生产，使工厂每天支出的费用最少？

9.（运输问题）设有三个工厂 A，B，C 同时需要某种原料，需要量分别是 17 万吨，18 万吨和 15 万吨。现有两厂 X，Y 分别有该原料 23 万吨，27 万吨。每万吨运费如表 20.11 所示（单位：元）。

表 20.11

	A	B	C
X	50	60	70
Y	60	110	160

问应如何调运才能使总运费最少？

实验二十一　非线性规划

实验目的

理解非线性规划问题数学模型，学会用 MATLAB 软件求解非线性规划问题和其他函数极值问题。

21.1　实验理论与内容

21.1.1　非线性规划

(1) 非线性规划的实例与定义

如果目标函数或约束条件中包含非线性函数，就称这种规划问题为非线性规划问题。一般来说，解非线性规划要比解线性规划问题困难得多。而且，也不像线性规划有单纯形法这一通用方法，非线性规划目前还没有适于各种问题的一般算法，各个方法都有自己特定的适用范围。

【例 1】　（投资决策问题）某企业有 n 个项目可供选择投资，并且至少要对其中一个项目投资。已知该企业拥有总资金 A 元，投资于第 $i(i=1,\cdots,n)$ 个项目需花资金 a_i 元，并预计可收益 b_i 元。试选择最佳投资方案。

解　设投资决策变量为：

$$x_i=\begin{cases}1,\ 决定投资第\ i\ 个项目\\0,决定不投资第\ i\ 个项目\end{cases}\ ,\quad i=1,\cdots,n$$

则投资总额为 $\sum_{i=1}^{n}a_ix_i$ ，投资总收益为 $\sum_{i=1}^{n}b_ix_i$ 。因为该公司至少要对一个项目投资，并且总的投资金额不能超过总资金 A，故有限制条件：

$$0<\sum_{i=1}^{n}a_ix_i\leqslant A$$

另外，由于 $x_i(i=1,\cdots,n)$ 只取值 0 或 1，所以还有：

$$x_i(1-x_i)=0,\ i=1,\cdots,n$$

最佳投资方案应是投资额最小而总收益最大的方案，所以这个最佳投资决策问题归结为总资金以及决策变量（取 0 或 1）的限制条件下，极大化总收益和总投资之比。因此，其数学模型为：

$$\max\ Q=\frac{\sum_{i=1}^{n}b_i x_i}{\sum_{i=1}^{n}a_i x_i}$$

$$\text{s.t.}\ \ 0<\sum_{i=1}^{n}a_i x_i\leqslant A$$

$$x_i(1-x_i)=0,\ i=1,\cdots,n$$

上面例题是在一组等式或不等式的约束下，求一个函数的最大值（或最小值）问题，其中目标函数或约束条件中至少有一个非线性函数，这类问题称为非线性规划问题，简记为(NP)。可概括为一般形式：

$$\begin{aligned}&\min\ f(x)\\&\text{s.t.}\ \ h_j(x)\leqslant 0,\ j=1,\cdots,q\\&g_i(x)=0,\ i=1,\cdots,p\end{aligned}\qquad\text{(NP)}$$

其中，$\boldsymbol{x}=[x_1\cdots x_n]^{\mathrm{T}}$ 称为模型(NP)的决策变量，f 称为目标函数，$g_i\ (i=1,\cdots,p)$ 和 $h_j(j=1,\cdots,q)$ 称为约束函数。另外，$g_i(x)=0\ (i=1,\cdots,p)$ 称为等式约束，$h_j(x)\leqslant 0$ $(j=1,\cdots,q)$ 称为不等式约束。

记(NP)的可行域（可行域的定义参见上一个实验）为 K。

若 $x^*\in K$，并且：

$$f(x^*)\leqslant f(x),\ \forall x\in K$$

则称 x^* 是(NP)的整体最优解，$f(x^*)$ 是(NP)的整体最优值。如果有：

$$f(x^*)<f(x),\ \forall x\in K,x\neq x^*$$

则称 x^* 是(NP)的严格整体最优解，$f(x^*)$ 是(NP)的严格整体最优值。

若 $x^*\in K$，并且存在 x^* 的邻域 $N_\delta(x^*)$，使：

$$f(x^*)\leqslant f(x),\ \forall x\in N_\delta(x^*)\cap K$$

则称 x^* 是(NP)的局部最优解，$f(x^*)$ 是(NP)的局部最优值。如果有：

$$f(x^*)<f(x),\ \forall x\in N_\delta(x^*)\cap K$$

则称 x^* 是(NP)的严格局部最优解，$f(x^*)$ 是(NP)的严格局部最优值。

由于线性规划的目标函数为线性函数，可行域为凸集，因而求出的最优解就是整个可行域上的全局最优解。非线性规划则不然，有时求出的某个解虽是一部分可行域上的极值点，但并不一定是整个可行域上的全局最优解。

对于非线性规划模型(NP)，可以采用迭代方法求它的最优解。迭代方法的基本思想是：从一个选定的初始点 $x^\circ \in R^n$ 出发，按照某一特定的迭代规则产生一个点列 $\{x^k\}$，使得当 $\{x^k\}$ 是有穷点列时，其最后一个点是(NP)的最优解；当 $\{x^k\}$ 是无穷点列时，它有极限点，并且其极限点是(NP)的最优解。

(2) 凸规划

设 $f(x)$ 为定义在 n 维欧氏空间 $E^{(n)}$ 中某个凸集 R 上的函数，若对任何实数 $\alpha(0<\alpha<1)$ 以及 R 中的任意两点 $x^{(1)}$ 和 $x^{(2)}$，恒有：

$$f(\alpha x^{(1)}+(1-\alpha)x^{(2)}) \leqslant \alpha f(x^{(1)})+(1-\alpha)f(x^{(2)})$$

则称 $f(x)$ 为定义在 R 上的凸函数。

若对每一个 $\alpha(0<\alpha<1)$ 和 $x^{(1)} \neq x^{(2)} \in R$，恒有：

$$f(\alpha x^{(1)}+(1-\alpha)x^{(2)}) < \alpha f(x^{(1)})+(1-\alpha)f(x^{(2)})$$

则称 $f(x)$ 为定义在 R 上的严格凸函数。

考虑非线性规划：

$$\begin{cases} \min\limits_{x\in R} f(x) \\ R=\{x \mid g_j(x) \leqslant 0, j=1,2,\cdots,l\} \end{cases}$$

假定其中 $f(x)$ 为凸函数，$g_j(x)(j=1,2,\cdots,l)$ 为凸函数，这样的非线性规划称为凸规划。

可以证明，凸规划的可行域为凸集，其局部最优解即为全局最优解，而且其最优解的集合形成一个凸集。当凸规划的目标函数 $f(x)$ 为严格凸函数时，其最优解必定唯一（假定最优解存在）。由此可见，凸规划是一类比较简单而又具有重要理论意义的非线性规划。

(3) 非线性规划的 MATLAB 解法

MATLAB 中非线性规划的数学模型可以写成以下形式：

$$\min \ f(x)$$

$$\text{s.t.} \begin{cases} \boldsymbol{Ax} \leqslant \boldsymbol{B} \\ \boldsymbol{Aeq} \cdot x = \boldsymbol{Beq} \\ \boldsymbol{C}(x) \leqslant 0 \\ \boldsymbol{Ceq}(x) = 0 \end{cases}$$

其中，$f(x)$ 是标量函数，$\boldsymbol{A},\boldsymbol{B},\boldsymbol{Aeq},\boldsymbol{Beq}$ 是相应维数的矩阵和向量，$\boldsymbol{C}(x),\boldsymbol{Ceq}(x)$ 是非线性向量函数。

用 MATLAB 求解：

函数 fmincon

格式 x = fmincon(fun,x0,A,B,Aeq,Beq,LB,UB,nonlcon,options)

它的返回值是向量 x，其中 fun 是用 M 文件定义的函数 $f(x)$；x0 是 x 的初始值；A,B,Aeq,Beq 定义了线性约束 $A*X \leqslant B, Aeq*X = Beq$。如果没有等式约束，则 A=[],B=[],Aeq=[],Beq=[]；LB 和 UB 是变量 x 的下界和上界。如果上界和下界没有约束，则 LB=[]，UB=[]，如果 x 无下界，则 LB=-inf，如果 x 无上界，则 UB=inf；nonlcon 是用 M 文件定义的非线性向量函数 $C(x),Ceq(x)$；options 定义了优化参数，可以使用 MATLAB 默认的参数设置。

【例 2】 求解下列非线性规划问题。

$$\begin{cases} \min f(x) = x_1^2 + x_2^2 + 8 \\ x_1^2 - x_2 \geqslant 0 \\ -x_1 - x_2^2 + 2 = 0 \\ x_1, x_2 \geqslant 0 \end{cases}$$

(i) 编写 M 文件 fun1.m：

```
function f=fun1(x);
f=x(1)^2+x(2)^2+8;
```

M 文件 fun2.m：

```
function [g,h]=fun2(x);
g=-x(1)^2+x(2);
h=-x(1)-x(2)^2+2; %等式约束
```

(ii) 在 MATLAB 的命令窗口依次输入：

```
options=optimset;
[x,y]=fmincon('fun1',rand(2,1),[],[],[],[],zeros(2,1),[],...
'fun2',options)
```

就可以求得当 $x_1 = 1, x_2 = 1$ 时，最小值 $y = 10$。

(4) 二次规划的 MATLAB 解法

若某非线性规划的目标函数为自变量 x 的二次函数，约束条件又全是线性的，就称这种规划为二次规划。二次规划也是非线性规划的一个重要特殊情形。

二次规划问题（quadratic programming）的标准形式为：

$$\min \quad \frac{1}{2}\boldsymbol{x}'\boldsymbol{H}\boldsymbol{x}+\boldsymbol{f}'\boldsymbol{x}$$

$$\text{sub.to} \quad \boldsymbol{A}\cdot\boldsymbol{x}\leqslant\boldsymbol{b}$$

$$\boldsymbol{Aeq}\cdot\boldsymbol{x}=\boldsymbol{beq}$$

$$\boldsymbol{lb}\leqslant\boldsymbol{x}\leqslant\boldsymbol{ub}$$

其中，$\boldsymbol{H}, \boldsymbol{A}, \boldsymbol{Aeq}$ 为矩阵，$\boldsymbol{f}, \boldsymbol{b}, \boldsymbol{beq}, \boldsymbol{lb}, \boldsymbol{ub}, \boldsymbol{x}$ 为向量。

解二次规划的 MATLAB 命令是：

函数 quadprog

格式

```
x=quadprog(H,f,A,b) %其中 H,f,A,b 为标准形中的参数，x 为目标函数的最小值
x=quadprog(H,f,A,b,Aeq,beq)       %Aeq,beq 满足等约束条件 Aeq · x = beq
x=quadprog(H,f,A,b,Aeq,beq,lb,ub)           %lb,ub 分别为解 x 的下界与上界
x=quadprog(H,f,A,b,Aeq,beq,lb,ub,x0)         %x0 为设置的初值
x=quadprog(H,f,A,b,Aeq,beq,lb,ub,x0,options) %options 为指定的优化参数
[x,fval]=quadprog(…)                          %fval 为目标函数最优值
[x,fval,exitflag]=quadprog(…)           %exitflag 与线性规划中参数意义相同
[x,fval,exitflag,output]=quadprog(…)    %output 与线性规划中参数意义相同
[x,fval,exitflag,output,lambda]=quadprog(…) %lambda 与线性规划中参数
                                                意义相同
```

【例 3】 求解下列二次规划问题。

$$\min f(x_1,x_2)=2x_1^2+x_2^2-x_1x_2-4x_1-3x_2$$

$$\text{s. t.}\begin{cases}x_1+x_2\leqslant 4\\-x_1+3x_2\leqslant 3\\x_1\geqslant 0,x_2\geqslant 0\end{cases}$$

解 写成标准形式：

$$\min \quad z=\frac{1}{2}(x_1,x_2)\begin{pmatrix}4 & -1\\-1 & 2\end{pmatrix}\begin{pmatrix}x_1\\x_2\end{pmatrix}+(-4,-3)\begin{pmatrix}x_1\\x_2\end{pmatrix}$$

$$\text{s. t.}\begin{pmatrix}1 & 1\\-1 & 3\end{pmatrix}\begin{pmatrix}x_1\\x_2\end{pmatrix}\leqslant\begin{pmatrix}4\\3\end{pmatrix},\begin{pmatrix}0\\0\end{pmatrix}\leqslant\begin{pmatrix}x_1\\x_2\end{pmatrix}$$

在 MATLAB 的命令窗口依次输入（或者编写 M 文件）：

```
H=[4,-1;-1,2];
c=[-4;-3];
```

```
A=[1,1;-1,3]; b=[4;3];
aeq=[ ]; beq=[ ];
vlb=[0;0]; vub=[ ];
[x,z]=quadprog(H,c,A,b,aeq,beq,vlb,vub)
```

运行结果为：

```
x=1.5000
  1.5000
z=-6
```

即 $x_1=1.5, x_2=1.5$ 时，函数取得极小值，极小值为-6。

【例 4】 求解二次规划：

$$\begin{cases} \min f(x)=2x_1^{2}-4x_1x_2+4x_2^{2}-6x_1-3x_2 \\ x_1+x_2 \leqslant 3 \\ 4x_1+x_2 \leqslant 9 \\ x_1,x_2 \geqslant 0 \end{cases}$$

解 编写如下程序：

```
h=[4,-4;-4,8];
f=[-6;-3];
a=[1,1;4,1];
b=[3;9];
[x,value]=quadprog(h,f,a,b,[],[],zeros(2,1))
```

求得：

$$x=\begin{bmatrix} 1.9500 \\ 1.0500 \end{bmatrix}, \min f(x)=-11.0250 。$$

【例 5】 某钢铁厂准备用 5000 万元用于 A，B 两个项目的技术改造投资。设 x_1，x_2 分别表示分配给项目 A，B 的投资。据专家预估计，投资项目 A，B 的年收益分别为 70% 和 66%。同时，投资后总的风险损失将随着总投资和单项投资的增加而增加。已知总的风险损失为 $0.02x_1^2+0.01x_2^2+0.04(x_1+x_2)^2$，问应如何分配资金才能使期望的收益最大，同时使风险损失为最小。

解 建立数学模型：

$$\max\ f_1(x)=70x_1+66x_2$$
$$\min\ f_2(x)=0.02x_1^{2}+0.01x_2^{2}+0.04(x_1+x_2)^{2}$$
$$\text{s.t}\quad x_1+x_2 \leqslant 5000$$
$$0 \leqslant x1, 0 \leqslant x2$$

用线性加权构造目标函数：$\max f = 0.5f_1(x) - 0.5f_2(x)$。

化最小值问题：$\min(-f) = -0.5f_1(x) + 0.5f_2(x)$。

首先编辑目标函数 M 文件 ff11.m：

```
function  f=ff11(x)
f=-0.5*(70*x(1)+66*x(2))+0.5*(0.02*x(1)^2+0.01*x(2)^2+0.04*(x(1)+
x(2))^2);
```

调用单目标规划求最小值问题的函数：

```
x0=[1000,1000];
A=[1 1];
b=5000;
lb=zeros(2,1);
[x,fval,exitflag]=fmincon(@ff11,x0,A,b,[],[],lb,[])
f1=70*x(1)+66*x(2)
f2=0.02*x(1)^2+0.01*x(2)^2+0.04*(x(1)+x(2))^2
```

结果为：

```
x=
 307.1440  414.2841
fval=
    -1.2211e+04
exitflag=
         5
f1=4.8843e+04
f2=2.4421e+04
```

21.1.2　无约束问题

(1) 无约束多元函数最小值

多元函数最小值的标准形式为 $\min_{x} \ f(\boldsymbol{x})$，其中：$\boldsymbol{x}$ 为向量，如 $\boldsymbol{x} = [x_1, x_2, \cdots, x_n]$。

在 MATLAB 中，可以利用函数 fminsearch 求无约束多元函数最小值，其格式如下。

```
函数  fminsearch
格式  x=fminsearch(fun,x0)               %x0 为初始点，fun 为目标函数的表达式字符串或
                                          MATLAB 自定义函数的函数柄
x=fminsearch(fun,x0,options)             %options 查 optimset
[x,fval]=fminsearch(…)                   %最优点的函数值
[x,fval,exitflag]=fminsearch(…)                       %exitflag 与单变量情形一致
[x,fval,exitflag,output]=fminsearch(…)                %output 与单变量情形一致
```

注意，fminsearch 采用了 Nelder-Mead 型简单搜寻法。

【例 6】 求 $y = 2x_1^3 + 4x_1x_2^3 - 10x_1x_2 + x_2^2$ 的最小值点。

解 输入：

```
X=fminsearch('2*x(1)^3+4*x(1)*x(2)^3-10*x(1)*x(2)+x(2)^2',[0,0])
```

结果为：

```
X=
 1.0016    0.8335
```

或在 MATLAB 编辑器中建立函数文件：

```
function  f=myfun(x)
f=2*x(1)^3+4*x(1)*x(2)^3-10*x(1)*x(2)+x(2)^2;
```

保存为 myfun.m，在命令窗口输入：

```
X=fminsearch ('myfun',[0,0]) 或  X=fminsearch(@myfun,[0,0])
```

结果为：

```
X=
 1.0016    0.8335
```

利用函数 fminunc 可求解多变量无约束函数的最小值，格式如下。

```
函数  fminunc
格式  x=fminunc(fun,x0)                           %返回给定初始点 x0 的最小函数值点
x=fminunc(fun,x0,options)                         %options 为指定优化参数
[x,fval]=fminunc(…)                               %fval 最优点 x 处的函数值
[x,fval,exitflag]=fminunc(…)                      %exitflag 为终止迭代的条件，与上同
[x,fval,exitflag,output]=fminunc(…)               %output 为输出优化信息
[x,fval,exitflag,output,grad]=fminunc(…) %grad 为函数在解 x 处的梯度值
[x,fval,exitflag,output,grad,hessian]=fminunc(…)    %目标函数在解 x 处的
                                                    海赛（Hessian）值
```

注意，当函数的阶数大于 2 时，使用 fminunc 比 fminsearch 更有效，但当所选函数高度不连续时，使用 fminsearch 效果较好。

【例 7】 求 $f(x) = 3x_1^2 + 2x_1x_2 + x_2^2$ 的最小值。

解 输入指令：

```
fun='3*x(1)^2+2*x(1)*x(2)+x(2)^2';
x0=[1 1];
[x,fval,exitflag,output,grad,hessian]=fminunc(fun,x0)
```

结果为：

```
x=
  1.0e-06 *
  0.2541    -0.2029
fval=
    1.3173e-13
exitflag=
        1
output=
       iterations: 8
       funcCount: 27
       stepsize: 1
       firstorderopt: 1.1633e-06
       algorithm: 'medium-scale: Quasi-Newton line search'
        message: [1x436 char]
grad=
    1.0e-05 *
    -0.1163
    0.0087
hessian=
         6.0000    2.0000
         2.0000    2.0000
```

【例 8】 求函数 $f(x)=100(x_2-x_1^2)^2+(1-x_1)^2$ 的最小值。

解 编写 M 文件 fun2.m 如下：

```
function [f,g]=fun2(x);
f=100*(x(2)-x(1)^2)^2+(1-x(1))^2;
g=[-400*x(1)*(x(2)-x(1)^2)-2(1-x(1)) 200*(x(2)-x(1)^2)];
```

在 MATLAB 命令窗口输入：

```
fminunc('fun2',rand(1,2))
```

即可求出函数的极小值。

(2) MATLAB 求单变量有界非线性函数的极小值

求单变量有界非线性函数在区间上的极小值：

$$\min_x f(x)\ ,\ \mathrm{x}\in[a,b]$$

用 MATLAB 求解：

函数 fminbnd

格式 [x,fval]=fminbnd(fun,x1,x2,options),

它的返回值是极小点 x 和函数的极小值。这里 fun 是用 M 文件定义的函数或 MATLAB 中的单变量数学函数。

【例 9】 求函数 $f(x)=(x-3)^2-1,\ x\in[0,5]$ 的最小值。

解 编写 M 文件 fun1.m：

```
function f=fun1(x);
f=(x-3)^2-1;
```

在 MATLAB 的命令窗口输入：

```
[x,y]=fminbnd('fun1',0,5)
```

即可求得极小点和极小值。

(3) 罚函数法

利用罚函数法，可将非线性规划问题的求解转化为求解一系列无约束极值问题，因而也称这种方法为序列无约束最小化技术，简记为 SUMT(Sequential Unconstrained Minimi-zation Technique)。

罚函数法求解非线性规划问题的思想是，利用问题中的约束函数作出适当的罚函数，由此构造出带参数的增广目标函数，把问题转化为无约束非线性规划问题。这种“惩罚”策略，对于无约束问题求解过程中企图违反约束的那些点给以很大的函数值，迫使一系列无约束问题的极小点或者不断地向可行域靠近，或者一直保持在可行域内移动，直到收敛于原约束问题的极小点。罚函数法主要有两种形式，一种称为外罚函数法，另一种称为内罚函数法。下面介绍外罚函数法：它对违反约束的点在目标函数中加入相应的惩罚项，而对可行点不予惩罚。

考虑如下问题：

$$\min f(x)$$

$$\text{s.t.}\begin{cases} g_i(x)\leqslant 0,\ i=1,\cdots,r \\ h_i(x)\geqslant 0,\ i=1,\cdots,s \\ k_i(x)=0,\ i=1,\cdots,t \end{cases}$$

取一个充分大的数 $M>0$，构造函数：

$$P(x,M)=f(x)+M\sum_{i=1}^{r}\max(g_i(x),0)-M\sum_{i=1}^{s}\min(h_i(x),0)+M\sum_{i=1}^{t}|k_i(x)|$$

$$P(x,M)=f(x)+\boldsymbol{M}_1\max(\boldsymbol{G}(x),0)+\boldsymbol{M}_2\min(H(x),0)+\boldsymbol{M}_3\|K(x)\|$$

这里，$\boldsymbol{G}(x)=\begin{bmatrix} g_1(x) \\ \vdots \\ g_r(x) \end{bmatrix}$，$\boldsymbol{H}(x)=\begin{bmatrix} h_1(x) \\ \vdots \\ h_s(x) \end{bmatrix}$，$\boldsymbol{K}(x)=\begin{bmatrix} k_1(x) \\ \vdots \\ k_t(x) \end{bmatrix}$，$\boldsymbol{M}_1,\boldsymbol{M}_2,\boldsymbol{M}_3$ 为适当的行向量，

MATLAB 中可以直接利用 max 和 min 函数。则以增广目标函数 $P(x,M)$ 为目标函数的无约束极值问题：

$$\min P(\boldsymbol{x},\boldsymbol{M})$$

的最优解 $\boldsymbol{x}$ 也是原问题的最优解。

【例 10】 求下列非线性规划：

$$\begin{cases}\min f(x)=x_1{}^2+x_2{}^2+8\\ \quad x_1^2-x_2\geqslant 0\\ \quad -x_1-x_2{}^2+2=0\\ \quad x_1,x_2\geqslant 0\end{cases}$$

解 编写 M 文件 test.m：

```
function g=test(x);
M=50000;
f=x(1)^2+x(2)^2+8;
g=f-M*min(x(1),0)-M*min(x(2),0)-M*min(x(1)^2-x(2),0)...
    +M*abs(-x(1)-x(2)^2+2);
```

在 MATLAB 命令窗口输入：

```
[x,y]=fminunc('test',rand(2,1))
```

即可求得问题的解。

21.2 实验作业

1. 某工厂向用户提供发动机，按合同规定，其交货数量和日期分别是：第一季度末交 40 台，第二季度末交 60 台，第三季度末交 80 台。工厂的最大生产能力为每季度 100 台，每季度的生产费用是 $f(x)=50x+0.2x^2$（元），此处 x 为该季生产发动机的台数。若工厂生产得多，则多余的发动机可移到下季度向用户交货，这样，工厂就需支付存储费，每台发动机每季度的存储费为 4 元。问该厂每季度应生产多少台发动机，才能既满足交货合同，又使工厂所花费的费用最少（假定第一季度开始时发动机无存货）。

2. 求解二次规划：

$$\min \quad f(x)=x_1{}^2+x_2{}^2+x_3^2$$

$$\text{s.t.}\begin{cases}5-2x_1-x_2 \geqslant 0\\ 2-x_1-x_3 \geqslant 0\\ x_1-1 \geqslant 0\\ x_2-2 \geqslant 0\\ x_3 \geqslant 0\end{cases}$$

3．求解二次规划：

$$\min f(x_1,x_2)=\frac{1}{2}x_1^2+\frac{1}{2}x_2^2-x_1-2x_2$$

$$\text{s.t.}\begin{cases}2x_1+3x_2 \leqslant 6\\ x_1+4x_2 \leqslant 5\\ x_1 \geqslant 0, x_2 \geqslant 0\end{cases}$$

4．求 $\min f=8x-4y+x^2+3y^2$，初始点 $x_0=(0,0)$。

5．求 $\min f=4x^2+5xy+2y^2$，初始点 $x_0=(1,1)$。

6．求解：

$$\min 100(x_2-x_1^2)^2+(1-x_1)^2$$

$$\text{s.t.}\begin{cases}x_1 \leqslant 2\\ x_2 \leqslant 2\end{cases}$$

7．求解：

$$\min f(x)=-x_1x_2x_3$$
$$\text{s.t.}\quad 0 \leqslant x_1+2x_2+2x_3 \leqslant 72$$

8．求解：

$$\min f=\mathrm{e}^{x_1}(6x_1^2+3x_2^2+2x_1x_2+4x_2+1)$$

$$\text{s.t.}\begin{cases}x_1+2x_2=0\\ x_1x_2-x_1-x_2+1 \leqslant 0\\ -2x_1x_2-5 \leqslant 0\end{cases}$$

9．某公司准备用 5000 万元用于 A，B 两个项目的投资，设 x_1，x_2 分别表示配给项目 A，B 的投资。预计项目 A，B 的年收益分别为 20%和 16%。同时，投资后总的风险损失将随着总投资和单位投资的增加而增加，已知总的风险损失为 $2x_1^2+x_2^2+(x_1+x_2)^2$。问应如何分配资金，才能使期望的收益最大，同时使风险损失为最小（用例 5 中的线性加权系数构造目标函数）。

实验二十二　层次分析法

实验目的

通过用层次分析法解决一个多准则决策问题，学习层次分析法的基本原理与方法，掌握用层次分析法建立数学模型的基本步骤，学会用 MATLAB 解决层次分析法中的数学问题。

22.1　实验理论

层次分析法是一种简便、灵活而实用的多准则决策方法，它特别适用于难以完全定量进行分析的，又相互关联、相互制约的众多因素构成的复杂问题。它把人的思维过程层次化、数量化，是系统分析的一种新型的数学方法。

运用层次分析法建模，大体上可分 4 个基本步骤进行。

22.1.1　建立层次结构

首先对所面临的问题要掌握足够的信息。搞清楚问题的范围、因素、各因素之间的相互关系以及所要解决问题的目标。把问题条理化、层次化，构造出一个有层次的结构模型。在这个模型下，复杂问题被分解为元素的组成部分。这些元素又按其属性及关系形成若干层次（见图 22.1）。

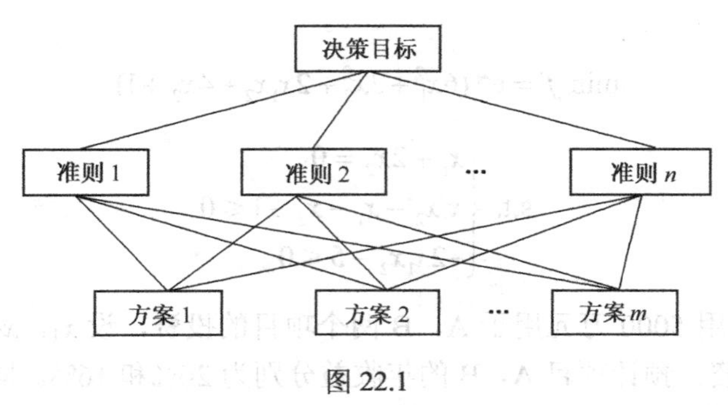

图 22.1

层次结构一般分三类。

第一类为最高层，它是分析问题的预定目标和结果，也称目标层。

第二类为中间层，它是为了实现目标所涉及的中间环节，如：准则、子准则，也称准则层。

第三类为最低层，它包括了为实现目标可供选择的各种措施、决策方案等，也称方案层。

层次结构应具有几个特点：

(1) 从上到下顺序地存在支配关系，并用直线段表示。

(2) 整个结构中层次数不受限制。

22.1.2 建立判断矩阵

判断矩阵是层次分析的关键。假定以上一层次的元素 O 为准则，所支配的下一层次的元素为 $C_1,C_2,\cdots,C_n$，n 个元素 $C_1,C_2,\cdots,C_n$ 对上一层次的元素 O 有影响，要确定它们在 O 中的比重。采用成对比较法，即每次取两个元素 C_i 和 C_j，用 a_{ij} 表示 C_i 与 C_j 对 O 的影响之比，全部比较的结果可用矩阵 $\boldsymbol{A}$ 表示，$\boldsymbol{A}=(a_{ij})_{n\times n},i,j=1,2,\cdots,n$，矩阵 $\boldsymbol{A}$ 称为判断矩阵。

定义 1 若判断矩阵满足条件：

$$\boldsymbol{A}=(a_{ij})_{n\times n},a_{ij}>0,a_{ji}=\frac{1}{a_{ij}},a_{ii}=1,i,j=1,2,\cdots,n$$

则称判断矩阵 $\boldsymbol{A}$ 为正互反矩阵。

怎样确定判断矩阵 $\boldsymbol{A}$ 的元素 a_{ij} 取值？

当某层的元素 $C_1,C_2,\cdots,C_n$ 对于上一层某元素 O 的影响可直接定量表示时（如利润多少），C_i 与 C_j 对 O 的影响之比可以直接确定，a_{ij} 的值也易得到。但对于大多数社会经济问题，特别是比较复杂的问题，元素 C_i 和 C_j 对 O 的重要性不容易直接获得，需要通过适当的方法解决。通常取数字 1～9 及其倒数作为 a_{ij} 的取值范围。这是因为在进行定性的成对比较时，人们头脑中通常有 5 个明显的等级，见表 22.1。

表 22.1

C_i 与 C_j 对 O 的影响比	相同	稍强	强	很强	绝对地强
（尺度）a_{ij}	1	3	5	7	9

在每两个等级之间各有一个中间状态，共 1～9 个尺度。另外心理学家认为进行成对比较的因素太多，将超出人们的判断比较能力，降低精确度。实践证明，成对比较的尺度以 7±2 为宜。故 a_{ij} 的取值范围是 1, 2, $\cdots$,9 及其倒数 1, $\frac{1}{2},\cdots,\frac{1}{9}$。

22.1.3 计算层次单排序并做一致性检验

层次单排序是指同一层次各个元素对于上一层次中的某个元素的相对重要性进行排序。

具体做法是：根据同一层 n 个元素 $C_1,C_2,\cdots,C_n$，对上一层某元素 O 的判断矩阵 $\boldsymbol{A}$ 求出它们对于元素 O 的相对排序权重，记为：$w_1,w_2,\cdots,w_n$。写成向量形式：$\boldsymbol{w}=(w_1,w_2,\cdots,w_n)^{\mathrm{T}}$，称为 $\boldsymbol{A}$ 的排序权重向量。其中 w_i 表示第 i 个元素对上一层中某元素 O 所占的比重。从而得到层次单排序。

层次单排序权重向量可有几种方法求解，常用的方法是利用判断矩阵 $\boldsymbol{A}$ 的特征值与特征向量来计算排序权重向量 $\boldsymbol{w}$。为此引出矩阵的特征值与特征向量的有关理论。

定义 2 如果一个正互反矩阵 $\boldsymbol{A}=(a_{ij})_{n\times n},i,j=1,2,\cdots,n$，满足：

$$a_{ij}\times a_{jk}=a_{ik}\,(i,j,k=1,2,\cdots,n)$$

则称矩阵 $\boldsymbol{A}$ 具有一致性，称元素 c_i,c_j,c_k 的成对比较是一致的，并且称 $\boldsymbol{A}$ 为一致矩阵。

根据矩阵理论，可以得到如下几个定理：

定理 1 正互反矩阵 $\boldsymbol{A}$ 的最大特征根 $\lambda_{\max}$ 必为正实数，其对应特征向量的所有分量均为正实数。$\boldsymbol{A}$ 的其余特征值的模均严格小于 $\lambda_{\max}$。

定理 2 若 $\boldsymbol{A}$ 为一致矩阵，则

(i) $\boldsymbol{A}$ 必为正互反矩阵。

(ii) $\boldsymbol{A}$ 的转置矩阵 $\boldsymbol{A}^{\mathrm{T}}$ 也是一致矩阵。

(iii) $\boldsymbol{A}$ 的任意两行成比例，比例因子大于零，从而 rank($\boldsymbol{A}$) = 1（同样，$\boldsymbol{A}$ 的任意两列也成比例）。

(iv) $\boldsymbol{A}$ 的最大特征值 $\lambda_{\max}=n$，其中 n 为矩阵 $\boldsymbol{A}$ 的阶。$\boldsymbol{A}$ 的其余特征根均为零。

(v) 若 $\boldsymbol{A}$ 的最大特征值 $\lambda_{\max}$ 对应的特征向量为 $\boldsymbol{W}=(w_1,w_2,\cdots,w_n)^{\mathrm{T}}$，则 $a_{ij}=\dfrac{w_i}{w_j}$，$\forall i,j=1,2,\cdots,n$，即

$$\boldsymbol{A}=\begin{bmatrix}\dfrac{w_1}{w_1} & \dfrac{w_1}{w_2} & \cdots & \dfrac{w_1}{w_n}\\ \dfrac{w_2}{w_1} & \dfrac{w_2}{w_2} & \cdots & \dfrac{w_2}{w_n}\\ \vdots & \vdots & & \vdots\\ \dfrac{w_n}{w_1} & \dfrac{w_n}{w_2} & \cdots & \dfrac{w_n}{w_n}\end{bmatrix}$$

定理 3 n 阶正互反矩阵 $\boldsymbol{A}$ 为一致矩阵当且仅当其最大特征根 $\lambda_{\max}=n$，且当正互反矩阵 $\boldsymbol{A}$ 非一致时，必有 $\lambda_{\max}>n$。

计算排序权重向量方法和步骤如下。

设 $\boldsymbol{w}=(w_1,w_2,\cdots,w_n)^{\mathrm{T}}$ 是 n 阶判断矩阵的排序权重向量，当 $\boldsymbol{A}$ 为一致矩阵时，根据定理 2 的(v)，n 阶判断矩阵构成的意义，显然有：

$$\boldsymbol{A}=\begin{pmatrix} \frac{w_1}{w_1} & \frac{w_1}{w_2} & \cdots & \frac{w_1}{w_n} \\ \frac{w_2}{w_1} & \frac{w_2}{w_2} & \cdots & \frac{w_2}{w_n} \\ \vdots & \vdots & \vdots & \vdots \\ \frac{w_n}{w_1} & \frac{w_n}{w_2} & \cdots & \frac{w_n}{w_n} \end{pmatrix} \tag{22-1}$$

因而满足 $\boldsymbol{Aw}=n\boldsymbol{w}$。这里，$n$ 是矩阵 $\boldsymbol{A}$ 的最大特征根，$\boldsymbol{w}$ 是相应的特征向量。当 $\boldsymbol{A}$ 为一般的判断矩阵时，有 $\boldsymbol{Aw}=\lambda_{\max}\boldsymbol{w}$。其中 $\lambda_{\max}$ 是 $\boldsymbol{A}$ 的最大特征值（也称主特征根），$\boldsymbol{w}$ 是相应的特征向量（也称主特征向量）。经归一化后（即 $\sum_{i=1}^{n} w_i=1$），可近似作为排序权重向量，这种方法称为特征根法。

在判断矩阵的构造中，并没有要求判断矩阵具有一致性的特点。这是由客观事物的复杂性与人的认识的多样性所决定的。特别是在规模大、因素多的情况下，对于判断矩阵的每个元素来说，不可能求出精确的 $\frac{w_i}{w_j}$。但要求判断矩阵大体上应该是一致的。一个经不起推敲的判断矩阵有可能导致决策的失误。利用上述方法计算排序权向量，当判断矩阵过于偏离一致性时，其可靠程度也出现问题。因此需要对判断矩阵的一致性进行检验。其步骤如下。

(1) 计算一致性指标 CI

$$\mathrm{CI}=\frac{\lambda_{\max}-n}{n-1} \tag{22-2}$$

当 $\mathrm{CI}=0$，即 $\lambda_{\max}=n$ 时，判断矩阵 $\boldsymbol{A}$ 是一致的。CI 值越大，则判断矩阵 A 的不一致的程度就越严重。

(2) 查找相应的平均随机一致性指标 RI

表 22.2 给出了 n（1 ～ 11）阶正互反矩阵，用了 100 ～ 150 个随机样本矩阵 $\boldsymbol{A}$ 算出的随机一致性指标 RI。

表 22.2

矩阵阶数	1	2	3	4	5	6	7	8	9	10	11
RI	0	0	0.58	0.9	1.12	1.24	1.32	1.41	1.45	1.49	1.51

(3) 计算一致性比例CR

$$\mathrm{CR}=\frac{\mathrm{CI}}{\mathrm{RI}} \tag{22-3}$$

当CR < 0.10 时，认为判断矩阵的一致性是可以接受的，否则应对判断矩阵作适当修正。

22.1.4 计算层次总排序权重并做一致性检验

在得到了某层元素对其上一层中某元素的排序权重向量后，还需要得到各层元素，特别是最低层中各方案对于目标层的排序权重，即层次总排序权重向量，从而进行方案选择。层次总排序权重要自上而下地将层次单排序的权重进行合成得到。

考虑三个层次的决策问题。若第一层只有1个元素，第二层有n个元素，第三层有m个元素，设第二层对第一层的层次单排序的权重向量为：

$$\boldsymbol{w}^{(2)}=\left(w_1^{(2)},w_2^{(2)},\cdots,w_n^{(2)}\right)^{\mathrm{T}}$$

第三层对第二层的层次单排序的权重为：

$$w_k^{(3)}=\left(w_{k1}^{(3)},w_{k2}^{(3)},\cdots,w_{km}^{(3)}\right)^{\mathrm{T}},k=1,2,\cdots,n$$

以$w_k^{(3)}$为列向量构成矩阵：

$$\boldsymbol{W}^{(3)}=\left(w_1^{(3)},w_2^{(3)},\cdots,w_n^{(3)}\right)=\begin{pmatrix} w_{11}^{(3)} & w_{21}^{(3)} & \cdots & w_{n1}^{(3)} \\ w_{12}^{(3)} & w_{22}^{(3)} & \cdots & w_{n2}^{(3)} \\ \vdots & \vdots & \vdots & \vdots \\ w_{1m}^{(3)} & w_{2m}^{(3)} & \cdots & w_{nm}^{(3)} \end{pmatrix}_{m\times n} \tag{22-4}$$

则第三层对第一层的层次总排序权重向量为：

$$\boldsymbol{w}^{(3)}=\boldsymbol{W}^{(3)}\boldsymbol{w}^{(2)} \tag{22-5}$$

一般地，若有s层，则第k层对第一层的总排序权重向量为：

$$\boldsymbol{w}^{(k)}=\boldsymbol{W}^{(k)}\boldsymbol{w}^{(k-1)},k=3,4,\cdots,s \tag{22-6}$$

其中，$\boldsymbol{W}^{(k)}$是以第k层对第k–1层的排序权向量为列向量组成的矩阵，$\boldsymbol{w}^{(k-1)}$是第k–1层对第一层的总排序权重向量。按照上述递推公式，可得到最下层（第s层）对第一层的总排序权重向量为：

$$\boldsymbol{w}^{(s)}=\boldsymbol{W}^{(s)}\boldsymbol{W}^{(s-1)}\cdots\boldsymbol{W}^{(3)}\boldsymbol{w}^{(2)} \tag{22-7}$$

层次总排序权重向量也要进行一致性检验。具体方法是从最高层到最低层逐层进行。

定义 3 若考虑的决策问题共有s层。设第l层($3\leqslant l\leqslant s$)的一致性指标为$\mathrm{CI}_1^{(l)}$，$\mathrm{CI}_2^{(l)}$，

$\cdots, \mathrm{CI}_n^{(l)}$（$n$ 是 $l-1$ 层元素的数目），第 l 层的随机一致性指标为 $\mathrm{RI}_1^{(l)},\mathrm{RI}_2^{(l)},\cdots,\mathrm{RI}_n^{(l)}$，令：

$$\mathbf{CI}^{(l)}=[\mathrm{CI}_1^{(l)},\cdots,\mathrm{CI}_1^{(l)}]\boldsymbol{w}^{(l-1)} \tag{22-8}$$

$$\mathbf{RI}^{(l)}=[\mathrm{RI}_1^{(l)},\cdots,\mathrm{RI}_1^{(l)}]\boldsymbol{w}^{(l-1)} \tag{22-9}$$

则第 l 层对第一层的总排序权向量的一致性比率为：

$$\mathbf{CR}^{(l)}=\mathbf{CR}^{(l-1)}+\frac{\mathbf{CI}^{(l)}}{\mathbf{RI}^{(l)}}, l=3,4,\cdots,s \tag{22-10}$$

其中，$\mathbf{CR}^{(2)}$ 为由式(3)计算的第二层对第一层的排序权向量的一致性比率。

当最下层对第一层的总排序权向量的一致性比率 $\mathrm{CR}^{(s)}<0.1$ 时，认为整个层次结构的比较判断可通过一致性检验。

22.2 实验内容

在选购电脑时，人们希望花最少的钱买到最理想的电脑。下面通过层次分析法建立数学模型，以此确定欲选购的电脑。模型建立的步骤可以分成 4 步：

(1) 建立购机的层次结构模型；

(2) 构造成对比较矩阵；

(3) 计算排序权重向量并做一致性检验；

(4) 计算层次总排序权重向量并做一致性检验。

下面按上述各步骤一一讨论研究。

1. 建立购机的层次结构模型

从图 22.2 可知，层次共有三层：最高层是“目标层”（用符号 O 表示最终的选择目标）；中间层是“准则层”（分别用符号 $C_1 \sim C_5$ 表示“性能”、“价格”、“质量”、“外观”、“售后服务”五个判断准则）；最低层是“方案层”（分别用符号 $p_1 \sim p_3$ 表示选定的三种品牌机：品牌 1、品牌 2、品牌 3 作为候选机型）。

选定了上述三种品牌机后，就要根据准则进行评定。

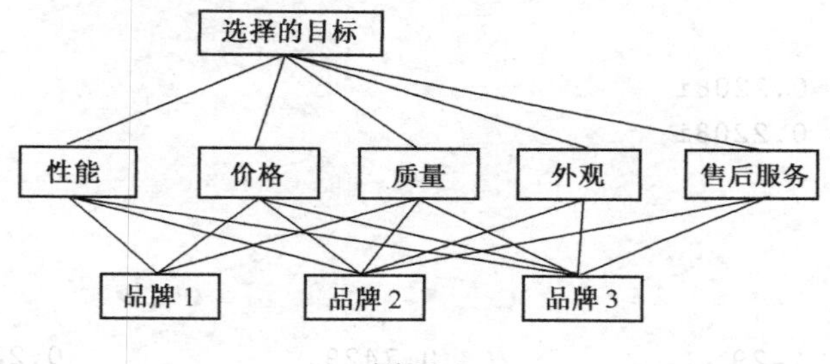

图 22.2

2. 建立成对比较矩阵

(1) 建立“准则层”对“目标层”的成对比较矩阵

根据表 22.1 的定量化尺度，根据建模者的个人观点，设“准则层”对“目标层”的成对比较矩阵为：

$$
\boldsymbol{A}=\begin{bmatrix} 1 & 5 & 3 & 9 & 3 \\ 1/5 & 1 & 1/2 & 2 & 1/2 \\ 1/3 & 2 & 1 & 3 & 1 \\ 1/9 & 1/2 & 1/3 & 1 & 1/3 \\ 1/3 & 2 & 1 & 3 & 1 \end{bmatrix} \tag{22-11}
$$

(2) 建立“方案层”对“准则层”的成对比较矩阵

$$
\boldsymbol{B}_1=\begin{bmatrix} 1 & 1/3 & 1/5 \\ 3 & 1 & 1/2 \\ 5 & 2 & 1 \end{bmatrix} \quad \boldsymbol{B}_2=\begin{bmatrix} 1 & 3 & 5 \\ 1/3 & 1 & 2 \\ 1/5 & 1/2 & 1 \end{bmatrix} \quad \boldsymbol{B}_3=\begin{bmatrix} 1 & 1/3 & 1/5 \\ 3 & 1 & 1/2 \\ 5 & 2 & 1 \end{bmatrix}
$$

$$
\boldsymbol{B}_4=\begin{bmatrix} 1 & 5 & 3 \\ 1/5 & 1 & 1/2 \\ 1/3 & 2 & 1 \end{bmatrix} \quad \boldsymbol{B}_5=\begin{bmatrix} 1 & 3 & 3 \\ 1/3 & 1 & 1 \\ 1/3 & 1 & 1 \end{bmatrix}
$$

3. 计算排序权重向量并做一致性检验

利用 MATLAB 的 eig 命令可得到矩阵 A 的最大特征值及特征值所对应的特征向量。

输入：

```
A=[1.0,5,3,9,3;1/5,1,1/2,2,1/2;1/3,2,1,3,1;
1/9,1/2,1/3,1,1/3;1/3,2,1,3,1];
[tzxl,tzz]=eig(A)
```

输出得到特征值为：

```
5.0097
-0.0049 + 0.2208i
-0.0049 - 0.2208i
-0.0000
-0.0000
```

特征向量为：

```
0.8813     429                   0.7429               0.2239      -0.9931
0.1679   -0.2233 - 0.2787i   -0.2233 + 0.2787i    0.0000      -0.0000
```

```
0.3049     -0.1654 + 0.3461i   -0.1654 - 0.3461i    -0.7038   0.0824
0.0961      0.1514 - 0.0577i    0.1514 + 0.0577i    -0.0149   0.0662
0.3049     -0.1654 + 0.3461i   -0.1654 - 0.3461i     0.6740   0.0500
```

显然 $\boldsymbol{A}$ 的最大特征值为 $\lambda_{\max}=5.0097$，对应的特征向量为 $x=(0.8813, 0.1679, 0.3049, 0.0961, 0.3049)^{\mathrm{T}}$。为了得到 $\lambda_{\max}=5.0097$ 所对应的特征向量，并作归一化，输入：

```
tzxl_1=tzxl(:,[1]);
tzxl_2=tzxl_1/sum(tzxl_1)
w_2=tzxl_2;
```

执行后输出为：

```
tzxl_2=0.5021
       0.0957
       0.1737
       0.0547
       0.1737
```

即得到归一化后的特征向量：

$$\boldsymbol{w}^{(2)}=(0.5021, 0.0957, 0.1737, 0.0547, 0.1737)^{\mathrm{T}}$$

计算一致性指标：

$$\mathrm{CI}=\frac{\lambda_{\max}-n}{n-1}$$

其中，$n=5$，$\lambda_{\max}=5.00974$，得：

$$\mathrm{CI}=0.002435$$

查表得到相应的随机一致性指标：

$$\mathrm{RI}=1.12$$

进而得到一致性比例为：

$$\mathrm{CR}^{(2)}=\frac{\mathrm{CI}}{\mathrm{RI}}=0.002174$$

故 $\mathrm{CR}^{(2)}<0.1$，通过了一致性检验。此时可以认为 $\boldsymbol{A}$ 的一致性程度在允许的范围之内，可以用其归一化后的特征向量：

$$\boldsymbol{w}^{(2)}=(0.5021, 0.0957, 0.1737, 0.0547, 0.1737)^{\mathrm{T}}$$

作为其排序权向量。

再求矩阵 $B_j(j=1,2,\cdots,5)$ 的最大特征值及特征值所对应的特征向量。输入命令：

```
B1=[1.0,1/3,1/5;3,1,1/2;5,2,1];
B2=B1';
```

```
B3=B1;
B4=[1.0,5,3;1/5,1,1/2;1/3,2,1];
B5=[1.0,3,3;1/3,1,1;1/3,1,1];
[x1,T1]=eig(B1)
[x2,T2]=eig(B2)
[x3,T3]=eig(B3)
[x4,T4]=eig(B4)
[x5,T5]=eig(B5)
```

输出分别为：

```
x1=-0.1640      0.0820 + 0.1420I       0.0820 - 0.1420i
   -0.4629      0.2314 - 0.4008I       0.2314 + 0.4008i
   -0.8711     -0.8711                -0.8711
T1=3.0037       0                      0
   0           -0.0018 + 0.1053I       0
   0            0                     -0.0018 - 0.1053i
x2=-0.9281      0.9281                 0.9281
   -0.3288     -0.1644 + 0.2847I      -0.1644 - 0.2847i
   -0.1747     -0.0873 - 0.1513I      -0.0873 + 0.1513i
T2=3.0037       0                      0
   0           -0.0018 + 0.1053I       0
   0            0                     -0.0018 - 0.1053i
x3=-0.1640      0.0820 + 0.1420I       0.0820 - 0.1420i
   -0.4629      0.2314 - 0.4008I       0.2314 + 0.4008i
   -0.8711     -0.8711                -0.8711
T3=3.0037       0                      0
   0           -0.0018 + 0.1053I       0
   0            0                     -0.0018 - 0.1053i
x4=0.9281       0.9281                 0.9281
   0.1747      -0.0873 - 0.1513I      -0.0873 + 0.1513i
   0.3288      -0.1644 + 0.2847I      -0.1644 - 0.2847i
T4=3.0037       0                      0
   0           -0.0018 + 0.1053I       0
   0            0                     -0.0018 - 0.1053i
x5 =
  -0.9045    0.0000    0.0000
  -0.3015   -0.7071    0.7071
  -0.3015    0.7071   -0.7071
T5 =
   3.0000         0         0
        0   -0.0000         0
        0         0    0.0000
```

从输出可以分别得到$B_j(j=1,2,\cdots,5)$的最大特征值为：

$$\lambda_1=3.0037,\lambda_2=3.0037,\lambda_3=3.0037,\lambda_4=3.0037,\lambda_5=3.0000$$

以及上述特征值所对应的特征向量为（取正的特征向量）：

$$\boldsymbol{x}_1=(0.1640, 0.4629, 0.8711)^{\mathrm{T}}$$
$$\boldsymbol{x}_2=(0.9281, 0.3288, 0.1747)^{\mathrm{T}}$$
$$\boldsymbol{x}_3=(0.1640, 0.4629, 0.8711)^{\mathrm{T}}$$
$$\boldsymbol{x}_4=(0.9281, 0.1747, 0.3288)^{\mathrm{T}}$$
$$\boldsymbol{x}_5=(0.9045, 0.3015, 0.3015)^{\mathrm{T}}$$

其中，$\boldsymbol{x}_i=(x_{i1},x_{i2},x_{i3})^{\mathrm{T}}, i=1,2,\cdots,5$。为了求得归一化后（即$\sum_{j=1}^{3}x_{ij}=1,i=1,2,\cdots,5$）的特征向量，输入：

```
x1=x1(:,[1]);
x2=x2(:,[1]);
x3=x3(:,[1]);
x4=x4(:,[1]);
x5=x5(:,[1]);
w1=x1/sum(x1)
w2=x2/sum(x2)
w3=x3/sum(x3)
w4=x4/sum(x4)
w5=x5/sum(x5)
```

从输出中得：

$$\boldsymbol{w}_1=(0.1095, 0.3090, 0.5816)^{\mathrm{T}}$$
$$\boldsymbol{w}_2=(0.6483, 0.2297, 0.1220)^{\mathrm{T}}$$
$$\boldsymbol{w}_3=(0.1095, 0.3090, 0.5816)^{\mathrm{T}}$$
$$\boldsymbol{w}_4=(0.6483, 0.1220, 0.2297)^{\mathrm{T}}$$
$$\boldsymbol{w}_5=(0.6000,0.2000,0.2000)^{\mathrm{T}}$$

为计算一致性指标：

$$\mathrm{CI}_i=\frac{\lambda_i-n}{n-1},i=1,2,\cdots,5,\quad n=3$$

输入：

```
lamda=[T1([1],[1]),T2([1],[1]),T3([1],[1]),T4([1],[1]),T5([2],[2])];
CI=(lamda-3)/(3-1)
```

得：

$$\mathrm{CI}_1 = 0.0018, \mathrm{CI}_2 = 0.0018, \mathrm{CI}_3 = 0.0018, \mathrm{CI}_4 = 0.0018, \mathrm{CI}_5 = 0$$

查表得到相应的随机一致性指标：

$$\mathrm{RI}_i = 0.58\ (i = 1, 2, \cdots, 5)$$

计算一致性比例：

$$\mathrm{CR}_i = \frac{\mathrm{CI}_i}{\mathrm{RI}_i}, i = 1, 2, \cdots, 5$$

输入：

```
CR=CI/0.58
```

得：

$$CR_1 = 0.0032, CR_2 = 0.0032, CR_3 = 0.0032, CR_4 = 0.0032, CR_5 = 0$$

故 $\mathrm{CR}_i < 0.1 (i = 1, 2, \cdots, 5)$，通过了一致性检验。此时可以认为 $B_j (j = 1, 2, \cdots, 5)$ 的一致性程度在允许的范围之内，可以用其特征向量（归一化后）作为其排序权向量。

4．计算层次总排序权重向量并做一致性检验

购买个人电脑问题第三层对第二层的排序权重计算结果见表 22.3。

表 22.3

k	1	2	3	4	5
$w_k^{(3)}$	0.1095	0.6483	0.1095	0.6483	0.6000
	0.3090	0.2297	0.3090	0.1220	0.2000
	0.5816	0.1220	0.5816	0.2297	0.2000
λ_k	3.0037	3.0037	3.0037	3.0037	3

以矩阵表示第三层对第二层的排序权重计算结果为：

$$\boldsymbol{W}^{(3)} = \begin{bmatrix} 0.1095 & 0.6483 & 0.1095 & 0.6483 & 0.6000 \\ 0.3090 & 0.2297 & 0.3090 & 0.1220 & 0.2000 \\ 0.5816 & 0.1220 & 0.5816 & 0.2297 & 0.2000 \end{bmatrix}$$

$\boldsymbol{W}^{(3)}$ 即是第三层对第二层的权重向量为列向量组成的矩阵。最下层（第三层）对最上层（第一层）的总排序权向量为：

$$\boldsymbol{w}^{(3)} = \boldsymbol{W}^{(3)} \boldsymbol{w}^{(2)}$$

为了计算上式，输入：

```
w_3=[w1,w2,w3,w4,w5]*w_2
```

得到输出：

$$\boldsymbol{w}^{(3)}=(0.2757, 0.2722, 0.4520)^{\mathrm{T}}$$

为了对总排序权向量进行一致性检验，计算：

$$\mathbf{CI}^{(3)}=(\mathrm{CI}_1,\mathrm{CI}_2,\cdots,\mathrm{CI}_5)\boldsymbol{w}^{(2)}$$

输入：

```
CI*w_2
```

得：

$$\mathrm{CI}^{(3)}=0.0015$$

再计算：

$$\mathbf{RI}^{(3)}=[\mathrm{RI}_1,\cdots\mathrm{RI}_5]\,\boldsymbol{w}^{(2)}$$

输入：

```
RI=linspace(0.58,0.58,5);
RI*w_2
```

得：

$$\mathrm{RI}^{(3)}=0.58$$

再计算：

$$\mathrm{CR}^{(3)}=\mathrm{CR}^{(2)}+\frac{\mathrm{CI}^{(3)}}{\mathrm{RI}^{(3)}}$$

得：

$$\mathrm{CR}^{(3)}=0.0048$$

因为$\mathrm{CR}^{(3)}<0.1$，所以总排序权重向量符合一致性要求的范围。根据总排序权重向量的分量取值，品牌 3 的电脑是建模者对这三种品牌机的首选。

22.3 实验作业

1．根据你的设想，购置一台电冰箱需考虑什么样的判断准则？利用上述层次分析法及数学软件做出最佳的决策。

2．根据你的经历设想如何报考研究生，需要什么样的判断准则？利用上述层次分析法及数学软件做出最佳的决策。

实验二十三　灰色预测模型

实验目的

了解灰色系统基本理论，理解灰色预测模型的基本概念；掌握灰色预测模型的步骤和方法；学会用 MATLAB 编程解决灰色预测中的计算问题。

23.1　实验理论与内容

客观世界在不断发展变化的同时，往往通过事物之间及因素之间相互制约、相互联系而构成一个整体，我们称之为系统。按事物内涵的不同，人们已建立了工程技术系统、社会系统、经济系统等。人们试图对各种系统所外露出的一些特征进行分析，从而弄清楚系统内部的运行机理。从信息的完备性与模型的构建上看，工程技术等系统具有较充足的信息量，其发展变化规律明显，定量描述较方便，结构与参数较具体，人们称之为白色系统；对另一类系统诸如社会系统、农业系统、生态系统等，人们无法建立客观的物理原型，其作用原理亦不明确，内部因素难以辨识或之间关系隐蔽，人们很难准确了解这类系统的行为特征，因此对其定量描述难度较大，带来建立模型的困难。这类系统内部特性部分已知的系统称之为灰色系统；一个系统的内部特性全部未知，则称之为黑色系统。

灰色系统理论首先基于对客观系统的新的认识。尽管某些系统的信息不够充分，但作为系统，必然是有特定功能和有序的，只是其内在规律并未充分外露。有些随机量、无规则的干扰成分以及杂乱无章的数据列，从灰色系统的观点看，并不认为是不可捉摸的。相反地，灰色系统理论将随机量看作是在一定范围内变化的灰色量，按适当的办法将原始数据进行处理，将灰色数变换为生成数，从生成数进而得到规律性较强的生成函数。例如，某些系统的数据经处理后呈现出指数规律，这是由于大多数系统都是广义的能量系统，而指数规律是能量变化的一种规律。灰色系统理论的量化基础是生成数，从而突破了概率统计的局限性，使其结果不再是过去依据大量数据得到的经验性的统计规律，而是现实性的生成律。这种使灰色系统变得尽量清晰明了的过程被称为白化。

目前，灰色系统理论已成功地应用于工程控制、经济管理、未来学研究、生态系统及复杂多变的农业系统中，并取得了可喜的成就。灰色系统理论有可能对社会、经济等抽象系统进行分析、建模、预测、决策和控制，它有可能成为人们认识客观系统改造客观系统的一个新型的理论工具。

23.1.1 生成数

1. 累加生成

在研究社会系统、经济系统等抽象系统时，往往会遇到随机干扰（即所谓“噪声”）。人们对“噪声”污染系统的研究大多基于概率统计方法。但概率统计方法有很多不足之处：要求大量数据、要求有典型的统计规律、计算工作量等。而且在某些问题中，其概率意义下的结论并不直观或信息量少。

灰色系统理论把一切随机量都看作灰色数——即在指定范围内变化的所有白色数的全体。对灰色数的处理不是找概率分布或求统计规律，而是利用数据处理的办法去寻找数据间的规律。通过对数列中的数据进行处理，产生新的数列，以此来挖掘和寻找数的规律性的方法，叫做数的生成。数的生成方式有多种：累加生成、累减生成以及加权累加等。

这里主要介绍累加生成。

定义 1 把数列 x 各时刻数据依次累加的过程叫做累加过程，记作 AGO，累加所得的新数列，叫做累加生成数列。具体地，设原始数列为 $x^{(0)}=(x^{(0)}(1),x^{(0)}(2),\cdots,x^{(0)}(n))$，令

$$x^{(1)}(k)=\sum_{i=1}^{k}x^{(0)}(i),k=1,2,\cdots,n,$$

$$x^{(1)}=(x^{(1)}(1),x^{(1)}(2),\cdots,x^{(1)}(n))$$

称所得到的新数列 $x^{(1)}$ 为数列 $x^{(0)}$ 的 1 次累加生成数列。记作 1–AGO（Accumulated Generating Operation）。在一次累加数列 $x^{(1)}$ 的基础上再做 1 次累加生成，可得到 2 次累加生成，记作 2–AGO。依次下去，对原始数列 $x^{(0)}$，我们可做 r 次累加生成，记作 r–AGO，从而得到 r 次累加生成数列 $x^{(r)}$

$$x^{(r)}(k)=\sum_{i=1}^{k}x^{(r-1)}(i),k=1,2,\cdots,n,r\geqslant 1,$$

$$x^{(r)}=(x^{(r)}(1),x^{(r)}(2),\cdots,x^{(r)}(n))$$

称 $x^{(r)}$ 为 $x^{(0)}$ 的 r 次累加生成数列。

一般地，经济数列等实际问题的数列皆是非负数列，累加生成可使非负的摆动与非摆动的数列或任意无规律性的数列转化为非减的数列。

当然，有些实际问题的数列中有负数（例如温度等），累加时略微复杂。有时，由于出现正负抵消这种信息损失的现象，数列经过累加生成后规律性非但没得到加强，甚至可能被削弱。对于这种情形，我们可以先进行移轴，然后再做累加生成。

2. 累减生成

当然，利用数的生成可得到一系列有规律的数据，甚至可拟合成一些函数。但生成数列并非是直接可用的数列，因此，对于生成数还有个还原的问题。对累加生成，还原的办法采用累减生成。

定义 2 对原始数列依次做前后两数据相减的运算的过程叫累减生成，记作 IAGO（Inverse Accumulated Generating Operation）。如果原始数据列为

$$x^{(1)} = (x^{(1)}(1), x^{(1)}(2), \cdots, x^{(1)}(n))$$

令

$$x^{(0)}(k) = x^{(1)}(k) - x^{(1)}(k-1), k = 2,3,\cdots,n,$$

称所得到的数列 $x^{(0)}$ 为 $x^{(1)}$ 的 1 次累减生成数列。实际运用中是在数列 $x^{(1)}$ 的基础上通过建模预测出 $\hat{x}^{(1)}$，通过累减生成得到预测数列 $\hat{x}^{(0)}$。

3. 邻均值生成

定义 3 设原始数列为 $x^{(0)} = (x^{(0)}(1), x^{(0)}(2), \cdots, x^{(0)}(n))$，则称 $x^{(0)}(k-1)$ 与 $x^{(0)}(k)$ 为数列 $x^{(0)}$ 的一对紧邻值，$x^{(0)}(k-1)$ 称为前值，$x^{(0)}(k)$ 称为后值。而称

$$z^{(0)}(k) = 0.5x^{(0)}(k) + 0.5x^{(0)}(k-1), k = 2,3,\cdots,n,$$

为紧邻均值生成数。

23.1.2 灰色模型 GM

灰色系统理论是基于关联空间、光滑离散函数等概念定义灰导数与灰微分方程，进而用离散数据列建立微分方程形式的动态模型，由于这是本征灰色系统的基本模型，而且模型是近似的、非唯一的，故这种模型为灰色模型，记为 GM（Grey Model），即灰色模型是利用离散随机数经过生成变为随机性被显著削弱而且较有规律的生成数，建立起的微分方程形式的模型，这样便于对其变化过程进行研究和描述。

1. GM(1,1)的定义

定义 4 设 $x^{(0)} = (x^{(0)}(1), x^{(0)}(2), \cdots, x^{(0)}(n))$ 为原始数列，其 1 次累加生成数列为

$$x^{(1)} = (x^{(1)}(1), x^{(1)}(2), \cdots, x^{(1)}(n))\text{，其中 } x^{(1)}(k) = \sum_{i=1}^{k} x^{(0)}(i), (k = 1,2,\cdots,n)$$

则定义 $x^{(1)}$ 的灰导数为

$$\mathrm{d}x^{(1)}(k) = x^{(0)}(k) = x^{(1)}(k) - x^{(1)}(k-1).$$

令 $z^{(1)}$ 为数列 $x^{(1)}$ 的紧邻均值数列，即

$$z^{(1)}(k)=\alpha x^{(1)}(k)+(1-\alpha)x^{(1)}(k-1),\ k=2,3,\cdots,n$$

则 $z^{(1)}=(z^{(1)}(2),z^{(1)}(3),\cdots,z^{(1)}(n))$。于是定义 GM(1,1)的灰微分方程模型为

$$\mathrm{d}x^{(1)}(k)+az^{(1)}(k)=b,$$

即

$$x^{(0)}(k)+az^{(1)}(k)=b, \tag{23-1}$$

其中，$x^{(0)}(k)$ 称为灰导数，a 称为发展系数，$z^{(1)}(k)$ 称为白化背景值，b 称为灰作用量。

将时刻 $k=2,3,\cdots,n$ 代入式(23-1)中有

$$\begin{cases} x^{(0)}(2)+az^{(1)}(2)=b \\ x^{(0)}(3)+az^{(1)}(3)=b \\ \quad\cdots \\ x^{(0)}(n)+az^{(1)}(n)=b \end{cases}$$

引入矩阵向量记号

$$\boldsymbol{u}=\begin{bmatrix} a \\ b \end{bmatrix},\quad \boldsymbol{Y}=\begin{bmatrix} x^{(0)}(2) \\ x^{(0)}(3) \\ \vdots \\ x^{(0)}(n) \end{bmatrix},\quad \boldsymbol{B}=\begin{bmatrix} -z^{(1)}(2) & 1 \\ -z^{(1)}(3) & 1 \\ \vdots & \vdots \\ -z^{(1)}(n) & 1 \end{bmatrix}$$

称 $\boldsymbol{Y}$ 为数据向量，$\boldsymbol{B}$ 为数据矩阵，$\boldsymbol{u}$ 为参数向量，则 GM(1,1)模型可以表示为矩阵方程

$$\boldsymbol{Y}=\boldsymbol{B}\boldsymbol{u}$$

实际上，上面方程是关于参数 a,b 的二元线性方程组。方程组有 2 个变量，n–1 个方程，因此在 $n-1>2$ 时方程组是超定的（方程组往往无解）。但由最小二乘法（与线性回归中参数估计时使用的方法相同）可以求得

$$\hat{\boldsymbol{u}}=\begin{bmatrix} \hat{a} \\ \hat{b} \end{bmatrix}=(\boldsymbol{B}^{\mathrm{T}}\boldsymbol{B})^{-1}\boldsymbol{B}^{\mathrm{T}}\boldsymbol{Y}$$

通常求参数的估计值是用软件计算的，有标准程序求解。如果用 MATLAB 求解，当 $n-1>2$，则只要使用“\”命令：

```
Y\B
```

即可求得参数向量 $\boldsymbol{u}$ 的估计 $\hat{\boldsymbol{u}}$。

2. GM(1,1)的白化型

对于 GM(1,1)的灰微分方程，如果将 $x^{(0)}(k)$ 的时刻 $k=2,3,\cdots,n$ 视为连续的变量 t，则

数列 $x^{(1)}$ 就可以视为时间 t 的函数，记为 $x^{(1)}(t)$，并让灰导数 $x^{(0)}(k)$ 对应于导数 $\frac{dx^{(1)}(t)}{dt}$，背景值 $z^{(1)}(k)$ 对应于 $x^{(1)}(t)$。于是得到GM(1,1)的灰微分方程对应的白微分方程为

$$\frac{dx^{(1)}(t)}{dt}+ax^{(1)}(t)=b \tag{23-2}$$

称之为 GM(1,1)的白化型。GM(1,1)的白化型（2）并不是由 GM(1,1)的灰微分方程直接推导出来的，它仅仅是一种“借用”或“白化默认”。

有关GM(1, N) 模型的定义可以参看文献[2]。

23.1.3 灰色预测

灰色预测是指利用GM 模型对系统行为特征的发展变化规律进行估计预测，同时也可以对行为特征的异常情况发生的时刻进行估计计算，以及对在特定时区内发生事件的未来时间分布情况做出研究等等。这些工作实质上是将“随机过程”当作“灰色过程”，“随机变量”当作“灰变量”，并主要以灰色系统理论中的GM(1,1)模型来进行处理。

灰色预测在工业、农业、商业等经济领域，以及环境、社会和军事等领域中都有广泛的应用。特别是依据目前已有的数据对未来的发展趋势做出预测分析。

灰色预测的步骤

第一步 数据的检验与处理

首先，为了保证建模方法的可行性，需要对已知数据列做必要的检验处理。设参考数据为 $x^{(0)}=(x^{(0)}(1),x^{(0)}(2),\cdots,x^{(0)}(n))$，计算数列的级比

$$\lambda(k)=\frac{x^{(0)}(k-1)}{x^{(0)}(k)},k=2,3,\cdots,n$$

如果所有的级比 $\lambda(k)$ 都落在可容覆盖 $X=(e^{\frac{-2}{n+1}},e^{\frac{2}{n+1}})$ 内，则数列 $x^{(0)}$ 可以作为模型GM(1,1)的数据进行灰色预测。否则，需要对数列 $x^{(0)}$ 做必要的变换处理，使其落入可容覆盖内。即取适当的常数 c，作平移变换

$$y^{(0)}(k)=x^{(0)}(k)+c,k=1,2,\cdots,n$$

则使数列 $y^{(0)}=(y^{(0)}(1),y^{(0)}(2),\cdots,y^{(0)}(n))$ 的级比都落在可容覆盖内。

第二步 建立GM(1,1)模型

不妨设 $x^{(0)}=(x^{(0)}(1),x^{(0)}(2),\cdots,x^{(0)}(n))$ 满足上面的要求，以它为数据列建立GM(1,1)模型

$$x^{(0)}(k)+az^{(1)}(k)=b,\quad k=2,3,\cdots,n$$

用最小二乘法求得 a,b 的估计值，于是相应的白化模型为

$$\frac{dx^{(1)}(t)}{dt}+ax^{(1)}(t)=b$$

解为
$$x^{(1)}(t)=\left(x^{(0)}(1)-\frac{b}{a}\right)e^{-a(t-1)}+\frac{b}{a}$$

于是得到预测值

$$\hat{x}^{(1)}(k+1)=\left(x^{(0)}(1)-\frac{b}{a}\right)e^{-ak}+\frac{b}{a},\quad k=1,2,\cdots,n-1$$

从而相应地得到预测值：

$$\hat{x}^{(0)}(k+1)=\hat{x}^{(1)}(k+1)-\hat{x}^{(1)}(k),\quad k=1,2,\cdots,n-1$$

第三步　模型的检验

（1）检验方法一：残差检验方法（计算相对残差）

设原始序列为

$$x^{(0)}=(x^{(0)}(1),x^{(0)}(2),\cdots,x^{(0)}(n))$$

相应的灰色模型预测（模拟）序列为

$$\hat{x}^{(0)}=(\hat{x}^{(0)}(1),\hat{x}^{(0)}(2),\cdots,\hat{x}^{(0)}(n))$$

这里 $\hat{x}^{(0)}(1)=x^{(1)}(1)$，残差序列为

$$\varepsilon^{(0)}=(\varepsilon_1,\varepsilon_2,\cdots,\varepsilon_n)=(x^{(0)}(1)-\hat{x}^{(0)}(1),x^{(0)}(2)-\hat{x}^{(0)}(2),\cdots,x^{(0)}(n)-\hat{x}^{(0)}(n))$$

相对误差序列为

$$\varDelta=(\varDelta_1,\varDelta_2,\cdots,\varDelta_n)=\left(\left|\frac{\varepsilon_1}{x^{(0)}(1)}\right|,\left|\frac{\varepsilon_2}{x^{(0)}(2)}\right|,\cdots,\left|\frac{\varepsilon_n}{x^{(0)}(\mathrm{n})}\right|\right)$$

则对于 $k\leqslant n$，称

$$\varDelta_k=\left|\frac{\varepsilon_k}{x^{(0)}(k)}\right|$$

为 k 点的模拟相对误差，称

$$\bar{\varDelta}=\frac{1}{n}\sum_{k=1}^{n}\varDelta_k$$

为平均相对误差；称 $1-\bar{\varDelta}$ 为平均相对精度，称 $1-\varDelta_k$ 为 k 点的模拟精度；给定 α，当 $\bar{\varDelta}<\alpha$ 且 $\varDelta_k<\alpha$ 成立时，称模型为残差合格模型。

(2) 检验方法二：关联度检验方法（略，见文献[2]）

(3) 检验方法三：均方差比检验、小误差概率检验

① 设 $x^{(0)}$ 为原始序列，$\hat{x}^{(0)}$ 为相应的灰色模型预测（模拟）序列，$\varepsilon^{(0)}$ 为残差序列，则 $x^{(0)}$ 的均值、方差分别为

$$\begin{cases} \bar{x} = \dfrac{1}{n}\sum_{k=1}^{n} x^{(0)}(k) \\ s_1^2 = \dfrac{1}{n}\sum_{k=1}^{n}\left(x^{(0)}(k) - \bar{x}\right)^2 \end{cases}$$

$\varepsilon^{(0)}$ 的均值、方差分别为

$$\begin{cases} \bar{\varepsilon} = \dfrac{1}{n-1}\sum_{k=2}^{n} \varepsilon_k \\ s_2^2 = \dfrac{1}{n-1}\sum_{k=2}^{n}\left(\varepsilon_k - \bar{\varepsilon}\right)^2 \end{cases}$$

均方差比值为

$$C = \frac{s_2}{s_1}$$

对于给定的 $C_0 > 0$，当 $C < C_0$ 时，称模型为均方差比合格模型。

② 称 $p = P\left(\left|\varepsilon_k - \bar{\varepsilon}\right| < 0.6745 s_1\right)$ 为小误差概率，对于给定的 $p_0 > 0$，当 $p > p_0$ 时，称模型为小误差概率合格模型。

可以采用一种或多种检验方法。一般情况下，最常用的是相对误差检验指标。常用的精度等级见表 23.1。

表 23.1　灰色模型精度检验等级表

精度等级	相对误差	均方差比	小误差概率 P
一级	<0.01	<0.35	>0.95
二级	0.05	0.50	0.80
三级	0.10	0.65	0.70
四级	0.20	0.80	0.60

【例 1】 已知某公司 1999～2008 年的利润为（单位：元、年）：[89677, 99215, 109655, 120333, 135823, 159878, 182321, 209407, 246619, 300670]，现在要预测公司未来几年（比如 5 年）的利润情况。

解 首先进行模型预测和检验，输入下面的程序

```
clear
x0=[89677,99215,109655,120333,135823,159878,182321,209407,246619,300670]';
n=length(x0);
```

```
x1=cumsum(x0);                                         %累加运算
B=[-0.5*(x1(1:n-1)+x1(2:n)),ones(n-1,1)];              %计算和输入数据矩阵
Y=x0(2:n);                                             %输入数据向量
u=B\Y                                                  %最小二乘解参数向量 u
a=u(1);
b=u(2);
for i=1:n
   F(i)=(x0(1)-b/a)/exp(a*(i-1))+b/a ;                 %参数代入白化模型的解：x1 预测
end
yuce=[x0(1),diff(F)]                                   %差分运算，还原数据:x0 预测
epsilon=x0'-yuce                                       %计算残差,它的第一个分量是零
delta=abs(epsilon./x0')                                %计算相对误差
deltaP=mean(delta(2:n))                                %计算平均相对误差
s1= std(x0,1);                                 %计算原始序列均方差,公式中的分母是 n
epsilon= epsilon(2:n);                                 %去掉是零的第一个分量
s2=std(epsilon,1);                                     %计算残差序列均方差
c=s2/s1                                                %计算均方差比
wucha=abs(epsilon-mean(epsilon));                      %计算绝对误差
P=length(find(wucha<0.6745*s1))/length(epsilon)    %计算小误差概率 P
```

部分输出为

```
平均相对误差        deltaP = 0.0307
均方差比            c = 0.0918
小误差概率          P = 1
```

因此模型的精度较高。为了预测未来 5 年的利润情况，只要在白化模型的解的基础上把 n 增加到 $n+5$，输入

```
for i=1:(n+5)
   F1(i)=(x0(1)-b/a)/exp(a*(i-1))+b/a;                 %参数代入白化模型的解：x1 预测
end
G=[x0(1),diff(F1)]                                     %差分运算，还原数据:x0 预测
t1=1999:2008;
t2=1999:2013;
plot(t1,x0,'o',t2,G)
xlabel('年份')
ylabel('利润/元')
```

输出 2009～2013 年的利润的预测值为

```
1.0e+05 *3.3247    1.0e+05 *3.8473    1.0e+05 *4.4521    1.0e+05 *5.1520
1.0e+05 *5.9619
```

输出图形如图 23.1 所示。

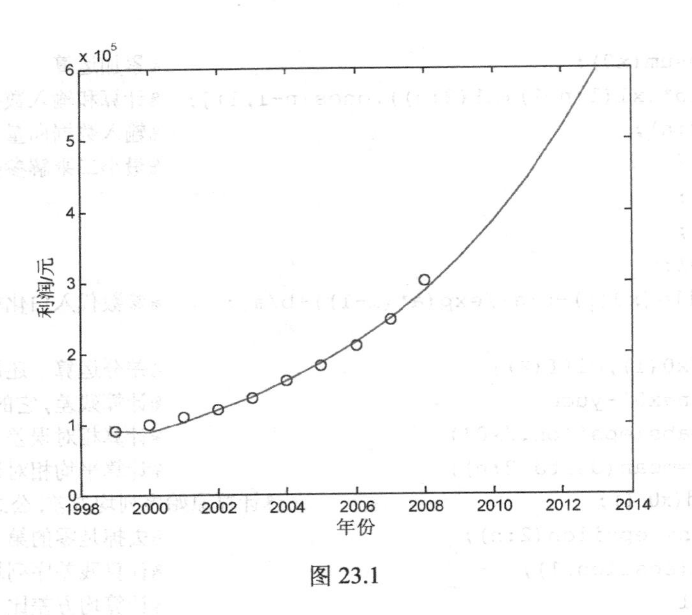

图 23.1

23.2 实验作业

1. 某市 2004 年 1～6 月的交通事故次数统计见表 23.2，试建立灰色预测模型 GM(1,1)（要求作精度检验），并预测 7，8 月份的交通事故次数。

表 23.2 交通事故次数统计

月份	1	2	3	4	5	6
交通事故次数	83	95	130	141	156	185

2. 北方某城市 1986～1992 年道路交通噪声平均声级数据见表 23.3。

表 23.3 北方某市近年来交通噪声数据[dB(A)]

年份	1986	1987	1988	1989	1990	1991	1992
噪声（dB）	71.1	72.4	72.4	72.1	71.4	72.0	71.6

建立灰色预测模型 GM(1,1)并作精度检验。

3. 长江水质的预测：表 23.4 给出了 1995～2004 年的长江污水排放量。

表 23.4 1995～2004 年的长江污水排放量

年份	1995	1996	1997	1998	1999	2000	2001	2002	2003	2004
污水量/亿吨	174	179	183	189	207	234	220.5	256	270	285

请用灰色预测模型预测未来几年的污水排放量。

参 考 文 献

[1] 章栋恩，许晓革编著，高等数学实验，北京：高等教育出版社，2004.
[2] 司守奎编著，数学建模算法与程序，烟台：海军航空工程学院，2007.

反侵权盗版声明

举报电话：（010）88254396；（010）88258888

传　　真：（010）88254397

E-mail:　dbqq@phei.com.cn

通信地址：北京市海淀区万寿路 173 信箱

电子工业出版社总编办公室

邮　　编：100036